臺灣環境變遷田野紀錄地圖

◎ 使用說明：田調紀錄地點後方標示之數字為本書對應頁數

基隆至宜蘭

48 基隆長潭里海岸環境變遷
49 基隆大武崙海岸環境變遷 334
50 宜蘭南山村地區環境變遷
51 宜蘭南澳海岸環境變遷 與漁業資源變遷
52 宜蘭南方澳海岸環境變遷 與漁業資源變遷 345

臺北至苗栗

1 新北市淡水河口北岸：淡水新市鎮開發與爭議 112, 298, 300
2 新北市淡水河口南岸：八里海岸 028, 301
3 新北市貢寮區：海洋生態保育與鹽寮抗爭 450
4 新北市貢寮區：北勢坑溪上游環境變貌 309
5 新北市貢寮區：核四廠與周邊海岸環境變遷 118
6 新北市福隆：和美漁港與海岸環境變遷 276, 278
7 新北市澳底灣：貢寮分汊口海岸環境變遷
8 核二廠周邊海岸與聚落
9 核一廠周邊海岸環境變遷
10 桃園深澳灣海岸環境變遷
11 桃園觀塘藻礁海岸：大潭火力發電廠 249
12 新竹香山濕地：工業區與水汙染濕地
13 新竹鳳鼻尾海岸：竹南濱海環境變遷 303
14 苗栗後龍海口：崎頂與竹南海岸環境變遷 440
15 雪山山脈：海岸生態環境與聚落 338
16 雪山山脈：主稜與環境變遷 324

臺中至嘉義

17 臺中市高美濕地：大甲溪口與濕地環境變遷 304
18 臺中大里地區：工業與水汙染農地
19 臺中電廠：武陵農場周邊山區與環境破壞
20 彰化大肚溪口：伸港溪地區環境變遷 100, 156, 257, 295, 305, 306
21 彰化和美地區：工業與水汙染聚落 250, 266
22 彰化西南角水系統：濁水溪口北岸— 136, 150
23 芳苑與大城沿岸濕地環境變遷
   雲林麥寮：濁水溪口南岸—
24 雲林六輕工業區與海岸環境變遷 104, 292, 311
25 雲林台西鄉區：台西海岸與海洋環境破壞 212
26 南投信義鄉：新中橫沿線的環境變遷 211
27 南投仁愛鄉：廬山地區的環境變遷 206
28 南投信義鄉神木村：清境農場與環境變遷 228, 355

淡水河流域
桃園沿海河系流域
頭前溪流域
竹南沿海河系流域
後龍溪流域
大安溪流域
大甲溪流域
烏溪流域
彰化沿海河系流域
濁水溪流域
北海岸河系流域
頭城沿海河系流域
蘭陽溪流域
南澳沿海河系流域
太魯閣河系流域
花蓮溪流域

基隆市
臺北市
新北市
桃園縣
新竹縣
新竹市
苗栗縣
宜蘭縣
臺中市
南投縣
彰化縣

花蓮至臺東

森林與空拍

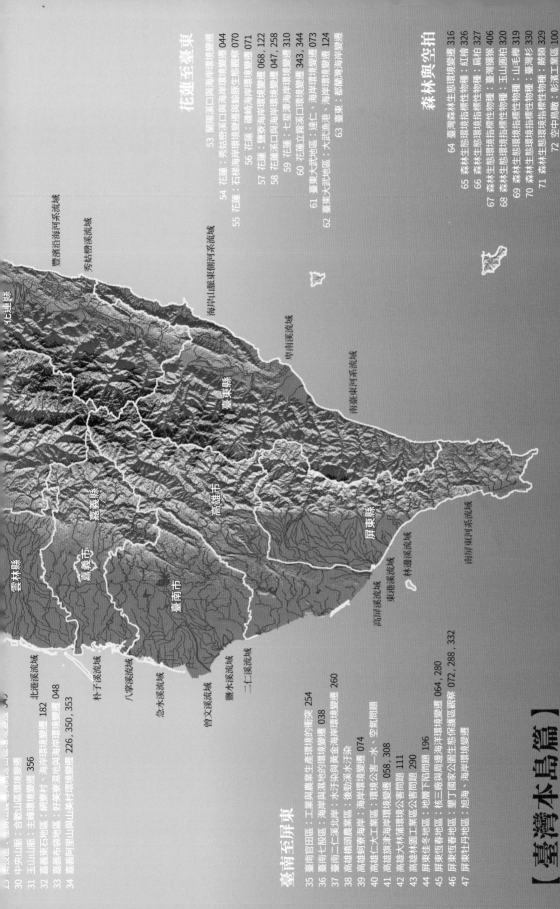

（花蓮縣）

雲林縣
嘉義縣
嘉義市
臺南市
高雄市
屏東縣
臺東縣

豐濱沿海河系流域
秀姑巒溪河系流域
海岸山脈東側河系流域
卑南溪流域
南臺東河系流域
北港溪流域
朴子溪流域
八掌溪流域
急水溪流域
曾文溪流域
鹽水溪流域
二仁溪流域
高屏溪流域
東港溪流域
林邊溪流域
南屏東河系流域

臺南至屏東

【臺灣本島篇】

圖片繪製 國立臺灣大學地理環境資源學系 臺灣地形研究室

我們的島

臺灣三十年環境變遷全紀錄

柯金源

CONTENTS

◉──推薦序

臺灣的山海大經

陳玉峯 | 國立成功大學臺灣文學系主任

世界上沒有幾雙行腳，如同柯金源導演那般，徹底走過六百萬年的臺灣山海時空，而且絲絲入扣內裡結構，以理性、中性、客觀地敘述臺灣的環境變遷。雖然這本書中，柯導已經加進第一人稱，也著墨了些許個人情感，然而整體說來，作者謹守報導者的倫理，為臺灣環境史寫下一部冷靜、平實的典範之作。

2016年11月6日至13日，我跟隨柯導上雪山、翠池；2017年2月17日至21日，我偕同柯導，前往日本的中央高地，探訪臺灣檜木的原鄉。在高山的帳蓬下，在異國白雪紛飛、古老驛站內小酌，柯導娓娓道來他的人生志業，也就是他三十年環境紀錄的心路歷程。如同在本書導文中，他的自我要求：「……放下成就自我的追尋，深切體悟到環境紀錄的核心意義，是在促進人類更加瞭解自然界的脈動，以及人類發展與自然永續矛盾衝突之省思……」

我不知道別人如何解讀，在我看來，這簡直是「環境地藏王」永世的救贖，絕非常人的志業，只要人類還存在地球上，柯導的志業就沒完沒了！

這樣的志業，加上他在公共電視的職業，他必須確保他使用的工具可以永續。他做到了；他成為臺灣龐多環境運動者的護持者，或者更精確地說，他是環境運動終身職兼報導者。

因此，他避開了繁瑣艱深的理論或論證，以感人有溫度的旁白下注解，而將劇烈控訴的語言，交由畫面進行沉默的抗爭；他也捨棄了表面上激情慷慨的陳義，四平八穩地讓當權或財閥暗自驚心。也因此，他大量採用官方的數據，即令他自己有時候也不相信它們的真實度。

柯導的堅持是溫柔的，細水長流的；他要的公義呼籲，近乎物理、化學的定律，不隨世間的紛紛擾擾而消滅其力道，數遍數十年臺灣報導見證界，他是第一人。

這本書只是他終身志業的側記，卻已勾勒出臺灣的一部山海大經。

當我接到出版社寄來的書稿，一翻閱，真是百感交集！因為這陣子以來，我恰好從雲嘉

南海岸的世紀傷痕，寫上高雄馬頭山事業廢棄物即將掩埋的悲劇。柯導畫龍點睛的書寫，配合大量直擊的畫面，既含蓄也露骨地，震撼我的中樞神經。

　　柯導溫文敦厚，足跡從極圈到赤道，而情定自家鄉土守望。

　　柯導的EQ值破表，讓人永遠如沐春風，他的同事都尊稱他為柯師父。他的人格特質如同大海潮流，恢弘流走卻不興波浪。他的文字或語言，恰如其人，坦白說，要我寫推薦序，我處處受制，很難揮灑，因為我壯年時的熾烈，恰與柯導成兩端，我生怕脫韁而扭曲他的平易近人。他，就像我昔日的感受：從來沒有一顆晶瑩剔透的露珠，是為了炫耀而存在。他將滿腹的熱血、熱情，唱成山間日麗風和中的涓涓細流。

　　我相信，這本忠實平和的臺灣大地史詩，必將為臺灣文化注入前瞻的基因。

　　奉臺灣之名，我樂於向國人推薦柯導的真情！

2017年12月5日凌晨；大肚台地

◉──推薦序

臺灣環境的深情紀錄

馮賢賢 | 媒體工作者、前公共電視總經理

　　早在「師傅」流行之前，他就是大家的師傅了。

　　1999年夏末，我接掌公視新聞部。那是個擁有一百五十人力卻不做即時新聞、在九二一地震當天時至中午只有不到二十人進辦公室報到的部門。多數人以為那天可以放假。

　　當時我打算突破公視法附帶決議禁止公視製播即時新聞的禁令，在年底開創晚間新聞，以即時新聞動能推進所有其他節目，用力吹口氣讓新聞部還魂。

　　跟各家商業電視集團的新聞臺相比，我們的資源遠遠不足。我想像的利基，是重點經營教育文化、環境生態、社會改革等不受商業青睞的重要議題，由專業與視野兼備的召集人帶領各組記者衝刺真正有新聞價值的即時新聞及深度報導。

　　忘了是哪位貴人指點，建議我找柯金源來負責環境新聞。大家都稱他為柯師傅，而他因故離開了才開播不到一年的《我們的島》節目。我在電話上拜託他再給公視一個機會，讓環境報導成為公視新聞的強項。

　　果然，在「公視新聞深度報導」開播後，柯師傅領軍的環境新聞，成為我們的驕傲。

　　他策劃的「看守臺灣」環境議題深度報導，由他自己入鏡，每週帶領觀眾親臨現場，感受土地的美麗與危機。當時才剛被學者認定具有珍貴生態功能的桃園觀音海岸藻礁，由「看守臺灣」呈獻給觀眾，鏡頭攀過藻礁的視覺震撼，至今留在我心中。

　　每年四月，柯師傅帶著團隊開拔到墾丁，等待珊瑚產卵，以SNG連線現場直播的方式，讓公視新聞的觀眾，一同潛入海底「寶貝海洋」，替珊瑚寶寶接生。在一次又一次柯師傅所策劃執行的看見與守護當中，我們目擊了臺灣環境的珍貴與脆弱，並確認公視存在的價值。

　　後來我們一起「轉進」紀錄觀點。柯師傅把他驚人的環境紀錄能量帶進這個臺灣唯一的本土紀錄片平臺。他全年無休持續關注著臺灣各地的環境變遷，手上同時養著十幾個紀錄片

的主題，隨時風塵僕僕在山海間奔忙。

回到辦公室，他會泡壺濃茶，努力撐開疲憊的眼睛，忙著看片剪接。勸他回家休息，他總是露出一抹謙虛的微笑，繼續默默工作。

他的謙虛，來自守護環境的樸質信念。他沒有專業者的驕傲，只有腳踏實地。他沒有被眾人擁戴為師傅的自滿，只有兢兢業業的專注。他知道他的紀錄在與時間競賽，一刻都不敢鬆懈。

柯師傅以一己之力守護著每一吋國土，讓他的持續紀錄本身誠實說明環境的崩壞。他沒有因為見證了土地無盡的創傷而被「憤怒、驚訝、悲傷」淹沒，他只是繼續紀錄，繼續提醒。

這是「覺有情」的極致體現。因為深情，所以純粹。有他在，你不會感到孤單。有他在，事情永遠還有希望。

《我們的島：臺灣三十年環境變遷全紀錄》不僅是一部不可或缺的臺灣環境備忘錄，更是柯師傅苦戀島嶼三十年的情書精選。希望讀者們都收到了他的訊息，以及深情祝福。

◉—推薦序

我們的島、我們的柯師傅

吳 晟 ｜臺灣文學作家與教育工作者

影像工作者柯金源導演，即將出版《我們的島：臺灣三十年環境變遷全紀錄》一書，用自述性的散文，書寫從事影像紀錄的觀點，搭配拍攝的影像圖檔，編輯一本圖文並茂、質地厚實的書冊，含括了三十多年歲月以來，他投身臺灣環境紀錄所累積的重要成績和心得。

在臺灣媒體市場，被多量速食性、零碎化、浮淺化的報導充斥的時代，能為這位心性純良、胸懷社會責任、長年努力不懈、深入追蹤報導環境真相的影像工作者寫推薦文，是我義不容辭、也是與有榮焉的事。

柯金源在自述的導文中說，他從1980年開始進入職場，投入相機記錄。他說：「我告別山水行旅視覺表象的追尋，以參與歷史紀錄的熱忱，投入報導工作，是受到1988年5月20日農民運動的影響。」那是美麗島事件後、民主運動風起雲湧，臺灣主體意識、環境意識興起，不斷撞擊國民黨黨國官僚體制封建思維的年代。那時的柯金源，其實已有很好的攝影成績，他為臺灣的好山好水拍寫真，在今天看來，也確實為臺灣留下許多美照，雖然那些美麗已經消逝，成為可供懷念的「遺照」了。

那個年代的民間，有不少年輕人，在各個不同文化領域中，自發性地去發現自己所身處的家園，探索臺灣的社會真相。柯金源從一個追尋山川美景的浪漫青年，非常自覺地蛻變成為臺灣土地變遷歷史的記錄者。

多年來，我常留意到他的紀錄片，十分佩服這位不被主流媒體重視、踽踽獨行的年輕影像工作者，如何深情凝視臺灣島嶼，為生態環境紀錄，做最基礎的扎根工作。

我與他正式相識，始於2008年。那時，國光石化廠即將被引進彰化濱海地區，眼看美麗珍貴的大城濕地，因為石化工廠的入侵而陷入萬劫不復的境地；我和我的家人，還有無數關心環境保育的朋友們，焦急地投入反對興建國光石化廠的抗爭行動。長年來一直在記錄彰

化海岸生態、也是彰化海濱村落出生成長的柯金源，他扛著攝影器材，率先投入了抗爭行列當中。

那時，他不只是一個環境歷史的記錄者，更主動地成為改變環境歷史的開創者。他以蘊蓄著憤怒不平、卻又充滿深情感傷的手法，完成細密報導的影像，非常深刻動人，召喚了更廣大的群眾，投入這場環境關懷戰役。2010年，我和吳明益策劃《濕地‧石化‧島嶼想像》專書，柯金源擔任攝影主編，秉持堅定信念：「最終我們必將發現，唯有符合這片土地健康的經濟體系，才是島嶼未來想像的方向。」無償提供自己的攝影作品，並收集多位年輕攝影家的珍貴圖片。

這是臺灣環境運動史上，非常重要的一次革命。

往後我們在溪州鄉的護水運動、反彰南農田變成輪胎工業區運動，柯金源無役不與，他用影像傳播環境守護的信念，成為我們的戰鬥夥伴，也把社會運動推向更高的文化層次，獲得更廣大的能量。

扛著粗重攝影器材的柯金源，攀爬高山、涉海逐浪、溯河源頭、混入市井、逐臭追汙，總是為社會上被欺凌的弱勢者（包括弱勢人與弱勢環境）發聲。他為了探索議題的真相與報導的深刻性，總是把自己置身事件當中，多面向訪談、默默記錄、地毯式追蹤，長時間與在地受難者共同生活、一起感受。他那顯然不夠粗壯、卻非常堅毅的身形，扛著沉重器材，在炎陽、寒風中，外套濕了又乾、乾了又濕，三十多年來，踏過臺灣土地的細微處，每一步履都扎扎實實。

我觀看他的每一部紀錄片《森之歌》、《退潮》、《黑》、《命水》──都深受震撼。但是，如同他的人，樸實而不炫奇，真誠而不誇飾，因為他所完成的報導作品，以務實的態度直逼問題核心，有別於時下媒體市場，蜻蜓點水般的輕巧，顯得非常沉重而不討喜。他所完成的作品和他所報導內容的弱勢主題一樣，在社會流行風尚當中，也成為不容易被社會大眾重視的弱勢。反倒是那些隔著遠距離觀看，不探究問題根源，注重所謂美感效果的浮光掠影，被賦予藝術美名，而成為當今朝野認定最夯的作品。

柯金源說：「如果海需要我，我就跳進海裡；如果山需要我，我就走進山裡。」三十多年來，堅持用相機和攝影機，持續記錄臺灣環境與社會運動的影像工作者，在他個人的Flickr Blog裡面，放置了至少有兩萬六千多張相片，和數十卷影片，張張片片都是近代臺灣社會、環境歷史的真實見證。本書所節選的部分，含括海岸、山岳、森林等十個章節，只是

其影像的一部分。藉著這本書的集結出版，我想這是柯金源歷經這三十年生命追索之後的深刻體會，值得所有愛護臺灣的人認真觀看、虛心學習。

這些年來，我認識多位公共電視《我們的島》、《紀錄觀點》等節目的製作團隊，懷抱社會熱忱的年輕影像工作者都尊稱柯金源導演為柯師傅，可見多麼敬重這位前輩，而我，年長柯金源多歲，一樣非常敬重他。

我常想什麼樣的環境，孕育成長什麼樣的人。如果在那個被鄙視、被漠視、風頭水尾的濱海小村落出生，在貧困環境中長大的孩子，也能造就柯金源這樣重要的導演，土地中一定有什麼美好的元素在滋養。我想像那個童年時代貪吃母親所調製的鹽漬牡蠣醬、赤腳走過沙灘，體會海沙在趾間流動感覺的小孩，一定是那源自原生土地的美好感受，讓柯金源不斷展開關愛眾生的寬大胸膛。

◉——推薦序

薛西佛斯與職人精神

何榮幸 |《報導者》總編輯

無論身處什麼時代，媒體這一行最不缺的是英雄，最缺的永遠是職人。是的，就是那種數十年如一日，始終執迷不悔的職人。

打開名為「柯金源」的 Flickr 頁面，點選「相簿」後，算了算，共有一百八十五個主題資料夾。再看看最上方的統計，伸手揉揉眼睛，確定沒有看錯，這些靜靜躺著等待觀看的照片，共有四萬兩千多張，而且還在持續增加中。

柯金源的簡介只有一句話：「以看守地球為業。」事實上，光是臺灣環境生態，他就已經看守了三十多年，這些照片就是他走遍臺灣各個角落的證據。他把龐大的照片庫視為公共財，不吝公開分享，只怕這些環境議題乏人問津。

坦白說，這些照片還真不知從何看起。但隨意點進不同主題，關上相簿都只有長長的嘆息：這些飽受摧殘的土地與海岸線，從未記取曾經發生天災或人禍的教訓，即便已經付出重大代價，三十多年來仍不斷上演相同的悲歌。

我不禁覺得，在照片之外更用無數小時影像記錄這一切的柯金源，就像是希臘神話中被諸神懲罰的薛西佛斯，循環重複著將巨石推上山頂、巨石滾回山下、再度推石上山的任務，徒勞無功，彷彿永無止境。

柯金源當然不是做錯事被懲罰，但他將生命中最精華的歲月，都用於看守臺灣環境生態這件與推石上山無異的工作，這項任務必須長期承受的孤單冷清與巨大無力感，與薛西佛斯何其相似。

這本書，就是柯金源的薛西佛斯式任務檔案。這一次，他終於從四萬多張照片、以及無數小時的紀錄影像中抽身，系統性整理過去三十多年走過的足跡，將個別作品所呈現的意義脈絡化，也讓讀者清楚看見了薛西佛斯的身影。

沒錯，事情可能沒有那麼悲觀，在書中某些片段，我們的確看見了看守臺灣環境生態的希望。例如2008年起，面對俗稱八輕的彰化大城「國光石化案」，柯金源花了三年時間，近距離記錄在地居民與環保團體聯手對抗決策霸權與財團壓力，最後終能成功守護濕地的完整過程。在這些關鍵時刻，柯金源的眼裡必定閃耀過光芒，相信這一次巨石不會再滾下山。

然而，在開發主義來勢洶洶、藍綠執政並無本質差別的時代巨輪下，書中的大多數時刻都無從樂觀。柯金源長期記錄的諸多環境議題，幾乎都反覆上演政府失職、農漁民無奈、民間自救的劇本，此起彼落，日復一日。過去三十多年的大多數日子，巨石總是在政府重蹈覆轍、民眾快速健忘之中滾下山頭，埋藏在現場記錄者內心深處的黯淡感傷，遠非外界所能想像。

柯金源有個外號：「柯師傅」。人如其名，一句話道盡他的工作態度與專業精神。

沒有人一開始就是師傅，總是要歷經不斷反思、自我追尋，在一次次的手作過程中持續精進、追求完美，才可能被同業以及後輩敬稱為師傅。

剛進職場時，柯金源醉心的是視覺美學，以他自己的說法是「很長一段時間，傾心於壯麗山川海色的追尋」。直到解嚴後受到農民運動的影響，他開始想要記錄歷史而投入新聞工作。此後，這個原本並未立志當記者的年輕人，卻展開了一段難能可貴的媒體職人之旅。

過去三十多年，柯金源的田野調查從淡水河口南岸出發，記錄當地興建汙水處理場、大型港口對於海岸與河口環境的巨大衝擊；接下來他根據行政院公告的「臺灣沿海地區自然環境保護計畫」，一站站走向十二處沿海保護區；最後他的紀錄視角延伸到全臺海岸線，紀錄樣區也持續擴增到一百多處，終於交織成一幅完整的臺灣海岸圖像。

許多樣區柯金源一去再去，有的是幾個月就去一次，有的是以幾年為度進行記錄。重要的不是他去過那些地方，而是他長期蹲點自我要求的田野調查態度，例如書中這段生動描述：

「想要走入泥灘地觀察各種生命脈動，必須要有更多的準備，甚至要花更多時間。譬如想看招潮蟹，整個人就要趴在濕漉漉的灘地上等待，而且動作不能太大，以免產生光影晃動，或者讓泥地下方產生傳導性震動，因為任何微小動作都會令各種生物感到緊迫威脅，不是逃走就是躲在洞穴內。我曾經為了拍攝彈塗魚與招潮蟹爭奪地盤的畫面，整個人平躺、幾乎有一半身子埋入泥沼地裡；當準備撤離時，因為泥質黏性太高了，遲遲無法脫困，眼見已快漲潮了，愈來愈危急，幸好海神保佑，最後全身而退。從此之後，再下到泥灘地工作時，我會

帶著游泳的浮板，或簡易衝浪板，在泥灘地上增加表面積，以免持續沈陷到難以自拔。這樣安全的做法建議，可提供其他攝影記錄者參考。」

這種嘗試錯誤、週而復始的職人精神，幾乎貫穿柯金源的媒體生涯，也讓他獲得國內外多項重要影展與新聞獎項。公視《我們的島》、《紀錄觀點》等節目提供了柯金源長期累積、打造技藝的沃土，他在本書中坦誠以告的各種紀錄視角與方法論，則已成為環境紀錄領域的重要教材與典範。

或許是成長記憶的不時召喚，出生於彰化海岸偏遠村落的柯金源，來到都市發展多年之後，他的鏡頭底下最重要的發聲者，依舊是小時候最熟悉的近海養殖漁民等靠天吃飯的底層小人物。

走過一百多處田野調查場域，柯金源始終難以忘懷的景象是「東石海岸居民泡在海水長達三十幾天的影像，彰化農民站在被汙染農地上的哀傷神情」。柯金源自承，這股愧疚感促成他放下成就自我的追尋，「深切體悟到環境紀錄的核心意義，是在促進人類更加瞭解自然界的脈動，以及人類發展與自然永續矛盾衝突之省思。」

於是我們終於瞭解，柯金源為什麼要像薛西佛斯般不斷推石上山。因為在每一個慘遭浮濫開發、人為破壞的環境現場，背後都有一群傷心欲絕的底層小人物。這些小人物從來得不到光環與關注，柯金源在呈現環境變遷的同時，更記錄了這些小人物的面貌與悲苦。

身為記錄者，柯金源自然無法回答這些家園殘破者的深沈控訴。但只要手上還有攝影機，他就不會放棄任何傳遞這些小人物心聲的努力，目的是希望有機會影響政策，期盼有一天這些小人物能夠不再哀傷。

在各地海岸線佇立三十多年、見證臺灣的美麗與哀愁之後，柯金源的身影告訴我們：即便狗吠火車，仍須堅守現場；既然選擇了這個戰場，就沒有悲觀的權利。

隨著近年臺灣公民意識覺醒，或許我們已可不再悲觀。只要像柯金源這樣的記錄者還在現場，只要社會各界緊盯環境議題與政策，只要人民用選票教訓不當開發、破壞環境的政治人物，臺灣還有機會集體反思過往的錯誤，重新踏出讓這片土地永續發展的腳步。

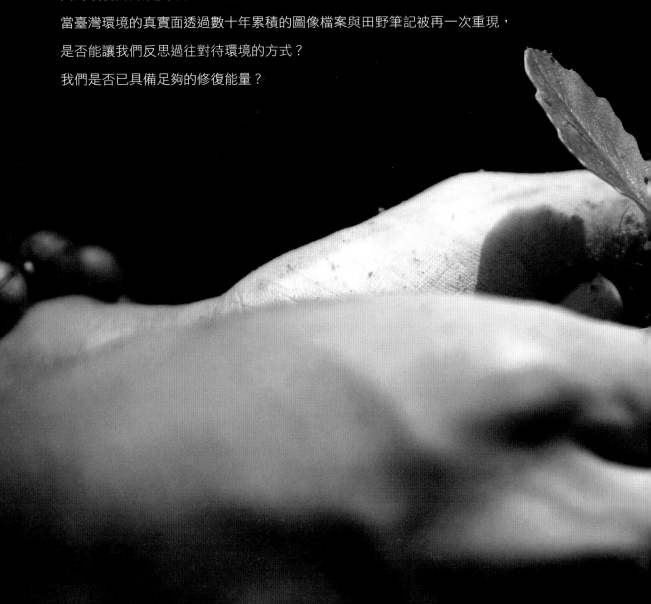

一個人，三十年，

一百多個長期關注的樣區，無數次不斷重返現場，

堅持走一條最純粹的紀錄之路。

面對環境的持續變動性，這樣的時間尺度，還是遠遠不夠。

當臺灣環境的真實面透過數十年累積的圖像檔案與田野筆記被再一次重現，

是否能讓我們反思過往對待環境的方式？

我們是否已具備足夠的修復能量？

第 一 章

引言

環 境 紀 錄 工 作 者 的 執 著

●—引言
三十年環境紀錄之路

從追尋美感到直面真實、再現問題本質

「自然界的美麗壯闊與色彩，很難用影像媒材再現，因為人類永遠無法完全複製宇宙間的自然脈動。」學生時期攝影老師的告誡，始終縈繞腦海，像一句魔咒，也像一道探索影像紀錄本質與價值的指引。

1980年代初踏職場的我，很長一段時間，傾心於壯麗山川海色的追尋。多年之後，來自政治戒嚴後期的一個轉念，讓我毅然決定把相機鏡頭轉向，對焦環境變遷與破敗現象。臺灣在1988年解除報禁，政治與社會氛圍逐漸轉變，民主、言論自由漸次落實。當時，主流媒體熱烈聚焦於政治、經濟、社會、娛樂新聞，卻忽略了環保等弱勢議題的關照。受到農民社會運動的影響，我心裡想，如果環境被嚴重破壞，美麗質樸的家鄉消失，縱然大家滿手鈔票，我們所追求的幸福、安康的生活環境，還可得嗎？從此告別山水行旅視覺表象的追尋，憑藉一股參與歷史紀錄的熱忱，投入媒體報導工作。

初期，每一次接到採訪任務，心裡總暗自盤算，如何以最快速、最有效的方式，傳達新聞事件的實情。每當趕到事件現場，會急著先觀察問題，加以歸納研判；接下來，就是蒐尋閱聽人可能會感興趣或令自己感動的元素，進行圖像思考與文字紀錄；待採擷足夠素材後，交回編輯臺，再準備下一個採訪任務。長期下來，青春歲月逐漸消磨，對於媒體間激烈競爭與慣性的作業模式，心裡產生不確定性、懷疑的感覺，且愈來愈強烈。

1994年，政治與社會改革的步伐漸入佳境，但賴以維生的島嶼環境，似乎每況愈下。撇開政經界的紛紛擾擾，我再度將關注焦點對準環境生態，調查腳步一路從海岸開發與破壞、土地汙染，到山林區的水土環境崩壞。我萬萬沒想到，幾年前鏡頭框景下的好山好水，一轉身，已是滿身傷痕，彷彿在為環境拍遺照。

為了傳達這些長期累積的田野調查訊息，我大幅度調整呈現方式，除了兼顧報導攝影與文字紀錄的力道，更結合電視紀錄片的表現形式，以提高和外界溝通的效能。某種程度上，電視節目是允許適度加入事件以外的影音元素的，譬如調整敘事節奏，加強視覺張力、音樂或聲音效果，剪接特效輔助並顧及娛樂性等等。

紀錄片形式確實加強了環境議題的深度，也較能多元傳達環境變遷與時間軸線的比對。然而，我感覺必須跟著社會人文的脈動，貼近大眾閱聽的習慣，才容易被解讀，達到更有效的溝通，對於被記錄的議題也才有所助益。

回想2000年之前，每一次的採訪現場，總會思考要以何種結構來強化視覺張力，才能再現問題意識。一張張影像、一組組影音的創作過程，從現場觀察、思考、視覺語言轉譯、製作技術支援，到完成作品組合，不斷反覆檢驗總體效果，重複審視在現場感受到的憤怒、驚訝、悲傷，是否能夠藉由作品高度再現？而當作品發表之後，心裡又開始擔心，閱聽人感受到我的情感了嗎？能否理解或願意去辯證影像表現的內涵，讀懂其中涵蓋了哪些元素與言外之音？或者，閱聽人只是評斷其藝術美學的分數高低？

當時，為了因應不同媒體平臺需求，我將影像結構表現簡化為資訊提供與個人創作兩種形式。如以資訊提供為目的，影像必須能立即吸引閱聽人的目光，準確傳達議題訊息；而若環境與時間允許，就會從美術的視角去框景，並強化情緒張力的效果與意涵，強調個人感受性的影像美學表現。

2000年之後，網路社群逐漸蓬勃，行動裝置時代讓個人自媒體成為可能，平面印刷媒體與電視媒體正逐漸流失閱讀使用者。到底在資訊氾濫、良莠不齊的現況中，要如何讓理念持續

傳播，進入資訊主流市場，加入眾聲喧嘩的戰局？又或者要另闢蹊徑？環境資訊傳遞既然已跨越舊有平臺，就必須融入更多訊息切面，以及視覺與線上互動體驗的創意。

回到起點

我不斷自我扣問，如果，我的人生完成了藝術成就，卻對生育的土地、供養的眾生，沒有太大貢獻，那藝術價值的意義是什麼？是否以自己能力所及的表達工具，傳遞真實故事，留下一方生機，才是生命真正的價值？因此，我立下「環境紀錄與資訊傳遞」的目標，做為自己生命的承諾與志業，我選擇了一條人跡稀少的艱困道路，獨行三十餘載。

從許多重大環境議題中，我陸續標定了一百多個長期關注的紀錄區，這是為了彌補即時新聞報導在資訊提供上過度簡化或去脈絡化的現象。實際上，環境議題往往是持續變動的狀態，就算以一年、五年，或十年的時間軸去比對環境變遷的樣貌，企圖從中挖掘問題、尋找出路，這樣的時間尺度，還是遠遠不夠的。就像人們以工程手段，大肆改變海岸與河流地貌之時，縱以百年重現率為尺度來估算自然界反撲的力道，卻仍無法測準變化莫測的大自然與全球變遷。

經過時間與經驗的累積，當我再次回到環境紀錄工作的起點，逐漸瞭解以影像做為資訊媒介或創作的局限性；對於汲汲營營的表現方式，也開始產生質疑。在苦難的土地上，我不斷尋找感知元素。一方面直接面對環境受難者的悲憤指控，看著他們期盼外界關懷的眼神，我卻束手無策、愛莫能助；但一轉身，心裡卻還盤算著自己的創作……這樣的景況，深深衝撞著內心的道德尺度。

多年來，東石海岸居民泡在海水長達三十幾天的影像，彰化農民站在被汙染農地上的哀傷神情，始終難以忘懷。這一股愧疚感，促成我放下成就自我的追尋，深切體悟到環境紀錄的核心意義，是在促進人類更加瞭解自然界的脈動，以及人類發展與自然永續矛盾衝突之省思。

除了生物、地景的描寫，更要觀照人與環境互動後的種種變貌。堅持用田野觀察、長期紀錄

的方式，我設定每個標定點，無數次不斷重返現場與記錄，透過數十年累積的圖像檔案與田野筆記，終能看出環境變遷與歲月留下的痕跡。而這些資料，已成為許多研究單位、教育機構與環保團體引用的環境教育素材。

環境紀錄工作有著不同於其他議題的使命與困難度，除了必須具備專業媒體傳播製作技術，還必須飽覽自然生態知識，將環境正義價值觀內化。平時，更要廣泛收集資料，密切關注環境議題時事。雖然媒體與工具在變、閱聽人的習慣在變，但內容的本質還是主體，只是老東西要有新思維。

三十多年來，我覺悟到，沉溺於創作表現的思維方式應該要拋棄了，走一條最純粹的紀錄之路，將真實重現，而傳達這一路來不斷演進的參與式社會運動，以影響政策，維護環境正義與自然平權，重新喚起生命價值，也是我一直努力的道路。

這是一本書寫臺灣環境變遷的田野紀錄，以現場目擊者的視角，見證三十多年來的變化。當臺灣環境的真實面被再一次地重現，是否能讓我們反思過往對待環境的方式，並直面環境災難的因由，以及，我們是否已具備足夠的修復能量？

海岸是海洋與陸地的交會地帶，是生命演化、形塑新物種的場域。

水陸交界的舞臺，記錄了各個物種在這時間長河中的演進歷程，

也標誌出環境變遷帶來的巨大影響。

水線

第 二 章

失 落 的 地 平 線

◉──導言

海陸交界地帶的驚嘆

原鄉──海洋夢的開端

很多人對於海岸的印象,是來自於自然景緻的美麗,或是徜徉大海的舒暢感受。小時候,我總喜歡光著腳丫子,緩緩走在細柔的沙灘上,讓潮起潮落的海浪浸濕腳踝,細細體會海沙從我趾間輕觸流動的微妙感覺。

1960年代,我出生於彰化西北角海岸的偏遠村落。家鄉因處於河海口交會處,擁有寬廣平坦的泥灘地,許多親戚就仰賴這一大片海岸,養殖牡蠣、文蛤或以近海漁業資源維生。家中餐桌,經常出現親戚送來的各種水產品。印象最深的是鹽漬牡蠣醬,這是當年早餐配稀飯的聖品,那股來自大海的滋味,始終迴盪齒頰間,幾十年忘不了。長大離開家鄉之後,兒時的沙灘與母親調製的牡蠣醬,成為我的海洋銘記。

1980年代,因著貪玩好奇心的驅使,我第一次離開臺灣陸地,特地搭船前往屏東小琉球。當船隻駛離海港,從海上回望臺灣島,那島上的天際線與山型輪廓愈來愈遠,朦朧美感似真如幻,是我久久難忘的懷想。這初體驗,撩撥起我面向海洋的渴望,也讓我想起祖先從唐山過臺灣的故事。

臺灣一千多公里的海岸地形,相當豐富多樣。百萬年來,各地的海岸地貌受到洋流、板塊擠壓,以及河川沖積作用影響,顯現出不同個性。海岸依循自然的脈動持續變動著,人們也只能在宇宙光年的片刻剎那間,擷取自己喜好的絲微映像。

從十二處田調樣區開始，完成臺灣海岸紀錄圖像

根據研究資料顯示，「沿海淺水域之基礎生產力，可達大洋區生產力之六倍。」再從生物多樣性的角度來看，濕地與海洋、森林，並稱為地球三大系統，但濕地是生產力最豐沛的生態系，同時還具「生命基因庫」的功能。如果再把生產力價值量化，濕地比農地的生產力就高出六倍。既然淺海水域與海岸濕地如此重要，應該受到萬般珍惜！因此，河海口的交會地帶，就成為我經常造訪的熱區。

初期的紀錄重點是生物多樣性，在不同季節或晨昏時刻，配合生物棲息與覓食的特性，盡可能把物種形象、行為特徵記錄下來。而另一個觀察重點，是自然地形景觀與環境變遷。每當颱風過後，或者正在施作工程的地段，造訪的次數就會更密集。

在進行田野調查的過程中，總會遇到許多意想不到的驚奇，或無法理出頭緒的糾結。有感動的故事、有憤怒的當下、也有久久放不下的哀傷。然而，心底的各種情緒，還是比不上人們不斷重複以自掘墳墓的荒謬之舉對待環境來得震撼。小時候經常踩踏的泥灘地，已成為飄渺記憶；年少時毫無顧忌可以縱身優游的的水域，亦被嫌惡；在波浪間恣意漂浮或翻滾的美好經驗，無法再來。我們的海岸回不去了嗎？

為了探尋自然海岸消失的原因，我的田野調查紀錄樣區，從中央管理層級的十二處沿海保護區開始，這是1984年與1987年，由內政部主辦、八個部會協辦，分別邀請專家學者勘查之後，再經行政院核定公告的「臺灣沿海地區自然環境保護計畫」；其主旨是「保護臺灣沿海地區天然景觀及生態資源措施」，表列其中的沿海保護區，包含淡水河口、蘭陽、蘇花海岸，以及北海岸、東北角、彰雲嘉、屏東尖山與九棚、花東等沿海地區，面積廣達235,256公頃。就保護標的來看，包括了岸際環境到海域資源與海底生態，也包括了各種海洋生物、海岸地形景觀與動植物。由於在進行保護區的影像紀錄過程中，發現環境變遷的速度比想像中更加快速，因此，決定將紀錄視角延伸到全臺海岸線，紀錄樣區也持續擴增到一百多處。無意中，竟讓這些各自獨立的紀錄影像，像拼圖碎片般，逐步交織為一幅完整的臺灣海岸圖像。

自然海岸逐漸消失與崩壞

從內政部2016年第二期的自然與人工海岸線統計資料來看，臺灣本島的海岸線長度約一三三八公里，但人工海岸的長度，已超過七五三公里，自然海岸的比例只剩下約43.7%。其中，西部有六個縣市的人工海岸比例是超過九成以上，而南北兩端的基隆市與高雄市人工海岸，也超過八成五，顯見臺灣海岸水泥化的嚴重性。在每年的環島記錄過程中，看到海岸沙洲愈來愈小、防風林愈來愈少，但政府的工程經費卻愈來愈龐大，水泥建設也愈來愈多。人類以工程手段來主導海岸環境變遷的荒謬劇，正在海岸線不斷加速上演著。

河海交會地帶的變遷速度，往往讓我來不及追趕；而海岸線的變化也不遑多讓。令我印象最深刻的是新北市八里、嘉義好美寮、臺南黃金海岸、高雄西子灣和臺東大武等海岸，每一次站在變動激烈的海岸地帶，總會想，人們真以為人可以勝天？不斷把錢往海裡丟，不僅無法解決問題，還可能引發連鎖效應，甚至害人非命。以海岸人工結構物而言，會影響沿岸水流流向、海床以及海岸地形的穩定性；以水泥堤防來說，雖然平時可以抵擋潮浪威脅，但也可能只是一時營造安全的假象，反讓人們降低警覺性與誤判風險。

再根據異常海象機率的研究統計資料，自2000年至2016年6月間，海岸瘋狗浪襲人落海事件，每年平均約發生十九起、三十人次意外。究其發生原因，除了是自然地形與海上異常波浪之外，人工海岸導致波浪與堤防或消波塊產生交互作用的動力現象，亦是造成意外的重要因素之一。到目前為止，瘋狗浪的發生原因與機率，還無法完全準確預測，但人們如果想以人工結構物抵擋，可能自食惡果。譬如，有些海岸公路瀕臨暴潮帶，當強風與大浪到達公路堤岸之後，將產生更巨大的破壞力，因此，用路人在颱風期間，行經海岸公路的時候，也增添了許多不確定危險性。臺9線公路的臺東大武多良、南興段，碎浪把礫石塊從海岸沖到路面，海浪更直接越堤衝擊路面行駛中的車輛，曾經造成多起死亡意外，颱風期間也必須預警性封路，就是顯著的案例。

走過的沙灘，曾經休憩的堤岸，甚至精心規劃的建築工程，往往在一陣陣狂暴巨浪之後，就會消失。在海岸地帶，按下快門後的瞬間影像紀錄，也可能成為環境樣貌的最後遺照。當我

們用心計較跟大海搶地，就離海愈來愈遠；而海岸地帶建置大量人工設施之後，也可能為人們招來更多禍害。

失落的地平線，變調的海洋夢

從1990年代起，每到了戲水弄潮的初夏季節，我總會安排一次環島田調行程。雖然悶熱濕潤的海風，讓午後的氣象難以捉摸，但為了履行心中跟海岸的約定，必須上路。按照往例，我會從淡水河口南岸出發。每當驅車行駛於海濱公路一路往南，近三十幾年來的紀錄影像，常常在腦海中一一浮現。心中常想，除了持續以時間軸記錄對照影像，每年的海岸環境變遷，可以帶給我們哪些新的啟發？從這些龐雜的田調資料中，又可以解讀出什麼新的資訊呢？

臺灣是一座小島，一腳跨出去就是大海，是冒險的開始，也可能是成功的所在。早期進入臺灣島的先輩們，大部份是經由水路登島，時代環境下，執政者曾以國家安全為由，限制一般人自由進出港口、海岸，島上住民幾乎成為「陸封」之人。1950年代之後，人們開始積極運用海洋優勢，遠近洋漁業興盛，造就了漁業大國的盛名；而海岸工業區、商港陸續開發之後，加工出口貿易額也快速增長。我深刻體會到自1950年代之後，人們想透過海洋來扭轉經濟劣勢的雄心。然而，當困頓的時代過去，我們跟海洋的關係進化了嗎？

近一、二十年來，許多人認識海洋的途徑，多是從海水浴場的戲水活動開始，但往往也僅止於此。表面看來，親水活動的確增多了，但人們真正瞭解海洋嗎？臺灣領海版圖比陸域轄區大四倍，宣示性的經濟海域，更是陸域面積的十五倍。如果，我們對於海洋的利用方式，能夠從消耗掠奪轉為永續利用，那廣袤豐富的海洋資源，將成為臺灣最具競爭力的優勢。

海洋是生命的發源地，而海岸是海洋與陸地的交會地帶，是生命演化、形塑新物種的場域。水陸交界的演化舞臺，記錄各個物種在這時間長河中的演進歷程，我們該如何護持這片生命搖籃？又該如何看待海岸環境的變遷？若將這生命演化的驛站破壞殆盡，等於扼殺了生命多樣性，更扼殺了人類的未來。地平線正在失落，環境崩落可有盡頭？

河口海岸 ｜ 淡水河口南岸

1980年代的八里海岸沙丘，是我經常尋找創作題材的景點，但是在2000年之後，已完全消失了。

淡水河口南方海岸的環境變遷

1960年代以前，淡水河口原是屬於淤積型海岸，但自從上游的石門水庫與翡翠水庫陸續完工之後，就成為侵蝕海岸。1987年起，淡水河域開始管制河砂開採，然而，八里海岸地帶

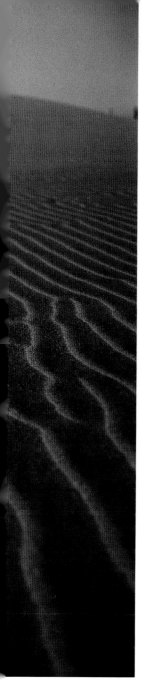

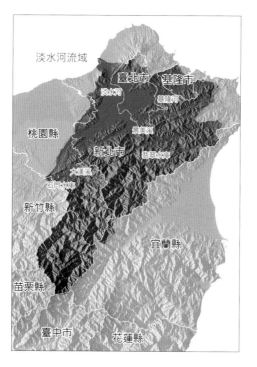

的砂石業者並未停止作業，導致海岸侵蝕現象加劇。根據水利單位的資料顯示，從1958年至1993年間，淡水河口南岸長約一千四百公尺，已嚴重侵蝕的垂直距離約二百至三百公尺，造成軍方的海防碉堡倒塌、毀損，並危及八里汙水廠的安全，也迫使海岸地帶的居民必須往內陸搬遷。水利署自1992年至1997年1月間，依海岸侵蝕狀況，陸續進行拋石保護、突堤導流堤、離岸潛堤、丁壩等海岸防護工程，加上臺北商港北防波堤工程陸續完工，才逐漸讓侵蝕現象減緩。

根據監察院2000年的國土保全總體檢報告指出：「淡水河因上游石門水庫、翡翠水庫、河堰、攔砂堤堰、河岸護堤等設施陸續完成，減低河道輸砂之能力，加上淡水河下游河段，被砂石業者大量抽砂，致淡水河口無足夠之河砂來源補充河口及鄰近海岸。東北季風及颱風來臨時，海水逐漸侵蝕淡水河南岸之陸地，乃造成八里汙水處理廠鄰近海岸有明顯侵蝕現象。」

淡水河口南岸的地形與環境變遷速度，超乎海岸工程界推估。依據1998年與2008年的圖像對照，可明顯看出海岸地形變遷對於人文與生態面的衝擊。2010年間的觀察，原本遭受嚴重侵蝕的海岸，已反轉為堆積旺盛的河口沖積地形。

但令人擔憂的是，淡水河口南岸至臺北商港北防波堤之間的海岸，雖然已成為堆積型海岸，但是，臺北商港南方海岸卻發生嚴重侵蝕現象，同樣使得海岸居民必須遷離，也危及濱海公路的安全。歸納八里海岸變遷的二大因素，除了沙源補充不足之外，臺北商港的開發，導致海岸突堤效應，阻斷海域近岸沙源流動與自然平衡，對於海岸侵淤效應具加乘效果，這是臺灣國土安全不容忽視的問題。

圖片繪製：國立臺灣大學地理環境資源學系臺灣地形研究室

淡水河系上游水庫

河川上游興建水庫之後，整個集水區的環境生態，隨即產生系統性的改變；除了淹沒區的環境衝擊以外，也會攔截上游山區沖刷的砂石，導致補充海岸的砂源減少，造成侵蝕現象，海岸沙丘地形也可能逐漸消失。

1｜　圖1：石門水庫完工於1964年
2｜　圖2：翡翠水庫完工於1987年

浪襲

淡水河口南岸沙洲的侵蝕速度，就連當地居民都無法置信。1980年代，沙洲上的農地與軍事碉堡陸續被海浪吞噬；到了1990年代之後，海岸土地界樁以及先人墓園也紛紛失守。

1 | 2 | 3

圖1：1997年被海浪吞噬的碉堡
圖2：1997年失守的土地界樁石
圖3：1997年被海浪侵蝕掏刷崩毀的墓園

八里鄉頂罟村——最後的前線

新北市八里鄉頂罟村附近的海岸，海潮經年累月沖蝕，當時推估1990年代海岸線每年平均要往後退縮二十五公尺左右，將危及海防部隊位於沙丘上的碉堡砲臺據點。

1994年間，頂罟村附近，海防駐軍正發揮「愚公移山」的精神，調用軍士官排成人龍，以人力和海浪爭奪石塊，趁著退潮之際，趕緊將被沖走的石塊一一撈上岸，重新堆砌做為海灘砲臺下的地基，以此挽救垂危告急的「前線最後砲臺」。官兵們心裡很清楚，這已經是他們的最後據點，一旦又被海浪吞蝕，陸軍就要變成海軍了！

而軍方為了減緩海岸侵蝕的速度，在砲臺周邊海岸先擺置塊石，再堆填營建廢土。

臺北港的北防波堤陸續完工後，海岸沙灘的侵蝕與堆積作用現象卻翻轉了，大自然輕輕一擺，再次戲弄了人類的思維。

1
2
3

圖1：1993年碉堡淪為潛水堡壘
圖2：1993年海岸嚴重侵蝕，軍方以人力疊石
圖3：2004年消波塊與營建廢土護岸

臺北港與八里市區

1993年，臺北港的初期規畫是為了因應臺灣東岸的砂石西運，因此建設兩座砂石專用碼頭，當時稱為「淡水新港」。到了1999年，行政院再度擴大淡水新港的營運目標與量體，做為基隆港的輔助港，而且規模比基隆港還大，主要功能也從砂石專用碼頭，蛻變為綜合性大商港，名稱變更為「臺北商港」。港口的碼頭運輸業務則採BOT模式，由民間公司經營。

當臺北港完工之後，港口北側海岸從侵蝕轉為淤積，甚至已影響淡水河口的排洪能力，可能危及大臺北區的防洪安全。而港口南側海岸也因為突堤效應，出現嚴重侵蝕，必須增加海岸防護工程，將再造就一處「黃金海岸」。

| 1 | 2 |
| 3 | 4 |

圖1：1994年淡水新港施工南、北防波堤
圖2：2017年臺北港完工
圖3：1994年八里市區
圖4：2017年八里市區

臺北港今昔

2008年，臺北港的外廓與消波塊大致完工，淡水河口南岸，也就是港口北側，侵淤現象持續加劇。從1990年代的嚴重侵蝕，到2008年的旺盛堆積，就連2000年擺置的消波塊，也被漂沙覆蓋，甚至還長滿了海濱植物。根據2006年與2009年衛星影像來判讀，沙灘向海側淤積的長度，已長達二百公尺。老天爺捉弄人們，讓陸軍變成海軍，接著再開玩笑似的，送給我們一大片沙丘與自然沙質海岸。而此同時，臺北港南方海岸則出現嚴重侵蝕。

1 2 3
圖1：2003年八里海岸消波塊
圖2：2005年八里海岸侵蝕
圖3：2017年八里海岸堆積

2017年9月，於淡水河口南岸與八里海岸的目擊情境，依據近二十年來的變遷樣貌來看，這一段海岸，仍處於變動中。

依河之民

大臺北是臺灣首善之區，但是偏處淡水河口南岸的部分居民，長期來仍以傳統捕撈方式、依賴潮間帶的魚蝦貝類餬口維生。當河口環境因為各種工程作為而改變，弱勢的漁民也失去了生活依靠。

1 | 2 | 3　圖1：1998年河口潮間帶漁民耙文蛤
　　　　　圖2：2008年河口沙岸淤積文蛤棲地消失
　　　　　圖3：2017年河口沙岸淤積

2017年9月，八里臺61線西濱海岸公路因為臺北港的突堤效應，這段海岸公路正面臨嚴重侵蝕與強浪襲擊的威脅。

1993年台電林口電廠煤灰、爐碴填海造陸

台電林口火力發電廠煤灰塘海岸變遷

台電公司為了林口燃煤火力發電廠剩餘煤灰的去化問題，在電廠北側海岸採取填海造地方式，既便利、效益也高。自1992年煤灰塘第一期完工之後，附近海岸就出現了侵淤互現的些微變貌。當造陸面積愈來愈大，煤灰塘也產生了新的利用價值，但對於周邊海岸地形與環

2010年1月台電林口火力發電廠煤灰、爐碴填海造陸裝設風機

境的影響究竟為何？倒是沒有太多人在意。

此外，1994之後，臺北港的防波堤也陸續完工，從淡水河口到林口電廠約十六公里的海岸線，不同區域的侵淤現象更加劇烈了。為了阻止可能產生的海岸侵蝕災害，工程單位陸續在風險較高的海岸，進行保護工程，臺灣又新增了一處「黃金海岸」。

曾文溪口

臺南七股海岸

臺灣西部海岸近百年來出現急遽變化，從堆積型慢慢轉化為侵蝕地形。臺灣本島最西端的地標，位於曾文溪口北岸的頂頭額汕沙洲，每年退縮超過十五公尺，逐漸沉淪，已危及臺南七股潟湖周邊居民的身家安全。

2017年臺南七股海岸

根據文獻記載，臺南市七股區十份里西邊的頂頭額汕沙洲，約在1822年左右成形；到了1904年間，最寬處約一・二里，長約六・三公里。日據時期，沙洲上陸續種植二百多公頃的木麻黃防風林，是附近鄰海村落與七股潟湖的最佳天然屏障。近百年來，因為南部地區進行河川整治、興建水庫、海岸工程以及大型漁港建設，阻斷了漂沙堆積機制，因此，沙洲的沙源補充不足，導致海岸沙洲嚴重侵蝕。依據觀測資料，沙洲寬度侵蝕量高達八〇〇到一二〇〇公尺，颱風或大潮期間，部分堤防因缺乏沙洲消減破浪的衝擊而坍塌潰堤。

2004年6月14日，十份里居民為了保衛自己的家園，曾發起「搶救頂頭額汕、社區親子共築綠色長城」的活動，當天人們扶老攜幼齊聚沙灘，三百多人聯手種下一千多棵定沙性的希望樹苗。但是居民也十分清楚，沙洲上已生長了幾十年的老樹，都已被海浪連根拔起了，那當前種下的小樹苗，又保得了沙洲嗎？

2012年5月，重回種樹沙洲，確實如居民所預料，沙洲已完全沉沒在高潮線以下，綠色長城的夢想，已隨流沙消逝了。除了頂頭額汕沙洲嚴重侵蝕以外，另外五個護衛臺南海岸的濱外沙洲，亦持續遭受侵蝕而變形。政府再度編列龐大預算，在殘餘的濱外沙洲上，進行編柵圍籬定砂、抽砂回補、設置離岸堤、投放消波塊以及興建水泥堤防等工程，企圖保住現存的沙丘。事實上，臺灣各地的海岸災害以及島嶼日漸變形的原因，大同小異，如沙源補充不足、海岸工程擾動海岸漂沙動態平衡等等。臺南的濱外沙洲是否還有未來？沿海居民能否保住這天然的護衛長城？端看人們的智慧與決心了。

與巨浪拔河

強浪一波接著一波攻擊堤岸，衝出了一道大缺口，奔騰洶湧的海水長驅內陸灌進魚塭區，大型吊車處在巨浪間，猶如螳臂擋車，顯得相當渺小與脆弱，彷彿隨時將被大海吞噬。但操作人員還是盡力忙碌著擺置消波塊，防止災情持續擴大。站在潰決邊緣的堤防上，思索著，我們真的有能力跟大自然拚搏嗎？如果，把海岸還給大海，是否就沒有災害了？

1 | 圖1：2012年5月海岸侵蝕
2 | 圖2：2012年6月海堤潰決

守護

十份里民於2004年6月14日發起「搶救頂頭額汕，社區親子共築綠色長城」活動。2012年
重回此地，綠色長城已隨流沙而逝。

曾文溪口北岸防風林變遷

曾文溪出海口北岸的防風林，因海岸受到潮浪激烈侵蝕，國土嚴重流失，大片防風林在短短
十年間，幾乎全數消失。

1|
2| 3|

圖1：2010年9月曾文溪口七股海岸沙洲與防風林
圖2：2012年6月防風林已逐漸稀疏
圖3：2017年9月防風林已被侵蝕沙丘流失殆盡

海岸定沙防護

人為的定沙防護工程，終究敵不過大自然的力量。

1

2　3

圖1：2017年9月曾文溪口七股海岸沙洲與防風林嚴重侵蝕
圖2：2004年6月海岸定沙防護工程
圖3：2017年9月海岸定沙防護殘跡

秀姑巒溪口

溪口生態環境保衛戰

秀姑巒溪發源於中央山脈，流經花東縱谷，切穿海岸山脈，河水最終匯入太平洋。下游出海口河段的生態相當豐富，是許多水族生物降海與回溯內陸水域的必經之地，譬如鰻魚、毛蟹的遷徙，皆須仰賴河口健全的環境，生活史才能延續與完整。而矗立於水岸或高灘地上的石灰岩，經河水長年沖刷、掏洗，色澤潔白如玉，形狀也猶如鬼斧雕琢般奇特，享有秀姑漱玉、帝王石之美譽。因受盛名之累，許多巨石在1990年代，遭到切割、盜採。

2002年3月，水利署河川局計劃在秀姑巒溪口興建長五○○公尺、高五公尺的堤防，主要目的是為了保全北岸泛舟業者的河川地。當此一計畫被披露之後，花蓮豐濱鄉港口村民與保育團體，合力擋下了水泥堤岸、低窪地填土工程，遏阻了一場生態浩劫，保住了河海出海口無數生靈的家園，同時也保護了世界級的自然景觀，以及得以永續的觀光資源，而且，還省下了數千萬的公帑。

河口

河口是許多生物進出海陸交界的一大關口，能否繁衍子代或繼續成長，就看能否順利通過這一關。如果人類在這敏感環境築起更多險阻，對所有生物，包括人類自己，都是一記傷害。

港口部落海岸護漁行動

2002年間，花蓮豐濱阿美族人，合力阻止了秀姑巒溪口水泥化的危機，但十五年後，港口部落的族人再度面臨新的難題，因為周邊海域的自然資源已被過度耗用，族人警覺到海洋資源潰敗之後，接續淪喪的是族群文化。經過部落族人的共識，自2017年2月起，開始實施限制性魚類捕撈措施，族人認為只要資源利用的觀念改變，海洋環境就還來得及自我修復，秀姑巒溪口的海洋民族也才有未來。

1	2	3
4	5	6

圖1：1996年秀姑巒溪口秀姑漱玉
圖2：1996年秀姑巒溪口捕魚苗
圖3：2002年秀姑巒溪高灘地觀光業者停車場
圖4：2017年5月港口部落海岸生態保育
圖5：2017年11月港口部落海岸
圖6：2017年11月港口部落海岸

花蓮溪口、南濱公園

溪口環境

花蓮港的碼頭、防波海堤逐年擴建之後，美崙溪口至花蓮溪口之間約四公里的海岸，便陸續出現侵蝕現象。到了1987年間，花蓮港的東防波堤再度延長了八〇〇公尺，導致南濱公園與化仁海岸的侵蝕現象更加嚴重。水利署因此持續以消波塊、離岸潛堤、大型塊石，加強海岸防護。近三十年來，因為花蓮港灣工程的突堤效應，這一段海岸每年仍需持續投入龐大經費維護。

| 1 | 2 |
| 3 | 4 | 5 |

圖1：1993年花蓮溪出海口
圖2：1993年漁民夜間捕捉鰻魚苗
圖3：2000年花蓮港南堤
圖4：2011年美崙溪口南岸
圖5：2011年美崙溪口南岸

海岸線 | 嘉義布袋好美寮

北港溪至八掌溪的砂

北港溪至八掌溪之間的嘉義海岸線,長約四十一公里,有河口、潟湖、鹽灘、紅樹林、沙洲、防風林與魚塭等豐富多樣的人文生態環境與地形景觀。海岸開發、港灣工程以及河川砂石開採與整治,導致海岸環境變遷加劇,國土遭受侵蝕而消失。

回顧嘉義海岸近五十年來的主要開發案,1960年代,鰲鼓海埔地開發完成,卻因外圈之圍堤形成「突堤效應」,導致海埔地南方海岸線出現侵蝕現象。1981年、1986年,東石漁港與布袋商港先後分期興建堤防與碼頭設施;至1997年,布袋商港完成了客貨碼頭的擴建工程,以及抽砂填海造陸約一二六公頃的海埔新生地。而在1987年布袋商港籌建前期,布袋鹽場

2017年9月

為了發展機械化鹽灘，砍除了上百公頃的紅樹林，最後只剩約二十五公頃。1997年之後，臺61線西濱快速道路穿越鹽灘兩旁之紅樹林區，道路切斷了好美寮濕地水域與陸域的緩衝環境。

當這一系列的海岸開發工程相繼完工，布袋商港南方的好美寮沙洲，北方呈現淤積，南端卻出現嚴重侵蝕的現象；海岸防風林與濕地紅樹林枯死的問題，也愈來愈嚴重。依據研究單位判斷，海岸發生侵蝕的原因，除了河川輸砂量降低、海岸沙源堆積減少以外，最大的因素是海岸離岸堤、港口防波堤阻斷季節性漂沙的動態平衡，而港灣疏浚與抽砂填海造陸工程，也攔截了漂沙補充海岸的功能。

國土持續流失，不僅導致外海潮浪直接侵襲魚塭區，更危及內陸居民的身家財產安全。經濟部與交通部為防止情況惡化，相繼投入龐大的整治經費，加高水泥堤防、大量投放消波塊與離岸堤，卻還是無法留住一粒粒的小沙子。1978年至2009年間，海岸線退縮了二八〇多公尺，而離岸堤北側的沙洲與防風林，目前每年平均侵蝕後退的長度更高達十二公尺。

早在1987年，行政院即核定將龍宮溪口到八掌溪口約六公里的海岸、沙洲、防風林以及潟湖濕地，劃定為「好美寮自然保護區」；但是，當公共工程與環境保護、經濟開發與永續經營出現衝突與矛盾的時候，人類仍以「人定勝天」的思維，來挑戰自然界無窮盡的力道。好美寮沙洲的變遷，就是自詡「萬物之靈」的人類被一粒小沙子打敗的例子。

地圖提供：雲嘉南風景區管理處，《鷗鷺望畿》（臺南，2010年），頁33。

| 1 | 2 |
| 3 | 4 |

圖 1：2002 年 2 月防風林內瞭望哨
圖 2：2004 年 6 月瞭望哨地基流失
圖 3：2005 年 11 月瞭望哨倒塌
圖 4：2006 年 6 月瞭望哨沉埋

快速流逝的景觀

嘉義布袋鎮好美寮濕地範圍，位於八掌溪出海口以北、布袋海埔新生地以南，主要為潟湖地形，融合沙洲、沙灘、鹽田、防風林、紅樹林等地貌，不僅孕育豐富物種，多元地形景觀更讓人驚豔。

布袋海埔新生地不斷抽砂填海，導致好美寮天然濕地快速流失；潟湖範圍大幅減少，原本退潮寬逾數公里的沙灘也消失了，潮線逼近海堤。

1990 年代，侵蝕現象愈來愈嚴重，防風林成為記錄重點。2000 年間，當做為記錄標的木麻黃紛紛淪為海漂木，只好趕緊以海防瞭望哨做為新地標。但短短四年，瞭望哨也傾倒沉埋海中。

事實上，海岸養護單位為了防範好美寮的災情擴大，早在 1978 年間，就陸續在沙洲外興建離岸堤、加固水泥堤防，並進行編柵圍籬定砂等養護工程。經過二十幾年的考驗，卻發現部分工程產生了反作用現象。

自然的擺弄

2006年至2009年間，好美寮海岸侵蝕後退長度，最長距離達二三〇公尺。沙洲上的防風林，因嚴重侵蝕而日愈減少。十年間，從一片林、剩下一棵樹。

依據水利署的觀測資料顯示，1976年至1979年間，八掌溪的輸砂量已呈現逐年減少的趨勢；為了因應海岸沙源補充不足，降低海岸侵蝕的衝擊，自1978至1987年間，在八掌溪出海口北側到好美寮防風林之間的海岸，陸續興建了十一座離岸堤，進行養灘護岸。然而，由於附近沿岸流的優勢方向是由南往北流，離岸堤雖然發揮了積沙養灘功能，卻阻斷沿岸漂沙繼續往北淤積的作用，導致好美寮北側沙洲的侵蝕現象更加嚴重。加上布袋商港的突堤效應，以及新生地抽砂填海造陸工程，最終導致沙洲與防風林逐漸消失。

2009年至2012年間，此處的海岸線後退了七十公尺。鋼筋混凝土堤岸與消波塊，雖然暫時阻擋了海浪長驅內陸，但海岸防風林與植生已陸續枯死、傾倒；而季節性漂沙，因缺乏防風林的定砂攔截功能，已越過堤防，進入魚塭區，造成養殖區的新挑戰。

1　圖1：2008年7月護岸工程
2　圖2：2009年8月海岸侵蝕
3　圖3：2017年2月漂沙淤積

臺南黃金海岸

轉瞬

臺南市政府花了二億元建造黃金海岸的船屋,卻因為是位於防風林帶違法開發的工程,1993
年完工後旋即遭到法院查封。1997年新接任的市長,本想以BOT方式活化利用,但礙於法

2017年9月

規，只好作罷。到了2004年，繼任市長再花費三千多萬元進行整建，公共設施委外經營。2010年3月，此處以文化園區之名，隆重舉辦重新啟用儀式。多年後，季風吹拂、颱風侵襲，加上海岸侵蝕日趨嚴重，整個黃金海岸濱海遊憩區計畫，若美夢一場，雖已投入超過五億元的公帑，卻僅能徒留遺憾。

註：臺南最南端的海岸線，與高雄茄萣相鄰。

1
2

圖1：1996年6月
圖2：2012年6月

降於海風的船屋

風與海的長期侵蝕，讓黃金海岸的船屋與遊憩區計畫終究無法運轉。

|1|2|
|3|4|

圖1：1996年船屋的北端
圖2：2012年船屋的北端
圖3：1996年船屋的南端
圖4：2012年船屋的南端

消失的海岸夢

站在黃金海岸的南端往北觀察，整個遊憩區的建設，先在堤防外的沙灘與大海爭地填出地基，再蓋設停車場。當計畫營運失敗，沙灘也消失了。

2011年

2012年

補破洞

先在沙灘上填築營建工程基礎，再興建濱海觀景平臺與造型遊憩場館，卻因颱風長浪衝擊掏洗，地基因而坍塌流失。水利署花了三千多萬元，在南方海岸興建四條九十公尺長的垂直突堤，並投放消波塊進行固沙養灘護岸。典型的補破洞永續工程，不斷被複製。

人禍

1996年6月14日，時任臺南市長的施治明與多名市府官員，因黃金海岸濱海遊憩區計畫強行破壞海岸防風林的保安功能，並涉及多項弊端與疏失，遭監察院彈劾、記過懲戒。

1996年6月　　　　　　　　1998年1月　　　　　　　　2011年9月

臺南市政府為了興建海岸遊憩設施，先剷除了一大片防風林，再推平整個沙岸，興建水泥戲水池與各項人工造景。因為規畫與維修失當，市政府只好再鏟掉各項人工設施，種上草皮與景觀樹種。1996年以來，從防風林帶被砍除，到水泥設施被打掉重蓋，再到遊憩區幾度變更計畫修修補補，海岸環境二十幾年來不斷受到折磨。目前，更面臨到氣候變遷，海平面上升的考驗。

1996年6月　　　　　　　　1998年11月　　　　　　　2011年9月

先砍掉防風林，鋪上水泥蓋了水族模型戲水區，再打掉重蓋，鋪上草皮，種下景觀樹種。

高雄旗津

遊憩背後的崩壞

高雄市旗津海岸,長期以來一直面臨侵蝕問題。近十年來,已退縮了五十公尺以上,最嚴重處甚至接近二〇〇公尺。2012年,市政府編列了七億元的工程經費,計劃以人工灣澳、潛堤等不同工法,保住逐漸流失的沙灘。但是在沙岸上的水泥結構工程,真的能夠抵擋住海浪的侵蝕力道嗎?

拿出近十幾年來,針對旗津海岸環境變遷所做的圖像紀錄比對,我們發現,高雄市政府自1991年起,就在長達四、五公里的自然海岸上,規劃興建觀光遊憩設施,譬如海岸公園的

2017年9月

主體建築是蓋在高灘地的沙洲上，而觀日平臺更延伸到潮間帶下的沙灘。此外，舵輪、風箏、觀海景觀步道、停車場等硬體設施，也是緊鄰著高潮帶。此一計畫，在1998年間完工，耗資八億四千多萬。因部分結構體位於高潮帶的海浪衝擊區，短短不到二年，部分設施的基礎結構體已發生侵蝕崩塌、基樁裸露的災害。

2003年，高雄市政府為了整修崩塌的基座與修補裂縫，再度斥資二千三百萬元來補強。觀日平臺與藝術廣場雖然暫時保住了，但自然沙灘已被礫石與消波塊所取代，海岸公園的美麗風光消失殆盡。當時，工程學界曾經為市政府開出一帖搶救沙灘的藥方，就是在嚴重侵蝕的海岸，與建彎月形的人工灣澳、潛堤與橢圓形的人工島，但需要耗資十六億元，才能奏效。

在旗津海岸侵蝕問題日愈嚴重的同時，觀光人潮絲毫未減，根據市政府的統計，農曆春節期間，單日遊客人數就超過十三萬人次，而平常的例假日，也有一、二萬人次。因此，加強海岸保護、留住觀光命脈的呼聲也愈來愈強。從「旗津區海岸線保護工程」的計畫內容來看，除了二座人工灣澳潛堤、八座離岸潛堤、一座離岸堤等海岸構造物之外，還要填實一一〇萬立方公尺的砂土來補養沙灘，而此一海岸保護工程也已在2016年完工。

進一步探究旗津海岸侵蝕的原因，可能跟高屏溪大量開採砂石，以及台電冷卻水進出口工程、第二港口突堤、高雄港區長期抽砂疏浚、南星填海造陸計畫等海岸工程都有相關。但是，目前的海岸保護較著重於工程作為，其肇災原因如果沒有根除，未來，還是可能不斷以新工程搶救失敗工程，納稅人的辛苦錢，彷如丟進錢坑海岸。

美麗不再

旗津海岸的環境變遷是令人心痛的案例。1980年代，它曾是南臺灣最優美親民的海水浴場，如今卻成為既汙染又嚴重侵蝕的危險海岸。過度建設的遊憩設施，已是浪費；而為了固沙，又投下大筆經費蓋設人工峽灣。曾經美麗的天然海灣，可否再見？

高雄旗津海岸公園自1991年開始進行規劃。海岸公園的觀海平臺，像一隻手臂伸向大海；這座蓋在沙岸高潮線的突出結構物，經波浪拍打，產生繞射與反射作用，結構基樁的沙灘因此被掏空，造成地基塌陷、擋土牆崩塌、地板裂隙擴大。到了2000年，高雄市府為了保住觀海平臺，以礫石與消波塊取代自然美麗的沙灘，而不是拆掉不當的建築物，「黃金海岸」真是無所不在？

2012年5月

2017年9月

1 2 3　圖1：1997年海水浴場沙灘
圖2：2012年沙灘侵蝕
圖3：2017年人工峽灣現況

1997年

2003年

2012年

2017年

沙灘流失

旗津海水浴場到風車公園之間，約三‧六公里海岸線，因為高雄港擴建、南星計畫與洲際貨櫃碼頭等大型工程影響，導致沙灘流失寬度約一○○至一五○公尺。大型消波塊與塊石於是取代了細柔的沙岸。

| 1 | 2 |
| 3 | 4 |

圖1：1996年海岸公園侵蝕
圖2：2011年人工護岸工程
圖3：2003年2月以塊石保護地基，自然沙灘海岸消失
圖4：1996年2月海岸公園藝術廣場建築物地基被海浪掏空

傾頹的城堡

沙灘上的城堡，再怎麼富麗堂皇，總有一天會面臨傾頹。以水泥全面固化的做法，如在石塊之間豎立遺照，徒留殘破的海洋與滅絕的水族，供後代子孫憑弔。

圖1：1871年（引用網路照片）
圖2：2012年高雄壽山

百年巨變軌跡

藉由歷史圖片，印證了一百多年來，打狗山、壽山，高雄港與西子灣的環境變遷是相當巨大的。與海爭地，莫非是彈丸之地的臺灣島，難以抗拒的選擇？

屏東後灣海岸

悖離大海的應許

自然海岸依照人的價值觀與思維不斷被改造，但也需要大海的應許。屏東後灣的自然海岸，蓋了堤防之後，社區面對颱風強浪的威脅並沒有降低。2004年，政府推出「海岸環境營造計畫」，選定四處示範區，並花費巨資拆掉舊海堤，以近生態工法重新打造親海景觀堤岸。

後灣海岸在此一思維之下，承載各方期待，花費約一六〇〇萬元，降低堤防高度，營造親海休憩功能與美化景觀工程。初期頗受好評，然而，受限於社區與潮浪的緩衝帶太短，仍無法避免海浪侵蝕反噬，加上當地民意需求，後續又增建了簡易船澳，形成突堤效應，嚴重干擾了沿岸流與季節漂沙的循環規律，導致海岸侵蝕與港內淤沙問題加劇。近幾年來，政府必須持續編列經費，才能定期清除港內淤沙，以及修建景觀海堤。後灣海岸在短短十年內，從美麗海灣到永續補救工程，凸顯了工程思維，悖離了海洋自然動態平衡的力量。

殘

在優美半月形自然岬灣，蓋一座簡易船澳，卻因干擾了季節性漂沙的動態平衡，船澳報廢了，自然海灣的生態與景觀也消失了。一來一回之間，殘破的後果該由誰來承擔？

1	2
3	4

圖1：2011年
圖2：2014年
圖3：2017年
圖4：2017年

海岸公路 | 花東臺11線

被固封的太平洋

1990年，政府提出產業東移政策。由於企業界反應冷淡，因此經建部門重新擬定策略，著重發展觀光業為主，希望藉由釋出大量公有土地，吸引財團投入資金參與地方建設。基本上，花東地區最珍貴的資產就是自然生態景觀，因此，發展觀光業未嘗不是合理的方向。然而，因為旅遊素質與品味並未與時升級，觀光產業也尚停留在熱門賣點、遊客流量的追求，導致

2017年

硬體建設、交通需求不斷擴大，逼使臺11線花東濱海公路的拓寬工程合理化。花東濱海公路拓寬工程自1993年開始進行，北從花蓮溪口、南到小野柳風景區，全長約一七三公里，總工程經費高達一百多億元，將部分十米左右的普通雙車道，拓寬取直成為三十米寬的雙向四車道。但是，粗暴的施工方式，對當地自然景觀造成極大的傷害。由於某些路段的腹地，原本就相當狹小，施工單位必須一邊開挖山坡地，一面向海爭地，在海灘上堆置大量消波塊，以抵擋浪潮侵蝕保護路基。

花東海岸原屬嚴重侵蝕的地形，近二十幾年來，部分海岸已退縮了大約一〇〇公尺。拓寬取直後的部分路段，反而更靠近海岸，極易受到海浪侵蝕的威脅，就像目前的鹽寮路段、豐濱鄉海岸，臨海側的部分路基，在海浪不斷侵蝕下，消波塊不是陷落就是流失。有些學者專家提出警告，堆置消波塊可能導致海潮的自然運動失去平衡，結果可能對海岸的侵蝕作用更為加劇，對於公路安全的危害也會更嚴重。

花東濱海公路是串聯花蓮、臺東地區觀光資源的主要動脈，緊臨太平洋，沿著海岸山脈坡腳蜿蜒而過，公路兩旁有不同族群的聚落文明，珍貴的史前遺跡，以及十二個重要的地理景觀區。在花東公路拓寬工程下，美麗的沙灘、迎風搖曳的路樹，紛紛被冰冷的水泥護牆和消波塊所取代，傳統聚落也受到切割、噪音的傷害。交通便利的最大受益者，是以圈地開發的財團為主，一般民眾也有所獲益。然而，對自然景觀造成傷害，破壞生態環境，猶如殺雞取卵的發展模式，實在難謂明智。

注：臺11線北起花蓮吉安，南至臺東太麻里，是花東主要公路之一。

人定勝天？

臺11線花東海岸公路上的「人定勝天」紀念碑，是1958年間開鑿濱海公路時工程難度很高的豐濱路段。花蓮縣長胡子萍為了紀念「石梯炸巖工程竣工」，立下了此石碑地標。1993年之後，臺11線再度往海側拓寬。幾十年來，每每經過此地，總會停下來看看這座人類狂妄的標記。2015年8月8日，蘇迪勒颱風引發強浪，襲擊海岸，掏空路基，「人定勝天」石碑也被打落、滾入海中。人們蕭立踐行了五十幾年的行徑，以及與海爭地的思維，是否可因此得到震撼啟示？

1 | 2　圖1：1958年設置紀念碑（攝於2011年）
3 | 4　圖2：2015年8月紀念碑遭蘇迪勒颱風打落（攝於2016年）
　　　　圖3：1997年10月臺11縣花蓮鹽寮段拓寬工程
　　　　圖4：2008年7月臺11縣花蓮鹽寮段拓寬工程

1996年起，保育團體發起了「搶救消失的海岸線」運動，工程曾因此暫時打住。
二十年後，當時人們所擔心的海岸侵蝕、自然海岸消失等負面效應，一一浮現。

商業迷思

花東海岸公路拓寬後的最大受益者是大型財團，其開發案除了獲得政府特許以外，相關單位還協助海岸腹地不足的窘迫，在東部沉降海岸地帶進行填海造陸，硬向太平洋搶下陸地，建造綠地、停車場。美其名是景觀造景、提升交通順暢，但卻由平民買單、傷害自然環境、破壞歷史文化考古遺跡，圖利大財團。

|1|2|
|3|4|

圖1：2000年12月花蓮鹽寮海岸遠雄海洋公園工程
圖2：2017年花蓮海洋公園現狀
圖3：1996年磯崎海岸
圖4：2017年磯崎海岸

磯崎海岸是花蓮最美麗的沙質海灣，因此被開發為海水浴場遊憩區。1980年代以來，優質沙灘卻出現侵蝕現象，海岸後退消失的沙灘寬度，已累積了一百多公尺；位於海水浴場南方海階平臺上的木造露營區，每次颱風之後，總需要修繕。人類想藉由這片自然美景營造商業價值、創造獲利模式，但若未能謙卑順天而行、熟諳自然，最終，可能連本帶利被海洋歸零。

臺26線

屏東恆春半島──墾丁國家公園

依山傍海絕佳的自然景觀，如被轉讓為觀光賣點，那美景是否依然存在？墾丁國家公園早在1984年1月設立，是臺灣第一座山海生態環境兼具的國家公園。為了維護國家公園遊憩區的地質與景觀調和，對於大型觀光飯店的建築，均有樓層與高度的限制。但是上有政策、下有對策，大小飯店民宿爭相出籠，堪稱臺灣第一亂象。墾丁雖有國家公園之名，內涵卻逐漸崩解。

恆春半島的近岸陸域景觀大量失守，海域環境衝擊也日漸加重。陸地過度開發後，因雨水沖刷造成的海域泥沙沉積物、各種有機廢水、不當漁業、過度遊憩活動、廢棄物，以及核電廠排放的溫廢水，都是號稱第一個擁有海域國家公園的致命危機！

注：臺26線又稱南部濱海公路，自屏東枋山至臺東達仁，是
　　環繞恆春半島海岸的省道公路。

1
2
3

圖1：1994年恆春墾丁海岸開發前
圖2：1995年恆春墾丁海岸開發中
圖3：2000年恆春墾丁海岸開發後。福華飯店

道路工程爭議

1980年代，當地的地方民意代表提出貫通濱海公路的需求。但二、三十年來，開路工程對於環境、文化的衝擊與道路必要性，始終是贊成與反對意見的攻防焦點，更是臺灣人對於環境價值觀的選擇。

| 1 | 2 | 3 |
| 4 | 5 |

圖1：2007年臺26線海岸工程
圖2：2008年臺26線暫未開闢的路段樣貌
圖3：2008年臺26線公路
圖4：2001年8月蘇花公路臺灣石粉廠
圖5：2007年8月風雨侵蝕下的蘇花公路

蘇花公路

蘇花公路自1930年代陸續貫通之後，雖然提供東部地區的交通便利，但也讓從事礦業的財團，擴大了開山挖礦的勢力範圍。政府修路，財團挖礦，甚至導致路基崩壞，造成用路人的傷害。

2017年

海岸水泥化

高雄蚵仔寮海岸

高雄蚵仔寮海岸因阿公店溪與高屏溪的補充沙源減少，海岸侵蝕問題日益嚴重。1952年開始，以水泥堤防加固，還是無法抵擋波浪的力道。1956年之後，從蚵寮南堤至赤崁北堤約一五〇〇公尺海岸土地，已被海浪剝蝕了約二百多公頃，蚵仔寮海岸線也內侵達七〇〇公尺。為了進一步確保蚵寮海岸居民的身家安全，1970年水利單位以階梯緩坡式水泥堤防做基底，並以大型消波塊堆疊加固，三公里的海岸線已投下了超過七萬個消波塊。如果以二十噸重的水泥消波塊來計算，從模具、製造到投放成本，每一塊平均約需三萬元。近五十年來，蚵寮海岸的建設與保固經費已超過九億元，因此成為「黃金海岸」的觀摩地標。

高雄海岸線每年平均侵蝕後退七・五公尺，離岸堤成為海岸防護的新法寶。目前蚵寮海岸沿水深度約五公尺處，投置了八座一三〇公尺的離岸堤，但因為面海側的掏刷與沉陷問題很難克服，離岸堤能否擔負消波養灘的任務，仍令人擔憂。

注：蚵仔寮海岸位於高雄梓官至赤崁之間。

2017年

2000年花蓮海岸

2003年蚵寮海岸

離岸堤與消波塊

據水利署統計,全國離岸堤約二六三座,每座造價三千至四千萬元,總計約花費了七十九億至一○五億元;而中南部從嘉義至屏東海岸就投放了二三七座。

內政部營建署統計,臺灣國境轄區約有一百多座島嶼,只要有人居住的海岸,大多已擺置了消波塊、離岸堤與鋼筋混凝土堤岸,自然海岸快速消失。2016年營建署統計,臺灣島人工海岸有753.5公里,自然海岸比例,只剩下43.71%。

2012年5月高雄旗津海岸工程

隔絕

人與海洋被水泥隔離，距離拉開了，面向海洋的可能性，也被阻絕了。

1997年高雄彌陀沙灘消失

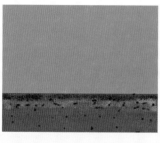 

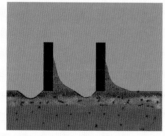 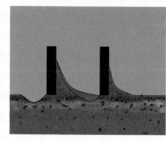

圖1：原始海岸邊。
圖2：興建防波堤。
圖3：漂砂堆積、防波堤下游因
　　　土石補充不及，侵蝕以致
　　　沙灘縮小甚至消失。
圖4：防波堤含沙量超過負荷，
　　　沙粒就會往海流前進方向
　　　帶到下游處，所以下游防
　　　波堤含沙量會明顯增加。

圖片來源：c wikimedia
By Archer0630 - Own work,
CC BY-SA 3.0, https://commons.
wikimedia.org/w/index.
php?curid=24438125
https://commons.wikimedia.org/w/
index.php?search=groin+effect&titl
e=Special:Search&go=Go&searchTo
ken=2yy9rhbd3kmp7y85kknmm9zb
f#/media/File:Groin_effect-1.JPG

何謂突堤效應？

在海岸地帶興建人工結構物，諸如港口、防波堤、突堤、離岸堤等工程，阻擋了沿
岸流的自然律動，以及沿岸沙源輸運動態平衡，導致沙源在結構物的上游被攔截而
堆積，下游處因減少沙源補充，加上沿岸流在結構物的下游產生旋渦與繞射作用，
造成海岸侵蝕現象。

不同時期的政權，都想善用與開發海岸地帶，創造財富豐饒的新世界。

當人們跟大海搶了一塊地之後，大海會用自然力量，

在某個時間點、某個地方，要回祂的水域。

跨界

第 三 章

新 世 界 的 迷 思

◉──導言

美麗與貧匱的海岸新世界

質變的海岸，遲來的海岸法

臺灣與各島嶼的海岸線，合計超過一千六百公里。1949年後，海岸區域大多屬於戒嚴法所定義的警戒或接戰地域，一般人進入會受到部分限制。1987年解嚴，《國家安全法》以海防軍事設施安全為由，設定許多海岸經常管制區，並明文規定海岸不得私有化。戒嚴法與國安法，限制了人們親近海岸的機會，但是對海岸破壞者卻無法產生約束力！

自1970年代以來，臺灣海岸區域出現系統性的質變。政府與大財團聯手開發海埔新生地與海岸工業區，海岸與近海逐漸受到嚴重汙染；加上過量的港灣、不當的海堤消波塊工程、大小垃圾廢土場林立，海岸環境滿目瘡痍。1984年，政府仿效英、美、日等國的海岸管理方案，提出「臺灣沿海地區自然環境保護計畫」，但因為缺乏有效整合的管理機制，近三十幾年來，部分海岸保護區形同虛設，許多重要的自然環境，還是陸續遭受嚴重破壞。

2015年2月，《海岸管理法》終於正式公布施行。立法程序依照外界所期待，先調查；再規劃、檢討；最後才是立法、施行。然而，延宕了二十幾年的海岸法，真的能讓海岸生靈得救嗎？就以實際案例與時間來檢驗吧。

以故鄉彰化與大肚溪口為鏡

彰化西北海岸與大肚溪口，是我進行環境變遷紀錄的起點，因為地緣與情感的關係，持續投

入相當大的心力。當自然的泥灘海岸，成為填海造陸的工業區之後，為瞭解當地農漁民與殘存海灘的依存現況，我陪著蚵寮村的老漁民，穿過西濱快速公路的涵洞，再沿著工業區的外環道，進入環境日漸崩壞的泥灘地。

老漁民先四處搜尋灘地上的小水孔，再以鐵耙子試掘幾次，初探目標物躲藏蹤跡。跟著他的腳步移動，試掘幾個孔隙之後，終於找到數量稀少的螻蛄蝦、環文蛤。長期以彎蹲、跪姿在灘地上勞動的老漁民，幾十年下來不斷挑負重擔，身軀後背已漸形佝僂。在休息的空檔，我靜靜聽他細說從前，那是一段仰賴腳下豐盛資源，支撐家庭、養家活口、培養子女就學、成家立業的驕傲過往。在海水漲潮之前，我們離開了海灘。老漁民當天的收穫並不多，在回到村子的路程中，我們默默無語。

離開傷心的彰化西北角海岸，轉到西南角地區，風情則完全迴異。1980年代，紅樹林復育從北到南蔚為一股熱潮。人們一窩蜂種下的小苗，長成大片純林之後，卻干擾了生態平衡而必須再拔除，新竹香山與彰化芳苑的紅樹林，就是典型的代表性案例。人們想保護海岸，但如果用錯方法，就可能成為破壞者；而對於海岸多元價值的無知，也可能成為環境殺手。

2008年，國光石化公司提出開發彰化大城西南角工業區的計畫。為了呈現海岸開發與保衛戰的過程，我心想，應該準確傳遞泥灘地的各種可能價值，才得以避免重蹈西北海岸的覆轍。自此，花了三年時間，我近距離記錄當地居民與環保團體如何聯手對抗決策霸權與財團壓力，最後終能成功守護濕地的過程與典範。

回溯崩壞源頭：三百年來土地利用觀的迷思

為了透析海岸生態系統性的崩壞源頭，我回看臺灣三百多年來先民利用海岸資源的方式，約略梳理出一個演進的脈絡：海埔地農墾、魚塭、濕地鹽田、填海造陸、港口建設與工業區，以及濱海公路與新市鎮的開發；晚近還有國家風景區、國家公園與濕地保護區的設置。若以海岸利用形式對應不同時期的社會變遷，可檢驗出當代人對於海岸環境的價值觀。

自十七世紀以來，中國沿海部分閩粵居民為了生活或躲避戰亂，冒險跨海到臺灣尋求生路。荷據時期，南臺灣的沖積平原因為水源充足、土地肥沃，是當時移民農墾的首選。到了明鄭期間，據史所載，移居墾民可能已達二十五萬人，屯墾的區域幾乎擴及整個西部平原。十八世紀清領之後，前來拓荒的墾民更日漸增多，淺山丘陵與海埔濕地成為開墾的處女地；尤其落腳沿海的墾民，除了將海埔地改造為零星農耕地，也在濕地上圍堤造塭養魚，當「天日曬鹽」技術較為成熟之後，鹽田面積也日漸擴大，鹽業經濟一度成為官營的重要財源。根據鹽業歷史資料，到了 1977 年，臺灣的鹽田已達 5,117 公頃。

臺灣島的平原腹地狹小，當人口愈來愈多，土地資源就愈加珍貴。雖然海埔地是近代河海作用的沖積層，鬆軟又富含鹽分，但因為坡度平緩，大部分區域又位於高潮帶以上，相當利於人類利用。海埔地在地理上的意義，是陸地與海洋之間的緩衝帶；在自然生態界的價值，是許多生物的棲息環境。位處潮間帶的濕地，更是海洋生物的撫育場，堪稱地球上生產力最高的區域。不同時期的政權，都想善加利用海岸地帶的海埔地與濕地，做為創造財富的捷徑。

1937 年日治時期，官方主導了嘉義新港、雲林麥寮等地大規模的海埔地開發；到了 1960 年代，國民政府為了財政以及糧食生產用地的需求，羅列出高達五萬三千多公頃具有開發價值的海埔地，預計將這些土地開發利用，供水稻、蔗糖、魚塭、鹽田等農畜牧業使用，甚至可做為工業區與港口等用途。

啟動系統性田調的第一站：淡水河口

為了全面檢視官方與財團的點土成金思維，我開始有系統地進行環島調查，並以淡水河口、八里海岸做為始發站。

淡水暮色是臺灣著名的地景名勝，早在 1927 年 8 月間，淡水就是民眾票選的臺灣八景之一。然而，1990 年代之後，我不再追尋河口的雲彩夕照，而將視角翻轉。當海水退潮，當地的農漁民會拿著簡單的工具，到河口地帶採集魚蝦貝類，除了自己食用，還可以賣給餐廳，貼補家計。當時，淡水河口南岸的挖子尾附近正在興建汙水處理場與大型港口，因此，漁民傳

統的採捕環境開始受到影響而產生質變。看著這一段海岸從嚴重侵蝕到堆積，再到填海造陸、蓋大型港口，導致海岸與河口環境遭受巨大衝擊，我感到迫切的危機感。每隔幾個月，就會趕緊造訪記錄，深怕落失了哪個珍貴影像。

一路從桃園觀音順著西濱到南臺灣

桃園觀音海岸是第二站。

臺灣海岸環境與海洋系統基礎資料，目前仍相當缺乏；因為基礎調查資料不足，導致人們還來不及瞭解、認識當地環境生態資源，環境就已被破壞掉了。以桃園觀音與新屋海岸為例，這裡有一整片相當特別的藻礁生育地，然而，大部分的海岸地質文獻資料中，多以沙丘或珊瑚礁岩地質輕輕帶過。直到臺大海洋所戴昌鳳教授於1998年的環境影響評估報告書中正式揭露了藻礁的生態功能，才引發重視。戴教授提出現生藻礁及其前緣的海底，還有柳珊瑚、造礁珊瑚生長，使得外界赫然警覺，原來在綿延一、二十公里的沙丘地形前緣，珍藏著另類生物礁的奧祕。2017年6月，海洋生態學者在藻礁為主體的潮間帶，甚至發現了保育類的珍貴物種柴山多杯孔珊瑚！但令人擔憂的是，中油公司計劃在這個區域，進行第三天然氣接收站工程。剛被發現的珍稀物種，可能還來不及好好被認識，就會被當成填海造陸的基底了。

順著西部濱海公路往南，過了頭前溪，就是新竹海埔新生地與香山濕地，這是國民政府跟大海爭地的首例，因此，具有海岸環境變遷歷史的意義。1957年5月，行政院國軍退除役官兵就業輔導委員會為了安頓退除役官兵，啟動這一大片海埔地的開發工程，自頭前溪口到客雅溪口之間約六公里的海岸，陸續圍堤填築出三一四公頃新生地，等農耕實驗獲得成功後，就提供給農民申購種植水稻。新竹海埔新生地的經驗，也開啟了中南部海埔地的開發計畫。

根據臺灣省水利局1992年的資料，已開發完成的海埔地有一三一八〇公頃；當時正開發中的海埔地也有六一七〇公頃；而準備開發的區域，有雲林離島工業區、淡海新市鎮以及高雄南星計畫等等。

現在站在新竹海埔地的外堤防上，水稻田已不是唯一的風景。1980年之後，海埔新生地的

西北邊，擴建了新竹漁港，增建了垃圾焚化爐；而港南濱海風景區，則占據了海岸第一排的迎風面。再往南一點，1990年間，新竹市政府在客雅溪口的濕地上，蓋了一座四十公頃的垃圾掩埋場；卻因為新竹漁港外防波堤的突堤效應，導致此處海岸嚴重侵蝕，國土流失。近五十多年來，因為人們對於土地的需求，使頭前溪口南方海岸受到高度擾動；而生物多樣性豐富、北臺灣最重要的牡蠣養殖區——香山濕地也因為受到工業廢水的影響而停養牡蠣，寬廣優質的泥灘地，已成為重汙染區，令人不勝唏噓。

離開新竹海岸，我通常會先轉到大肚溪出海口的南岸。這裡曾經名列亞洲重要濕地之一，是國際級鳥類生態研究聖地，因此，從1980年代之後，就是我每年必定造訪好幾次的重要紀錄樣區。這一大片海埔地與濕地，是大肚溪與舊濁水溪長期疏運上游山區沙源，再經過季風與海浪的作用，慢慢沖積而成的。1911年，濁水溪堤防整治後，北彰化海岸的沙源就以大肚溪為主。因彰化海岸的年平均潮差高達四公尺，因此，這一片潮間帶泥灘地在退潮之後，露出水面的寬度可長達五、六公里。

1970年代後期，因為經濟快速成長，工業用地需求增加，北彰化的海埔地與廣大的泥質灘地，被開發為彰濱基礎工業區，計畫面積高達6,605公頃。到了1980年代初期，世界經濟出現第二次能源危機，彰濱工業區第一期的工業用地乏人問津，後續開發工程停擺，彰化海岸的生靈因此得到喘息的機會。不過，在1990年底，經濟部不顧當地居民與環保團體的反對，強勢復工。施工期間，我刻意在冬季進入工地，想要印證人造沙塵暴的推論。走在填海造陸的砂石車便道上，強勁狂嘯的東北季風，捲起工地上的覆沙，就像身處遮天蔽日、飛沙走石的奇異電影場景；而這些挾帶著含鹽分的細沙，毫無停歇地直撲而來，為了保護臉部五官與器材，我特意用大衣把全身包裹著。細沙借助風壓的能量，徹底滲透、無孔不入，眼睛幾乎已經睜不開，人也很難直立行走，只得彎著腰逆風勉力潛行。這扎扎實實的風沙體驗，使我當下對於工業區的未來，不抱樂觀。之後，工業區雖然縮小開發規模，但因為風沙、鹽分、地層下陷等問題，進駐廠商並不如預期。

北彰化海岸的變遷，可說是臺灣社會與環境變遷的縮影，更是海岸生態系統性崩毀的代表性案例。當彰濱工業區陸續大規模填海造陸之後，當地依賴泥灘地養殖貝類與採捕的漁民，失

去了生活的依靠，整個傳統漁業上下游產業鏈，約上萬人也被迫在中老年轉業，造成弱勢族群更加弱勢。濱外沙洲之間的潮溝，濕地草澤、泥灘地，曾是臺灣海峽中部海域最重要的魚類仔稚魚孵育場，消失了。許多季節性候鳥，失去覓食與繁衍的棲地，因此，亞洲重要濕地的盛名也不在了！

無獨有偶的惡例仍一再被複製。離開彰濱工業區，繼續往南，在跨過濁水溪之前，就可以看見海岸地帶林立著二百多支高聳的大煙囪，正冒著白色的長長煙流，這就是臺大公衛系詹長權教授指控的怪獸──「台塑麥寮六輕工業區」。雲林麥寮與台西是濁水溪沖積扇平原區，從日治時期海埔地就已被開發利用，到了 1987 年，國民政府又加碼開發，讓海埔新生地再往海側延展。1992 年，政府再次計劃開發一座大型離島式基礎工業區，開發範圍從濁水溪口起，海岸線南北長二十七公里，東西寬約三到七公里，並劃分為四大區域，於海埔新生地的堤防外，以填海造陸方式向海側擴展領土，面積廣達 17,203 公頃。

雲林離島式基礎工業區的麥寮區，南北長達八公里，東西寬四公里，面積約二六〇〇多公頃，填海造陸工程在 1996 年由台塑集團完成，並於 1998 年陸續建廠營運。「台塑六輕工業區」是全球最大單一輕油裂解廠區，更是台塑集團的獨立石化王國，擁有專用的深水工業港與海岸線，以及各種生產資源的優惠與支援，羨煞臺灣眾多石化業者。當麥寮區完工運轉之後，新興區也在 1998 年 5 月動工，預計開發面積一四〇〇多公頃。然而，在耗資一百多億、完成二八三公頃的填海造陸工業用地之後，目前還乏人問津，導致後續開發計畫因此停擺。

全臺海岸總體檢

因工業區填海造陸工程，雲林的海岸線往海側推移了三到四公里，沿海地形產生了巨大的改變；加上工業區的生產廢水、發電廠的冷卻水，以及各種空氣汙染物的影響，使得當地淺海養殖漁民首先受到衝擊，而近岸的農漁業也遭受波及，尤其工業區十公里範圍內的居民，健康風險比其他地區的居民來得高。至於對於自然生態環境的影響，因為缺乏長期翔實的研究調查與評估，已難以精確判讀。

政府與財團著眼於海埔地或填海造陸所產生的利益；但如果真要細究開發工程的利弊得失，應該把時間拉長來看。以經濟部中央地質調查所從 2009 年開始進行的海岸變遷監測計畫來看，2012 年起，就發現臺灣西南部的沙洲逐漸向陸岸側堆積或退縮，臺灣島明顯消瘦了許多。沙洲出現侵蝕與漂移現象，跟抽砂填海造陸密切相關，而海岸工程結構物也會改變地形。當人們跟大海搶了一塊地之後，大海會用自然力量，在某個時間點、某個地方，要回祂的水域。

為了讓外界瞭解海岸侵蝕的速度，最簡單的方式是利用圖像對比，這是採用定點、定期、同角度的記錄方法。圖像對比可顯示出港口建設導致附近海岸環境的變遷；填海造陸、海岸堤防、道路工程所引發的生態危機等等。此外，以水利署的護岸堤防建設工法來看，從早期的阻擋反射式，演進為著重消波養灘功能，而近年來，則強調融入景觀與親水性的近生態工法概念，乍看工法與觀念的轉變是一種進步，但還是難脫與海爭地的思維。

依據水利署的「臺灣海岸」資料來看，臺灣四周海岸變遷的初略概況是：淡水河口以南到大甲溪口這一段西北海岸地形，呈現逐漸侵蝕的現象；大甲溪口到二仁溪口的中西部海岸，是內灘淤積、外灘侵蝕，尤其雲嘉南的海岸侵蝕狀況，是愈來愈嚴重；二仁溪口到恆春半島的海岸，是嚴重侵蝕的現象；東部三百多公里的海岸線，長期來因板塊擠壓，以及面臨太平洋深海與長浪等因素，均屬於侵蝕海岸。

自 2004 年起，水利署在執行「海岸環境營造計畫」的策略中，除了防災、護土、回復近自然海岸以及環境保育等重要目標以外，同時也兼顧自然海岸零損失的環境永續願景。但從諸多的海岸環境現況來看，許多執行面又存在著衝突與矛盾。繞行臺灣海岸地帶，看見了令人驚豔的生機，也見著了日漸向下沉淪的環境。近二十幾年來，政府已在海岸營造工程投下了二百六十多億元的龐大經費，然而，人們如果依然以對抗的思維面對大自然，對於環境的價值觀，也還是以經濟來考量，那我們將離海愈來愈遠！

重新成為海洋民族的機會

每一年進行環島田野紀錄，到達雲林海岸之後，總會有難以形容的落寞心情。我能夠理解

1991年許多雲林人歡迎台塑集團進駐，為了生活而擁抱石化工業，但是經過二十幾年的驗證，大家對於當年的選擇還會一樣嗎？

自海岸逐步解嚴以後，海岸及海洋的環境問題逐漸受到矚目，近幾年來，海域活動看似已慢慢地活絡與多元發展，譬如海上鯨豚觀賞、珊瑚礁海岸浮潛、藍色公路觀光、水域休閒運動、休閒漁業、傳統漁撈體驗等等；然而，海岸地帶的發展型態，應該還有其他不一樣的選擇。

因為缺乏海洋教育的累積與海洋文化的沉澱，海洋環境知識無法根植，因此，目前海岸環境還是面臨著破碎化的危機。海域活動傾向速食消費，就連官方舉辦的活動，也喜好嘉年華似的活動，稍嫌流於浮誇。

海洋立國、海洋國家政策、海洋文化保存，是經常聽見的宣示口號，但實質的內涵究竟是什麼，還有待建立。臺灣四面環海，我們大可以把自己當作世界的中心，朝四方輻射出海；但大部分人對於海洋，是那麼地疏離與陌生。要落實成為海洋民族，其先決條件，必須建構一個優質的海洋環境，才能吸引眾人的關心，也才具備海洋立國、海洋文化發展的基礎。而這個基礎又必須仰賴扎實的常民海洋環境教育、海洋資源調查、海洋永續規劃等等。每一個環節，都是緊緊相扣的。

海洋無限廣闊，但其環境包容的內力是有限度的，短視近利的豪奪性格，已讓島民嚐到苦果。海洋公民的養成，需要教育與文化內涵的累積，環境資源的價值觀也必須重新確立。海洋是生命的發源地，水陸交界的海岸地帶，則是生物蛻變的舞臺，萬物在此爭奇鬥豔尋找出路，眾生更是依此獲得生命的滋養。百萬年來，潮來潮往、寒暑更替，不論這片土地是美麗或醜陋，不論你喜不喜歡，一切現況都源自我們，也同歸我們所有。

濱海工業區 ｜ 桃園觀塘工業區

藻礁生與死：桃園黃金海岸開發史1

桃園縣大園鄉至觀音鄉海岸的藻礁，是臺灣地區面積最大、發育最完整的藻礁生態系，因為
受到海岸工程的破壞以及突堤效應，引發海岸侵蝕、海沙堆積掩埋，加上工業廢水汙染，正
面臨嚴重的生存威脅。

1987年間，觀音工業區開發中期，我第一次到觀音海岸進行地貌與聚落紀錄，隱約看到海

2014年9月

洋環境與農漁村變遷的潛在危機。1993年間，再次到桃園觀音海岸進行田野調查，偶然間發現一片類似珊瑚礁的地形。當時心中充滿著疑惑，西部沙質海岸地帶，怎會出現珊瑚礁呢？在我們的教科書裡，總是書寫著臺灣西部海岸屬於沙質堆積地形，那眼前看到的礁岩，是否因為近代工業廢水，導致珊瑚群聚集體衰敗，而被刻意忽視了呢？當時，請教多位海洋生態專家、查閱過許多資料，還是無法獲得確切的答案。

1997年間，台電公司在觀音塘尾海岸，興建大潭燃氣火力發電廠，我也持續記錄電廠冷卻水與溫廢水進出水道的相關工程，看見工程機具逐次破壞了附近海岸疑似珊瑚礁的地質環境。

到了1998年，臺大海洋所戴昌鳳教授的研究團隊，在觀音海岸進行生物調查時，發現地質資料記載的珊瑚礁地質，實為殼狀珊瑚藻為主的生物礁，至此，桃園海岸藻礁的身世之謎才正式被解開。

2001年5月，東鼎公司主導之觀塘工業區正式動工，進入藻礁海岸從事填海造地工程，計劃分期興建大潭火力發電廠的天然氣接收專用港。但2003年7月，東鼎公司與中油公司爭取大潭電廠的天然氣供氣合約失敗之後，導致後續的財務危機；到了2004年間，港灣工程雖然已填築了一百多公尺的圍堤，以及約五公頃的新生地，但開發計畫已停擺。

當中油公司成功搶得天然氣供氣合約之後，2007年間，另行鋪設興建一條直徑三十六英寸、全長一百四十公里的海底天然氣輸送管線，從位於臺中港的接送站，沿著近岸海域北送到大潭電廠，輸氣管線工程嚴重破壞了電廠南方海岸長達三公里的藻礁與防風林帶。海洋生態學界多年來所擔心的惡夢，逐一發生了。

藻礁生與死：桃園黃金海岸開發史2

根據戴昌鳳教授與研究團隊的調查資料，桃園海岸生物礁或藻礁的分布範圍，南北綿延約二十七公里長，北自大園鄉下海湖，南至新屋鄉永安漁港北側，礁體最寬處位於大園鄉朝音北方，垂直於海岸寬度超過四百五十公尺。再根據探測資料顯示，礁體厚度之最高處約六公尺以上，生物礁的生長歷史約從七千六百年前開始，生物礁的前期基底是珊瑚礁，後期才以藻礁為主，目前部分地區的藻礁仍持續生長。

這一處臺灣西部海岸最為珍貴的生物礁，經過幾千年的繁衍，卻可能在我們這一代，就斷絕了牠們的生機。最令人憂心的是，中油公司已計劃延續東鼎公司的天然氣專用港區、接收站、填海造陸工程；如此一來，臺灣藻礁海岸勢必面臨最為艱困的生存危機。特有生物研究保育中心副研究員劉靜榆博士認為，目前現生藻礁的精華區，就位於大潭海岸，而專用港的開發工程，正是以大潭為中心，除了港口北堤長達四二八○公尺，未來將產生海岸突堤效應以外，填海造陸也會直接摧毀現存的藻礁；當專用港區完工之後，港區南北海岸殘存的藻礁生態更將受到沿岸衝擊。如此一來，臺灣最大族群的藻礁生態環境必定崩毀。因此近年來，當地居民、保育團體與生態學者為了搶救藻礁積極奔走，希望能夠喚起政府的重視。

戴昌鳳表示：「桃園海岸地區最大的挑戰，其實是整體環境的變遷，其歷史要追溯到幾十年前桃園臨海工業區的開發。當時沿海開發地區沒有做好環境評估與汙染防治，1998年開始進行藻礁生態的調查時，就發現它們已經奄奄一息了；再加上近年來的觀塘工業區、大潭火力發電廠、中油天然氣管線，又在受害的環境上面，開了幾道傷口。」戴昌鳳進一步表示：「桃園海岸的藻礁生態，是臺灣西北部海岸地質與生物演化的重要證據。藻礁地形應該立即公告為保護區、地質公園或天然的文化資產，嚴格規範人為影響。」

除了持續生長發育中的殼狀珊瑚藻與礁體表面的附生大型藻類，藻礁潮間帶還有無脊椎動物、蝦、蟹、貝、棘皮動物、魚類；藻礁前緣或低潮帶的潮池中，更可以看見少量現生的造礁珊瑚，水下也有柳珊瑚小型群落生長。我們

藻礁生機

對於藻礁生態系的奧秘所知有限，尤其是周邊的環境也還未完全調查清楚，若在未知狀況下進行開發，將造成無法彌補的生物絕滅遺憾。

藻礁生與死：桃園黃金海岸開發史3

2017年6月8日，中研院生物多樣性研究中心研究員陳昭倫與農委會特生中心副研究員劉靜榆博士在工業港預定地發現一級保育類的「柴山多杯孔珊瑚」，這是行政院農業委員會在2017年3月29日公告的瀕臨絕種野生動物，是生態學界的新發現，彌足珍貴。但是兩週後，6月26日，環保署針對桃園「觀塘工業港」進行環差審查，在會議中，贊成與反對興建的陣營，針對藻礁與一級保育類物種進行論戰。正反爭議的焦點，就是海岸環境敏感區的珍貴性，是否需要完全保護？而部分海洋生態學者，也為了再次確認開發單位所提出的環差報告是否確實，特地再組織研究小組深入研究。

東海大學生命科學系特聘教授林惠真在預定開發區域以獵食性魚類「裸胸鯙」做為指標性物種進行研究，牠是礁岩生態系食物鏈頂層消費者，初步推估其族群量超過一一一九隻；而潮間帶的甲殼類「酋婦蟹」，以族群數去推估也高達五十八萬隻，這已證明了當地生態相的豐富度。

工業港開發爭議之正反雙方，對於海洋生態環境的調查與認知差異甚大，顯示臺灣海岸環境基礎調查並不確實，因此，在制定海岸政策或工程規畫的時候，因未能充分掌握環境資訊，難免出現錯誤與疏漏，徒增後續紛擾。

桃園觀音藻礁生態環境之生物豐富度、多樣性，與珊瑚礁生態系之生態功能，價值相當，是北臺灣海域生物很重要的繁殖撫育場域，重要性無可替代。但長期來，我們經常以公共工程之名，刻意忽視許多豐富而多樣的生態資源。如果這真是經濟發展的必要之惡，那我們還有多少的生態環境系統，可供如此揮霍消耗呢？

柴山多杯孔珊瑚

1 2
3 4

圖1：1997年桃園觀音藻礁海岸
圖2：2001年5月28日桃園觀塘工業區動土典禮
圖3：2001年觀塘工業區開發工程
圖4：2006年填海造陸工程處於停工狀態

從電廠工程到填海造陸

桃園海岸近四十年來，因政策未能兼顧環境永續，已從漁業豐饒的秀麗海岸，逐步走向頹敗。當大園工業區在1978年開始營運之後，附近海岸環境危機漸漸浮現。1982年，北臺灣規模最大的觀音工業區正式分期施工；1992年，政府為了解決鎘汙染農地問題並配合能源開發政策，「大潭濱海特定工業區」也著手規劃。1997年，桃園縣政府擴大「桃園縣濱海地區整體開發建設計畫」，提出「黃金海岸」願景，開發項目從航空城、國際商港、濱海工業區到新市鎮開發，區域涵蓋蘆竹、大園、觀音、新屋等沿海四鄉村。2001年5月，「觀塘工業區」與工業專用港也正式動工了。至此，桃園海岸進入全面開發的起手式。因為開發單位競標天然氣供應失利，填海造陸與專用港工程暫時停工，預定地的海洋生靈得到了喘息的機會。然而，目前在政府的主導下，復工的壓力持續增強，桃園保育團體也正努力捍衛這寶貴的藻礁海岸。

1 2 3
4 5 6
圖1：2002年大潭電廠進水口工程破壞藻礁
圖2：2002年大潭電廠進水口工程
圖3：2010年大潭電廠進水口產生突堤效應
圖4：2008年大潭電廠南方海岸嚴重侵蝕
圖5：2008年大潭電廠南方海岸消波塊工程
圖6：2017年電廠南側海岸加強防護工程

大潭電廠冷卻水進出水口工程

1998年，大潭火力發電廠的冷卻水進水口工程，直接在藻礁區開挖，因導流堤形成海岸突堤效應，造成進水口與出水口之間的藻礁區被泥沙全面覆蓋；而南側海岸則嚴重侵蝕，最大後退距離已超過一百公尺，必須以石塊蛇籠與消波塊防護海岸。

藻礁海岸變遷

藻礁如同珊瑚礁，經由鈣化作用沉積碳酸鈣建造礁體。藻礁具有高度的物種生物多樣性，動物密度為新竹香山濕地的八倍、臺中高美濕地的五倍。藻礁環境由豐富的藻類做為生物鏈底層的生產者；而魚、蝦、蟹、螺、貝各類食植物的消費者，在潮間帶會引來高級消費者以及水鳥的覓食，如此形成了多樣的生態系。

三張照片由特有生物中心劉靜榆博士於 2017
年 6 月 8 日拍攝於大潭藻礁區。

殼狀珊瑚藻

2008 年臺大海洋所戴昌鳳教授研究，桃園海岸約在七千六百年前出現珊瑚礁，其後受到氣
候、地層、水質變遷的影響，大約在距今四千五百年前，藻礁開始發育成長。海岸礁體經過
鑽探分析，發現珊瑚礁與藻礁呈交錯成長現象，顯示桃園藻礁蘊藏著臺灣西部海岸地層、地
質、氣候變遷等的密碼。另外，殼狀珊瑚藻每年只生長一公分，加上孔隙多、像千層派，剛
好成為許多生物躲藏、棲息的環境，兇猛酋婦蟹、裸胸鰭，就是藻礁區的優勢族群。

圖1：2008年農民協助藻礁復育
圖2：2008年中油公司進行天然氣輸送管線工程
圖3：2008年中油公司進行天然氣輸送管線工程
圖4：2008年農民協助藻礁復育
圖5：2008年藻礁保護區立牌
圖6：2008年中油公司進行天然氣輸送管線工程

破壞與療傷

2007年間，為了實際瞭解中油公司破壞藻礁生態與海岸防風林的情況，我們前往現場。當到達海岸工地外圍的時候，立即遭到攔阻，並一度被要求交出拍攝紀錄資料。事實上，中油公司的工程疏失，是經由環評委員現場勘查之後，指出未遵守相關施工規範，才導致海岸環境遭受嚴重破壞，無怪乎工程單位對於外界的監督，相當敏感。事後，中油公司曾雇請當地居民協助藻礁復原，但藻礁環境是歷經六、七千年的發育，才逐漸成形，焉能以人工療傷？

| 1 | 2 |
| 3 | |

圖1：2013年環境教育
圖2：2013年為藻礁而走
圖3：2017年為藻礁請願

為藻礁請願

2001年，東鼎公司開始進行開發工程之時，並不在意對於當地環境的衝擊，在媒體追查之下，海洋生態學者因此公布了研究成果，觀音藻礁的珍貴性與生存危機才被外界所瞭解。之後，當地文史團體與社區，特別在海岸樹立了一塊「看藻礁的故鄉」入口意象碑，提醒大家要保護這珍貴的海岸。我想，有可能是擔心藻礁一旦被完全破壞之後，至少可讓後代世人有瞻仰的憑藉，就像墓碑的功能。2007年間，中油公司在施作天然氣輸送管線工程的過程中，實在過於粗暴，破壞了觀音藻礁環境生態與防風林，引起保育團體的憤怒，因此，著手進行護育行動。從立法遊說、環境教育、保育行動宣傳、向相關單位陳情，直到2014年，政府才正式公告「桃園觀新藻礁生態系野生動物保護區」，但這個保護區也就只是一張紙而已，更大的破壞工程，也許正蓄勢而來？

1	2
3	

圖 1：1999年
圖 2：2004年
圖 3：2008年

傳統採捕領域消失

觀音海岸的藻礁區是海洋生物的撫育場，更是當地居民的傳統採捕領域，他們大多是半農半漁的生活模式，順應季節氣候的變化，依循環境適度利用自然資源，進行農耕或漁撈作業。但是，工業區與發電廠在海岸地帶陸續設立之後，自然環境急遽改變，他們的生活資源消失了大半。

不捨

2001年間，我在海岸高潮帶遇到一群六、七十歲的老農民，大夥就在海防班哨的牆角，談論著傳統領域不斷被破壞、平時生活所需的魚蝦貝類已逐漸滅絕的不捨。看到他們無奈、落寞的神情，我無法說出安慰的隻字片語。

彰濱工業區

無法實現的典範

彰濱工業區1979年開始施工，未料卻在此時爆發全球第二次石油危機，因此減緩了開發進度。1992年9月，再次復工。經濟部原規劃的開發願景，是將彰濱工業區打造為一個兼具工業發展、研究、居住與休閒，提供十四萬就業機會的多功能工業新市鎮，成為未來工業區的

2011年6月

典範。然而，因區位與景氣因素，成效不如預期。以崙尾區為例，其外廓直接蓋在迎風面的
高潮帶上，海浪與鹽霧經常越堤直接進入基地；而線西區與鹿港區的設廠情形也並不理想。
2014年9月的統計，開發面積總計3,643公頃，公告已租售1,234公頃。三十幾年之後，進駐
廠商三九七家，就業人口約一萬九千名，與昔日理想誇耀的計畫落差很大。

抽砂填海造陸開發

抽砂填海造陸所取得的工業區土地，乍看成本較為低廉，實際上，它並不包含各種環境外部成本，遑論是社會正義、環境正義或世代正義等普世價值。如果把各種外部成本內部化，填海造陸其實並不划算。

1 | 2　圖1：2010年芳苑濕地
　　　圖2：2003年彰濱工業區

濕地與工業荒地

彰化海岸南北長度大約六十一公里，退潮之後的潮間帶，東西寬度可超過五公里，是臺灣最大、最平緩的泥質灘地，長期以來是漁民養殖與採捕魚蝦貝類的優良漁場，更曾經被列為亞洲最重要的濕地之一。

1968年之後，彰化北部海岸的廣大泥灘地，陸續被開發為海埔新生地，做為養殖魚塭與農地。到了1980年，部分海埔新生地的外廓，再度被開發為彰濱工業區，自然海岸生態因此逐漸消失。目前彰化海岸就只剩下西南角的芳苑與大城濕地還未被破壞，而這一塊濕地已成為臺灣目前僅存的、也是最大的泥質灘地。如果此處再被人為開發他用，受影響的不只是依賴這片濕地維生的自然野生生物以及農漁民，對於臺灣中西部地區環境的衝擊以及人們的健康都有相當大的影響。

2011年

台塑麥寮工業區

犧牲環境創造的財富，價值該如何衡量

當經濟發展與生存環境發生衝突的時候，環境優先是普世價值的選擇。但是，政治與利益加上人類欲望的驅使，往往還是犧牲環境來創造財富，且受害者大多是弱勢的平民百姓。這個選擇權到底應該由誰來掌握，才符合公平正義呢？

台塑集團以不到五十年的時間，進行石化關聯產業垂直整合，事業版圖布局國際，產製品與服務項目，幾乎擴及生養病老的每一個階段，產值營收更超過臺幣兩兆元。它的經營規模與影響力，超越臺灣任何一家企業，因此，愈來愈多人開始以企業社會責任的尺度，來檢驗這家臺灣最大的石化集團。

一般民眾也會想瞭解，台塑石化集團除了傲人的獲利能力以外，還有哪些外部成本與隱藏性問題，是被刻意忽略的？譬如溫室氣體排放、健康風險、工安事件、土地與水資源的取得等等。

1991年8月，台塑集團選擇濁水溪出海口南岸的泥灘地興建石化工業區，這是雲林海岸居民百年來世代賴以維生的牡蠣養殖區，漁民們的心聲被選擇性地忽視了。

六輕工業區在1993年4月正式動工，台塑集團以市價四分之一左右的價格，跟經濟部購買了八五〇公頃的海埔地，再以填海造陸方式，開發了二六〇〇多公頃的陸地，以及航道水深二十四公尺的深水工業港，整座園區南北長達八公里，東西寬達四公里，建廠初期將有十三家公司、六十九座工廠進駐，就像一座突出於海岸的石化王國。

居民的健康成為祭品？

六輕在建廠過程中，已為環境帶來許多負面衝擊。首先是將計畫隔離水道從六百公尺縮減為一百公尺，致使海水溫度升高，可能影響沿岸養殖漁業產量；另一方面，因填海造陸建廠需求，在台西附近約抽取了一億立方公尺的海砂，也可能造成海底坡度增加，碎波線往海岸移近，沿岸漂沙反向往深處流動，造成海岸線侵蝕後退。

依據雲林縣環保局的統計，六輕工業區陸續測試量產之後，有關工安事故、廢水排放、空氣汙染、廢棄物清理、毒化物之違規汙染案件，從1998年至2010年7月，累計高達一三六件，罰款也超過2,770萬元，其中有關空氣汙染罰處案件就有九十二次，金額更高達1,797萬元。2010年7月，六輕工業區接連發生兩次工安事故，25日晚間的第二煉油廠更發生工業區營運以來最大的火警。起火燃燒所排放出來的汙染物，可能是工業區一整年排放量的七倍，影響

1 | 2 | 3
圖1：1993年5月海岸預定地
圖2：1999年11月建廠中
圖3：2010年營運期

區域擴及大半個臺灣島；尤其麥寮與台西鄉是立即受害區域，恐慌的居民，只好選擇採取抗議方式來表達不滿。經濟部工業局和臺大公衛系詹長權教授，先後進行雲林沿海環境的空氣汙染以及居民健康風險的評估研究，發現揮發性有機汙染物的模擬濃度偏高，具致癌的風險。在雲林海岸地帶，看到環境、健康與經濟、汙染的拉扯，而這犧牲公義成就財團發展的模式，還是在各地不斷地被複製，環境受難者仍舊無法爭取到公平的對待。

雲林海岸居民經常向西遠眺的海洋地平線，已經被一根根高聳的煙囪所取代；而空氣中原有稍稍夾帶著鹹味的海風，如今也早已變味、酸化、嗆鼻。

福爾摩沙的子民，必須在優質環境與石化廠區之間做出選擇。福爾摩沙對於島嶼未來的想像，也必須自己做出抉擇！

險境

2009年，臺大公衛系詹長權教授針對六輕營運後的空氣汙染問題進行研究，發現「六輕工業區於2000年8月第一期完工營運後，雲林縣空氣品質已發生變化，全縣臭氧（O3）濃度逐年升高；台西及崙背一帶二氧化硫（SO2）濃度漸增，且由長期氣象資料統計顯示，台西站一年中秋冬季節（10月-3月）最常處於下風處，夏季（6-8月）最少處於下風處，總揮發性有機碳氫化合物（TVOC）於下風時段濃度高達200 ppb以上，當風速小於5 m/s時，TVOC濃度亦高達200 ppb以上」。詹長權教授在2012年7月另提出「沿海地區空氣汙染物及環境健康世代研究計畫」報告：「住在距六輕十公里範圍內至少滿五年的居民，其肺、肝與腎功能以及血液與心血管系統都有受到影響。」

1| 2| 3|　圖1：2010年1月雲林台塑麥寮六輕工業區
圖2：2003年1月麥寮六輕工業區，濁水溪口南岸
圖3：2017年工業區小學

2010年10月，中國醫藥大學健康風險管理系副教授許惠悰也提出「六輕計畫附近居民健康風險評估」的研究報告：「在有石化工業進駐之雲林縣、麥寮鄉及台西鄉，其全部族群與男性年輕族群在全癌症的發生比率上都有隨營運時間而增加的趨勢。」

2016年8月22日，國家衛生研究院公布歷時三年的研究結果，雲林縣麥寮鄉橋頭國小許厝分校學童尿液中，硫代二乙酸（TdGA）的濃度偏高；而同時調查的五所國小中，距離六輕愈近驗出濃度愈高。

TdGA是石化業常見排放物質氯乙烯的一種代謝物，由於橋頭國小許厝分校與台塑六輕工業區的直線距離約七百公尺左右，學童的健康風險令人擔憂，因此衛服部建議應預防性遷校，不過此政策在當地引發爭議。

1」　圖1：1993年5月雲林海岸傳統漁業
2」　圖2：2003年六輕工業區取代自然海岸

蔽日

雲林麥寮與台西幾個世代近百年來的父祖輩們，均依靠大海資源維生。當石化工業財團進駐，產生空氣與水汙染問題，近海漁獲量即每況愈下，海岸養殖環境也日趨惡化，應驗了蕭新煌教授所言，「當環境被破壞之後，首先受害者通常是當地弱勢族群。」然而，石化集團仍反駁各種相關環境汙染的指控。

圖1：2012年
圖2：2012年
圖3：2006年
圖4：2017年

高雄南星計畫

廢棄的家園

1980年，政府為了處理工程廢土的去處，同時也想為工業鍋爐、煉鋼業者的廢棄爐石、煤灰找到拋棄處，想出填海造陸的點子。1990年，事業廢棄物填海區已初具規模，填海計畫更擴大規模並陸續蓋起大堤防，南星開發計畫正式啟動。逐年分期程施工，整體開發範圍從小港大林蒲海岸，向海側延展三公里，面積超過三千公頃，包含洲際貨櫃中心、自由貿易港區、遊艇專區，以及石化業專區等。但因為廢棄物的殘留重金屬與填海工程方式粗糙，造成周邊區域的地下水受到嚴重汙染，海岸底泥重金屬也超標。百年老漁村因為發電廠、鋼鐵、石化業進駐，長期飽受空氣汙染的威脅，地下水資源也被嚴重汙染了，就連想走近村子旁的沙岸，也沒有機會，最後，甚至必須走上集體遷村，與故土別離的命運。

造鎮‧造陸 ｜ 淡海新市鎮

來不及認識的珊瑚海岸

淡水河出海口北岸，是臺灣知名的沙崙海水浴場，每年到了夏天，沙灘上總是擠滿了戲水的
遊客。很多人不瞭解，沙崙海水浴場的外圍，其實是北臺灣的重要漁場；更奇特的是，沙灘

2008年

北側的近岸海域，雖然是以火山岩為主的地質，卻擁有珊瑚礁群聚的生態系，其自然生態環境既多樣又豐富，是研究海洋生物相關領域的熱區。這在臺灣西部以泥質、沙岸為主的海岸環境中，顯得相當珍貴。

然而，這處珍貴的海岸生態環境，卻因淡海新市鎮的開發計畫需要增闢一塊垃圾與汙水處理用地，而在1995年於公司田溪北側潮間帶以築堤造地方式，填出三十八公頃的海岸新生地，導致敏感脆弱的環境遭受嚴重破壞。保育人士以及淡水漁民雖然力圖搶救，還是無法抵擋土地開發利益的勢力。

中研院生物多樣性研究中心研究員鄭明修曾表示，這一段海岸的珊瑚種類，多達十種以上，是他研究槍蝦的樣區；但自從築堤填海造陸之後，經由珊瑚蟲累積二十萬年以上才逐漸形成的珊瑚礁海岸，以及海洋科學研究聖地，已完全消失了。此外，因為珊瑚蟲的水螅體可以將海水中的無機鹽轉化為有機物，所以附近水域吸引了五十種以上的魚貝類生物在此覓食、棲息；還有多種甲殼類、棘皮動物、大型藻類、海龜等生物聚集，是一個物種豐富多樣性高的海洋生態系，其重要性宛如陸地上的熱帶雨林。在西北部海岸當中，淡海的珊瑚海岸具重要生態價值與功能。

珊瑚海岸的豐富生態系，造就了良好漁場，每年至少有上百艘小型漁船在附近作業，年漁獲產值超過億元以上。但人類為了建造陸地上的新市鎮，卻毀了一座海底老社區，這樣的代價是否值得？

1995年淡海新市鎮填海造陸工地

填海造陸

施工單位直接在海岸填築便道，先把潮間帶的安山岩塊剷平，再放上消波塊墊底，接著運來
土方將海底珊瑚礁區掩埋。

消失

人類為了建造陸地上的新市鎮，卻毀了一座海洋生物的老社區。

2017年

2017年

海埔新生地

新竹港南地區，客雅溪口

1959年9月，退輔會的新竹海埔地開發小組於客雅溪以北約六公里海岸線，進行築堤圍墾造陸工程，先後開發了三一四公頃，供農民申購種植水稻。

2017年

2010年

2017年

2017年

彰化海埔地

1964年起，彰化芳苑王功、永興海埔地陸續動工開發。政府為了兼顧沿海農漁民的生計以及發展養殖漁業，選擇西部堆積型海岸淺灘圍堤開發為海埔新生地。因為漁港設計不當與淡水資源配套措施不足，效益不如預期。如果能夠妥善規劃，持續有效管理，禁絕違規，的確可能在自然環境保護與高度開發之間營造永續平衡。

港口 ｜ 新北市和美漁港

臺灣「沙港與沙灘」傳奇

「人定勝天」是海岸工程界早期經常掛在嘴邊的豪語。但是近二十年來，不得不慢慢修正，
因為被一粒粒小小的沙子打敗了。

新北市的東北角海岸，有一座和美漁港，早期是一個小型漁船、膠筏的簡易船澳。1988年，

1998年

政府花費四千六白多萬元，擴建碼頭設施、圍填海岸新生地以及延長北防波堤，漁港工程在 1990 年完成。完工之後，因為突出於海灣中的北防波堤，阻斷沿岸流的漂沙方向，成為一道導流沙子進入港區的海中長牆，導致港口南邊金沙灣海水浴場的沙子，不斷漂進港口內。因為沙子只進不出，港口內淤滿沙子，還沒有正式啟用就報廢了。而金沙灣海水浴場的沙子大量跑到港口之後，只剩下礫石與礁岩，沙灘消失，成為一處危險海灣。

政府蓋了一座漁港變「沙港」，也讓美麗沙灘變「石頭灘」。經常有老師帶著學生到這裡「朝聖」，親眼目睹工程奇蹟的負面教案。十四年之後，政府可能無法繼續忍受外界的嘲諷，只好再度進行漁港改善工程，耗資近千萬元來遮羞。

2004 年 4 月，工程計畫把漁港內的淤沙，抽回到金沙灣海水浴場養灘，同時也拆除一百多公尺的北防波堤。初期成效似乎蠻符合原定目標。但是，隔年夏季，接連幾個颱風過境之後，2005 年 7 月間，金沙灣海水浴場沙灘上的沙子還是愈來愈少，而和美漁港內的沙子又漸漸地多起來，主管單位只好再繼續投入資金，延長港口南側的突堤碼頭，阻止海浪繼續輸送沙子入侵港區。

不斷以人為方式干擾沿岸流與波浪的自然律動，經過幾番修補、折騰，有救嗎？還能用嗎？事實上，目前漁港靠泊使用率並不高，但政府無法承受蚊子漁港的不良名聲，開放漁港讓民眾垂釣，並很貼心地畫出垂釣區域與方向，似乎反轉為政府的一項德政，成為全臺灣最貴的人工海釣池。

和美漁港的啟示是：漁港不安穩、海灘上的沙子很會跑。海岸工程專家雖然不斷想要掌握沙子的動向，耗費公帑去找沙、挖沙、定沙，但是，經過大自然的檢驗，人類連一粒小小沙子，都難以捉摸，證實大都是白忙一場。

1 | 2 | 3
圖1：1993年漁港內淤沙
圖2：2004年6月漁港抽除淤沙後
圖3：2004年6月和美漁港進行抽沙

與沙角力

1990年漁港完工。東北方的波浪因突堤產生西北繞射效應，漁港快速淤沙，成為臺灣海岸漁港工程奇蹟。

2004年4月，由新北市政府與東北角風景特定區管理處共同出資，動用八百到一千萬元的工程經費，拆除北防波堤五十公尺，抽取二萬八千噸港口內淤沙，回送金沙灣海岸護灘。

1 圖1：2004年7月漁港抽沙回填海灣沙灘
2 圖2：2005年7月海灘沙源再度流失至較深水域

金沙灣海水浴場的沙灘變遷

和美漁港與金沙灣海水浴場，同位於龍洞與澳底之間的南北向海灣內，金沙灣的沙子礦物成分，主要有石英砂、砂岩、火成岩細粒、生物貝殼與造礁珊瑚碎屑等等。沙子的來源，除了附近河流自山區沖刷、搬運、堆積等自然營力之外，福隆地區的沙子也可能隨著沿岸流而來。這一片小而美、黃澄澄的石英砂沙灘，是東北角海岸最吸引觀光客的沙灘之一。如今，我們除了浪費經費蓋了一座廢漁港，還失去了一處親水沙灘，更破壞了自然海岸。

花蓮鹽寮漁港

從滿懷期待到夢想成空

花蓮鹽寮灣以盛產龍蝦聞名，早期簡易船澳，是以細沙、小礫石為主的自然海灣所構成，漁筏平時就斜靠在海灘上，進出尚稱便利。自1991年起，政府計劃把鹽寮打造為觀光與漁業兼具的綜合港區，並分三期施工。第一期工程，因受到颱風與強浪侵襲，遲遲無法完工。政府只好加碼，再投入第二期工程經費，蓋了二道突堤碼頭與南防沙堤之後，還是無法如期完工，之後，漁港南方海岸的侵蝕加劇，海岸公路的路堤已受到影響，目前依靠消波塊保平安。然而，因為附近海流強勁，外防波堤屢建屢毀，沉箱也斷落在海中，阻礙航道；而原本海灣上的細小沙石，因突堤效應日漸稀少，只剩下大小不一的卵石，導致漁筏無法如往常般輕易泊靠在沙灘上。漁港南方海岸因為突堤效應嚴重侵蝕，只能不斷擺置消波塊補強防護，漁民對於政府建造的「烏龍漁港」也怨聲不斷。

1998年底，我到鹽寮進行記錄，認識了當地老漁民黃順德，當時，他滿懷期待，很希望政府盡快兌現地方發展的支票，繼續投入資金，克服海象的挑戰與工程難度。但經過十年的施工期，漁港只完成了一道南防波堤與中碼頭。

2008年7月，我特地再度請教黃順德對於漁港遲遲無法完工的看法。他有點氣憤的埋怨：「政府對地方真是生無雞蛋、只拉雞屎」，甚至提議既然無法克服海象，那就打掉現有碼頭堤岸，回復舊觀，對漁民來說可能是最佳「建設」。

| 1 | 2 | 3 |
| 4 | 5 | 6 |

圖1：1997年花蓮鹽寮漁港第一期工程失敗
圖2：2008年花蓮鹽寮漁港第二期工程未完成
圖3：2015年花蓮鹽寮漁港蘇迪勒颱風後
圖4：1998年花蓮鹽寮漁港南岸海灣
圖5：2008年花蓮鹽寮漁港南岸海灣
圖6：2015年花蓮鹽寮漁港南岸海灣

老漁民從滿懷期待到夢想成空，縱使無奈也只能接受。漁民每天進港出港，必須先清出沙灘航道的石頭，才能避免漁筏底部受損；另外還得依賴岸際的人力協助，才能出海作業，或是安全上岸。

2015年8月，蘇迪勒颱風過境之後，鹽寮漁港一片狼藉，有些膠筏被強浪推向陸地，或捲入海中，漂流木、垃圾堆積在礫石灘上。沒想到二十幾年來，鹽寮漁港的興建工程經費，前後已花費了二億元左右，但還是失敗了。如果政府真要為漁民謀福利，應先從海洋資源保護及漁撈作業的規範做起，就算增建再多的漁港，也無法改變漁業資源日漸枯竭，漁民生計無著的困境。

臺東大武漁港

無奈的永續工程

1953年間，政府為了安置大陳義胞，在臺東的東南角海岸，開始興建大武漁港。北防波堤的突堤效應，干擾了沿岸流輸沙循環，導致北岸堆積、南岸侵蝕；而漁港進出航道口，經常被淤沙阻塞，導致漁船動彈不得，嚴重衝擊漁民生計。

根據當地海象與氣候條件來看，大武漁港每年夏季六到九月會面臨颱風的威脅，近海的最大波可高達八到九公尺；而冬季十一月到隔年二月，東北季風強浪作用，加上附近的大武溪、朝庸溪與沿岸漂沙，全年淤積量超過百萬立方公尺，築港條件相當艱鉅。

然而，政府在地方政治與民意的壓力下，還是年年編列港口改善工程與清淤經費。為了攔截沿岸漂沙，北防波堤不斷向海延伸，港區防沙牆也愈蓋愈高，工程難度與風險更是提高。補

2017年

強工程雖然留住了北岸大量漂沙，卻讓南岸因為缺乏沙源補充，嚴重侵蝕後退；而冬季期間的港嘴淤沙問題還是無解。幾十年來，大武漁港不斷修修補補，中央與地方經費也持續不斷的加碼投入，甚至周邊環境也跟著亮紅燈，出現了新的錢坑。

公路總局東部濱海工務所，在1995到1997年間的測量資料顯示，東部海岸線每年約平均退縮四公尺，而大武漁港南方海岸的侵蝕速率，每年高達九公尺，已逼近南迴公路的路基，颱風期間的長浪甚至已打上路面。

為了保護海岸與公路行車安全，養護單位以離岸堤與突堤養灘，再以大型水泥消波塊、工程土方以及港口疏濬沙石進行填海護岸。各種工程多管齊下，光是南興段約三公里的護岸工程經費，最近一次就追加了九億二千萬元，等於每公里的平均造價已超過三億元。

2017年2月間，站在港口的淤沙堆上，看著挖土機與卡車忙碌穿梭，心想，這真是臺灣「永續工程」的典範，一座漁港蓋了六十幾年了，人們依然不想放手，只能無言。

1
2 3

圖1：2008年
圖2：2016年2月
圖3：2017年2月

穿梭十年的挖土機與卡車

一座漁港蓋了六十幾年，還無法正常使用，是臺灣永續工程的典範。

1｜2｜
3｜ 圖1、2、3：2017年

海岸 ｜ 臺9線

海岸新生地

臺9線公路南興路段海岸，因嚴重侵蝕後退，養護單位採取突堤養灘與填土造陸方式，跟大海爭搶土地。依據人工築堤養灘面積來看，長約一‧二公里、寬約四十公尺的海岸新生地，已接近五公頃，而這一大片海岸新生地，未來要怎麼使用，外界也很好奇。

注：臺9線是臺灣東部一條南北向的省道，北起臺北，南迄屏東枋山。

西海岸

淤積的漁港

2004年的統計資料，全國有二三九處漁港，而位於臺灣島則有一五〇處。再以內政部營建署2006年的海岸線長度資料來看，一三四九公里長的海岸線雖然平均每八至九公里就有一處漁港，但其中卻有四十三處已面臨淤積問題。

群像

第四章

喧嘩的眾生

在潮起潮退之間，生命聚合或離散。
這片海岸是眾生共同生存之所繫，
若要眾生無恙，人類與生物應該相互扶持。

◉ 導言
生物與人交織出的海岸浮世繪

捲起褲管、深「入」現場

因為長期記錄各種生物的生活史，經常跟著相關研究人員走到最前線，瞭解生物們的脾氣；也因為深入調查環境變遷的因果關係，跟當地住民成為好朋友，感受到大自然破壞性的爆發力對他們造成的影響。人與生物的互動、環境中的各種生命樣態，成為我跟拍的焦點主題，構成一幅美妙的「生物、人」之海岸群像。

想要瞭解海岸地帶的風土民情故事，就必須捲起褲管，跟著漁民一起走入泥灘地。早出晚歸是在所難免，風吹日曬雨淋也是家常便飯。鮮美的魚湯、Q滑的蚵仔，就是漁民們泡在海水中、流著汗水換來的。我經常跟著不同年齡層的漁民進出泥灘地，在他們的身上總會學到許多未曾有過的經驗。如何預估泥沙淤積的區位與速度？蚵棚高度與潮差的關係？牡蠣竟神奇地深具生物幫浦功能，不只能淨化水質，還可以吸附水中的重金屬！我瞭解到，養牡蠣與種樹，同樣是固碳救地球的綠色產業，因為牡蠣殼在成長過程中會吸收環境中的二氧化碳，而且封存的速率，粗估超過樹木的百倍。也就是說，消費者買牡蠣、吃牡蠣，用嘴巴就可以做環保。

想要走入泥灘地觀察各種生命脈動，必須要有更多的準備，甚至要花更多時間。譬如想看招潮蟹，整個人就要趴在濕漉漉的灘地上等待，而且動作不能太大，以免產生光影晃動，或者讓泥地下方產生傳導性震動，因為任何微小動作都會令各種生物感到緊迫威脅，不是逃走就是躲在洞穴內。我曾經為了拍攝彈塗魚與招潮蟹爭奪地盤的畫面，整個人平躺、幾乎有一半

身子埋入泥沼地裡；當準備撤離時，因為泥質黏性太高了，遲遲無法脫困，眼見已快漲潮了，愈來愈危急，幸好海神保佑，最後全身而退。從此之後，再下到泥灘地工作時，我會帶著游泳的浮板，或簡易衝浪板，在泥灘地上增加表面積，以免持續沈陷到難以自拔。這樣安全的做法建議，可提供其他攝影紀錄者參考。

人與生物依存共生──以彰化濕地為例

自1972年聯合國「人類環境宣言」發表之後，生命多元價值、環境永續的觀念，已成為先進國家的環境政策綱領。臺灣在2002年底，通過了《環境基本法》，於第一章總則第三條明訂：「經濟、科技及社會發展對環境有嚴重不良影響或有危害之虞者，應環境保護優先。」但此一立法精神，能否在各項政策具體落實，不免令人質疑。為了深入暸解，我以彰化海岸，做為檢驗「環境法」的案例樣區，因為這是我最熟悉、記錄最完整的地區。

彰化大肚溪到濁水溪口之間的海岸地帶，南北長達六十一公里，東西寬達一至七公里；廣闊平坦的潮間帶上，因河川上游帶來豐富的營養物質，生態生產力相當豐富。浮游植物、微小浮游生物是基本組成，螻蛄蝦、臺灣招潮蟹、和尚蟹大軍是泥灘地的要角，平緩灘地提供漁民養殖牡蠣、文蛤，橫亙的潮溝是季節性採捕魚蝦貝類的熱區。而「候鳥的樂園、中西太平洋的驛站」是讓彰化海岸成為世界知名濕地的原因，因為這裡是亞洲很重要的，也是臺灣最大的水鳥棲息地之一。這些鳥類家族，每年從南北半球的繁殖地或覓食區，飛越幾千公里、克服許多險阻，到達臺灣度冬或繁殖。

國際上研究候鳥遷徙的方法，有一套足旗系統，透過不同顏色的足旗，就可以看出候鳥來自哪裡。2007年12月8日，東海大學的研究人員在彰化王功漁塭區，發現兩隻繫有阿拉斯加足旗的黑腹濱鷸，牠們竟然飛越了七千五百公里遠來到臺灣。美國阿拉斯加從1978年開始繫放黑腹濱鷸，至2016年在全球被發現的二一二筆資料中，臺灣就有五十四筆，比例高達四分之一。研究人員也發現，來到彰化海濱度冬的黑腹濱鷸，數量高達上萬隻，以這樣的族群數量來看，已具有國際重要性，顯示彰化海岸濕地是候鳥遷徙路徑中，不可或缺的棲息覓食區。

為了呈現海岸多樣性的棲地提供遷徙候鳥覓食繁衍的重要功能，我在寒風冷冽的冬季夜晚前往拍攝。午夜過後，我來到彰化海岸的閒置工業用地，直抵繁殖區的邊緣，先以掩蔽帳把自己偽裝起來，再以高倍率長鏡頭，遠遠地、靜靜地拍攝燕鷗育雛過程。蹲坐在狹小的掩體內十幾個小時，透過攝影機小小的視窗，觀察燕鷗親鳥忙進忙出的照料幼雛。因擔心驚嚇到母鳥，因此必須等到天黑之後，才能收拾器材離開。看到親鳥不遠千里之外找到這人為開發後的荒地，進行繁衍後代的任務，除了感嘆生命韌性與力量，也同時認知到，這一片海岸是芸芸眾生共同生存之所繫，人類與生物為了繁衍子代，必須不斷拚搏，是應該相互扶持的。

里山里海的願景思考

彰化海岸由北到南，歷經近二、三十年來的人為開發，是海岸環境變遷的比對觀察樣區。自1980年代，伸港、線西、鹿港海岸陸續被開發為濱海工業區之後，海岸自然環境逐漸破敗，原依靠這片海岸維生的農漁民，也相繼失去謀生的場域。福興與芳苑的海埔地，是被圍墾的海岸新生地，已成為魚類與貝類的養殖專業區；每當魚塭休養期，無意間竟成為各類候鳥的重要棲息與覓食區，顯現出人與生物得以共生的可能性。

再到西南角的大城、芳苑海岸，退潮之後，濁水溪口泥灘地，寬達六至七公里，是臺灣最大的泥質濕地，也是中部居民與生物最重要的生命舞臺。在2008年間，成為國光石化工業園區預定地，國家為其編定的工業區面積達八千一百多公頃，但在臺灣公民極力反對下，政府只好順應民意停止開發。2012年9月，內政部的「國家重要濕地諮詢小組會議」通過將這一大片泥質濕地劃設為國家重要濕地。但因為當地部分人士尚有疑慮，尚未完成公告程序。

2009年，日本環境省與聯合國大學高等研究所，共同提出「里山倡議」，其目標是實踐人類社會與自然環境的和諧，透過合理使用與永續性管理的手段，讓環境資源可持續性、物種維持多樣性、人類福祉得以確保。我看到「里山倡議」立即想到彰化海岸，如果把整段海岸粗分為工業開發、農漁牧用地、自然環境等三大區塊，再以牡蠣、鳥類、濕地生物做為環境指標，就可套用「里山倡議」的精神了。也就是說，我們在彰化海岸，也隱約可以看到「里海」的願景。

回歸日常百態，悲喜都取決於自然

因走拍臺灣海岸的機緣，跟各地資深漁人成為忘年之交，許多海洋環境生物專家更是我的良師益友。淡水河口南岸耙文蛤的阿嬤跟我說，窮山惡水無人眷顧的角落，也有一塊源源不絕的寶地；桃園藻礁海岸的阿伯，利用忙完田間農事的空檔，在藻礁地形上布下綾網，每天總會有一些午仔魚、蟳、蝦、蟹，如果量少是自己吃，多了就可以賣，剛好可以貼補家用；新竹香山濕地外緣潮溝，是臺灣牡蠣養殖的北界，坐在漁民的膠筏上，從海山漁港出發，順著潮溝進入上千公頃的牡蠣養殖區，這是一般人難以到達的豐饒之地，此刻蚵農的心情並沒有太多喜悅，因為，工業廢水挾帶著重金屬、化合物，進入了這一大片寬廣泥灘地，「香山濕地」已蒙上一層汙穢惡地之名。

我在彰化海岸認識的朋友，以及長期關注的物種，比其他地方要來得多。阿發伯是我每天在海灘幾乎都會相遇的老漁民，但一直沒有深談過，每次只是簡單幾句問候語：今天撿多少牡蠣了？會冷嗎？阿發伯年輕時，曾經到外地工作，後來回到村子裡，沒多久就生病了，近幾十年來，靠姊姊照顧與接濟。他平時會到海灘撿一些野生牡蠣，再轉賣為生。我從他的生活健康狀態，看到了泥灘地的另一個重要價值：當社會景氣不佳，或弱勢者遇到困難，都可以依靠泥灘地的自然資源，獲得基礎的溫飽，並且撫慰受創的心靈。每一次看到阿發伯慈祥的眼神，以及走在灘地上微駝的背影，我就真切感受到大海的包容與自然界的力量。

許多生命的聚合或離散，是因海岸漲退潮而起落的緣分。在海岸地帶，看到最美的風景是「人」，最令人愛戀的是「生物」，最需要被敬畏的則是「自然」。這片水陸交界的廣袤地帶，千萬年來，潮來潮往、寒暑更替，只盼眾生一切無恙。

潮間帶 | 濕地變遷

回不去的故鄉

烏溪出海口南岸的彰化縣伸港濕地，原是亞洲相當重要與知名的海岸濕地環境，但是自從
1980年代彰濱工業區開始進行填海造陸工程之後，周邊海岸自然生態環境就每況愈下。到

2011年3月彰化芳苑濕地與牡蠣養殖區

了1990年代，廣大的灘地就只剩下一小塊的伸港十股濕地。因為地方政府疏於管理，非法魚塭、廢棄物濫倒、違法開發層出不窮，保育團體只好力守彰濱工業區北防波堤與非法魚塭之間，最精華的一小塊濕地，這是中西部海岸還少數保留著原生種植物「雲林莞草」與臺灣特有種「臺灣招潮蟹」的寶貴棲地。

很不幸的，這一塊倖存的珍貴濕地，被地方政府視為不毛之地。1986年，當時彰化縣長黃石城提出垃圾填海的構想；1990年3月，經建會核准「伸港垃圾壓縮填海計畫」。環保團體聞訊後，立即進行搶救措施。無奈，彰化縣議會還是通過三億多元預算案，於1999年4月阮剛猛縣長任內以一千多名優勢警力護衛下，強制進行「垃圾壓縮填海工程」，毀掉萬年的海洋生物棲地。

二個月之後，因為「垃圾壓縮填海」爭議不斷，環保署要求施工單位停工。2004年5月，時任的翁金珠縣長向營建署爭取到千萬元的補助款，著手濕地的景觀規劃與棲地復育工程。隔年，彰化縣政府在復育區舉辦「生態工法博覽會」，慶祝「臺灣招潮蟹的故鄉」復育成功，並吸引了數千名群眾參加。

但是，短短三個月之後，生態學者施習德發現濕地復育區的生態系出現嚴重失衡問題。經研判，可能是濕地上填築了一條土堤景觀步道，影響海水漲退潮機能，破壞了臺灣招潮蟹的棲地，導致族群量銳減。整個濕地生態系，危機不斷。

芳苑海岸的「退潮」故事

2008年間，得知臺灣最大、最豐富、也是最後一塊泥質灘地，可能將被開發為石化工業區之後，我心裡非常著急此一開發計畫，除了將摧毀臺灣最珍貴的海岸濕地以外，依賴這片灘地為生的上萬名農漁民，以及他們的家庭生計，該怎麼辦？高汙染的石化工業，將嚴重衝擊中臺灣二、三百萬人的健康；尤其，彰雲地區是臺灣的大米倉，臺灣人的糧食安全也會受到影響。

為了記錄變遷歷程，我以長期駐點的方式，與農漁民一起生活，依照季節歲時，到海裡採牡蠣、撿螺貝類；在貧瘠的沙質農地上，記錄農民插秧、灌溉、施肥、收割、摘花生豆，參與他們南北奔波的抗爭歷程，也分享了他們的喜怒哀樂，傾聽農漁民們的種種想望。這些生活點滴經過沉澱與凝視，我將其轉化為最誠摯、質樸的影像，也是令我最感動的生命力。

記錄海岸地帶的《退潮》生活樣貌，其核心價值是真誠看見人與海洋的互動依存關係，人類依賴海洋的賜與，獲得生活所需，而海洋也因為人類的悉心呵護，讓環境更加豐富與多樣，這是臺灣最美麗的人與海的故事。

《退潮》的紀錄觀點，是傾聽來自最偏遠與弱勢庶民的心聲，以及忠實呈現他們的生活選擇權，這是現代人最嚮往的「慢活」生活型態。

2010年彰化海岸蚵民仍保留牛車出海載運牡蠣作業的傳統

2008 年 7 月彰化海岸退潮之後吸引許多民眾前往耙取貝類

生機

我經常駐守在潮間帶，等待飛鳥、蟹類的出現，記錄牠們的生態行為。但最常遇到的也最常看到的風景，是在海水退潮之後，不管男女老少，都有志一同地在泥灘地耙掘各種可食用的生物。閒聊中，「大海是我們的冰箱」、「我們的腳下擁有難以想像的美食」、「泥灘地就是我們的提款機」……這些農漁民們稍帶驕傲的種種描述，是我經常聽到的讚嘆與希望，真希望這般泥灘地風情得以長此以往。

芳苑海岸的生命力

在彰化芳苑海岸地帶，可看到人與生物共同利用泥灘地的美妙景象，更可以體驗農漁村「慢活」的生活況味。

1	2
3	4

圖1：2010年
圖2：1995年伸港濕地招潮蟹
圖3：2009年7月彰化芳苑海岸泥灘地生態
圖4：2011年3月彰化芳苑濕地與牡蠣養殖區

垃圾壓縮填海工程爭議

雖然垃圾填海工程叫停，但棲地已遭受干擾；政府事後發現錯誤，力圖補救，以臺灣招潮蟹
保護區改頭換面。但濕地經過這一番折騰，保育類物種已消失，生機回不去了。保護區入口
處的名稱，竟成為招潮蟹的墓碑，實在諷刺。

 1　2
 3　4
圖1：1990年彰化伸港
圖2：1996年彰化伸港
圖3：2010年彰化伸港
圖4：2017年彰化伸港

濕地群像

再見・蝦猴

近幾年來,每到了十月,東北季風逐漸增強的時候,總會刻意到彰化伸港海岸探望採捕蝦猴的漁人,瞭解當季前期的漁獲豐枯情形,這是以生物指標做為觀察環境變遷的依據之一。
2012年中秋節前夕,依約在泥灘地上與二位蝦猴達人會合,約二個小時之後,清點了合力採集的樣本數,只發現十隻左右。眾人決定就此收工,也等於宣告了蝦猴族群,已到了存亡危急的關頭。

2011年

彰化海岸蝦猴的學名是「美食奧螻蛄蝦」，分布於苗栗以南、雲林以北的海岸泥沙灘地，是彰化伸港、鹿港、芳苑海岸的特產。其生態習性偏好泥與沙的混合環境，食物以有機微粒、浮游生物、矽藻為主，繁殖期因個體差異性，約從九月開始，到隔年的三月分左右。當母蝦猴抱卵期間，因具卵膏與肥美，是漁民採捕的旺季，市場價格每斤甚至高達五、六百元，因此，採捕壓力相當大。

2006年3月，彰化縣政府鑒於海岸開發汙染以及過度捕抓，導致蝦猴棲地被嚴重破壞以及族群急速縮減，在伸港蚵寮海岸劃設「螻蛄蝦繁殖保育區」，面積約三十六公頃，並採取總量管制與個體大小的限捕規定。根據保育志工提供的資料：「保護區未設立前，每平方公尺的螻蛄蝦密度僅八隻；設立後，螻蛄蝦數量明顯回升，2007年初，每平方公尺的密度甚至增加到十五隻。」這是保育志工日夜共同努力的成果。顯示限制性捕抓政策與繁殖保育區措施，對於族群存續具積極正面效益。

但是，保育作為仍然無法抵擋海岸開發，以及水汙染的雙重衝擊。

2012年9月底，因海洋大學研究生想研究蝦猴寄生蟲的問題，我也為了瞭解蝦猴族群的現況，共同拜訪二位蝦猴達人——曾學老先生與蝦猴保育區班長林俊達，同時也請託協助採集蝦猴樣本。曾學阿伯直接了當地說：「現在沒有蝦猴了，水汙染太嚴重了，幾乎都滅絕了。」聽到他的回應，心都涼了半截。接著我們再問林俊達班長：「我前二週在保護區周邊的泥灘地上，花了三天也才抓到個位數。」這個答案更令人驚訝。

彰化北段海岸的環境衝擊，始於1979年彰濱工業區的開發計畫侵奪了海岸生物大片棲地，並改變了潮間帶的泥與沙的混和比例；接著是潮間帶被違法開闢魚塭，更讓近岸環境急速改變。1990年後，接續而來的破壞，是有害事業廢棄物違法棄置在河海岸高潮帶，以及垃圾壓縮填海工程。而最重的一擊，則是工業廢水汙染。

再見‧蝦猴

彰化海岸的蝦猴族群,因為消費需求增加、市場價格攀升,面臨機械化過度捕撈的問題。少數漁民以抽水機加壓水柱沖刮泥砂層,破壞蝦猴穴洞,讓其隨著泥水流進收集網袋,每日採捕數量從幾十斤到上百斤,但也讓幼小個體與其他生物一起陪葬。經過水柱沖刮的泥灘地,五年內幾乎無法再被蝦猴利用。機械化捕撈手段可說是「抄家滅族」,再加上「天翻地覆」地趕盡殺絕。

1930年代出生的曾學老阿伯，他說五、六十年來，家庭日常生活所需，包括小孩子的生養、教育、成家費用，都是來自伸港的泥灘地，也可以說是蝦猴、赤嘴仔、公代的功勞。看到海岸逐漸改變，水汙染愈來愈嚴重，不知這一片海灘還能存在多久？未來的子孫能否享受到新鮮的海味？

1 2 3 　圖1：2011年2月彰化伸港曾學阿伯在泥灘地找蝦猴
　　　　圖2：2011年彰化海岸殘存蝦猴
　　　　圖3：2009年抱卵蝦猴

1 | 2 | 圖1：1998年
圖2：2015年

鱟

鱟的演化歷史可追溯到三、四億年前，有「地球活化石」之稱，成鱟的平均體長約五十至六十公分，體重可達四公斤，通常要十年以上才具繁殖能力，繁殖期是在每年春、夏季，可見雄鱟伏於雌鱟背上共游，一起到淺灘潮間帶產卵行為。

當鱟的受精卵在潮間帶的沙穴中，約五十天左右的孵化期，幼鱟孵化之後，繼續在泥沙質淺灘生活，成鱟會移棲到淺海約二、三十公尺水深的沙質海床，到了繁殖期再回到潮間帶。鱟根據不同年齡期，選擇不同型態的棲息地。人類除了食用鱟的肉質以外，早期也會利用牠的外殼做成杓子生活用品，或製為標本、避邪象徵物，也有漁民會把剩下的內臟，拿來堆泡成肥料或當釣魚餌料。但目前最夯的是應用在生技產業，尤其是鱟血，已被研發為檢測體內毒素的試劑，其經濟價值更被譽為「藍金」，成為人類重要的醫學品項。

二、三十年前，在臺灣西部海岸尚可見到少數族群蹤跡，但以金門後豐港海岸的族群量最為豐富。不過，金門自1992年解除軍管之後，縣政府為了加速地方建設，大力發展觀光，公共工程和民間開發案如火如荼地進行。尤其，自1996年水頭商港分期開發之後，大規模填海造陸，水頭到後豐港的自然海灣消失，鱟族群失去最佳的產卵地。近年來，僅限金門浯江溪口的泥灘地上，還可觀察到幼鱟在退潮的泥灘地上覓食情形。不過，海漂垃圾、汙水的入侵，讓鱟僅存的繁衍地，環境日益惡化。

今後，鱟在金門的存在與否，可做為海岸環境變遷的指標，如果鱟在地球上活了四億多年，卻在金門消失了，顯示金門已重蹈臺灣西部海岸的覆轍。

陸蟹

凶狠圓軸蟹舉起大螯捍衛牠的泥灘棲地，牠是陸蟹家族裡體型最大的種類。

與牠相遇的時候，總喜歡趴在地上，模仿牠的視角，和牠玩一下子；但牠總會舉起大螯，想把我嚇退。這樣一來一回，可以盡情觀察牠的許多行為。陸蟹是海陸交界地帶的生態指標性物種之一，如果牠的族群減少了，或消失了，代表環境已被嚴重破壞。

譬如，每到陸蟹繁殖季節，陸蟹媽媽就會從陸地往海邊移動，準備去生孩子，在恆春半島的香蕉灣，以前可以觀察到許多陸蟹下海釋幼，當我蹲在潮池裡，等待陸蟹媽媽生產的畫面，想到牠們是歷經險阻而來，不得不佩服生物演化的美妙奇蹟。而二十幾年前，也在滿州港口溪海岸，看到中型仿相手蟹幾萬大軍，各自從海岸林爬出洞往大海移動，一眼望去都是密密麻麻的紅螃蟹，但目前的族群量，已減少了九成以上。

臺灣陸蟹逐漸消失的原因，除了棲地破壞、人為捕捉，還有路殺和黃瘋蟻危害等多重衝擊，每次在拍攝生物肖像的時候，心裡總默默祈禱，期望這不是你們的遺照……

寄居蟹

揹著貝殼在海岸行走的陸寄居蟹，全世界約有八百多種，在臺灣約可記錄到六十種左右。寄居蟹的演化與生活史相當奧妙，牠們的幼生期是在海裡生長，經過浮游期、變態、長成幼蟹之後，會尋找適當的棲地上岸，接著就開始與同類爭取各種貝類死後的殘殼。在成長期間，會因體型不同，必須不斷更換適當的「保護殼」，以尾部倒鉤著「保護殼」趴趴走。大約二年之後，寄居蟹的成體就能找交配對象。母蟹經過抱卵期，會再回到海岸潮間帶釋放幼生。當人類看上海岸美麗的貝殼，或者把寄居蟹轉化為活體寵物商品之後，寄居蟹的一生就充滿著坎坷。有時候是找不到「保護殼」，必須改揹著人類的廢棄垃圾，有時候被活抓之後，就進入市場任人類玩弄。寄居蟹族群的未來，充滿危機。

彈塗魚

生活在紅樹林或沼澤泥灘地，游水的姿勢笨拙滑稽，具水陸兩棲能耐，可運用濕潤的皮膚呼吸；特殊的胸鰭可撐起身體，還可攀附，或在泥地上爬行。最厲害的功夫，是用尾巴撐起身體在水面快速擺動前進。在潮水進退期間，就可觀賞到彈塗魚精采的彈跳絕技。

蚵農

潮來潮往的思索

2011年4月，從彰化芳苑海岸開夜車北上，下了交流道進入臺北城，雖然身上鹹濕的衣襟，還夾雜著淡淡汗臭與海味，但腦中的影像與心中掛念的，還是那「風頭水尾」偏遠漁村的未來。

還記得1997年2月間，王功地區的漁民為了保護海岸養殖區與水資源環境，以拚命、無畏的勇氣阻止東麗紙廠運轉。2009年5月間，中科四期的工業廢水，計劃從舊濁水溪排入海岸，福興、芳苑、鹿港的農漁民再度奮起，挺身保衛牡蠣養殖、農業生產環境的安全。當漁民們還忙著力抗毒水之際，緊接而來的危機就是國光石化通殺海岸與全民健康的開發案。

2011年4月

2010年10月，為了讓臺灣人充分瞭解石化產業的發展脈絡，能夠在正確的資訊與正反意見充分表達之後做出明智的選擇，個人協助公共媒體規劃一系列與石化業相關的節目，包括公共論壇、新聞雜誌、深度報導、紀錄片等不同類型電視節目，可說是臺灣媒體最完整的石化議題探討。

當公共媒體花費龐大的人力、物力，把電視攝影棚搬到地方，讓在地正反聲音同場呈現的時候，卻受到地方既得利益者嚴重杯葛，差一點就讓節目當場夭折開天窗。在與地方意見領袖溝通周旋的過程中，讓我深覺無力與訝異，沒想到盤根錯節的地方黑白兩道勢力如此深厚，這是偏遠地區的發展阻力，更是公民自主性的絆腳石。

但是，為什麼政府與財團都喜歡把高汙染性的產業與廢棄物推向海岸？我經常思索著，那一片海岸泥灘地的價值要怎麼表現，才能扭轉這些掌權者口中「不毛之地」的思維？又要如何才能精確地幫阿嬤、阿伯表達心中的擔憂呢？就算完成一部如此貼近生活的紀錄片，但真能喚醒一點點社會正義的回應嗎？

我看到「風頭水尾」地帶的農漁民、祖父輩們，如何立足海岸、承接東北季風的第一道強風；如何使用河川溝渠的尾水，澆灌貧瘠的鹽沙農地；如何想方設法掙脫貧困的宿命，以樂天知命、甘苦吞忍的堅毅，堅守家園。

每每想到七、八十歲的老長輩們，必須不辭車行勞頓的上街吶喊，滿臉風霜懇求掌權者尊重他們的選擇權，內心就一陣揪痛！政經利益的驅使，錢、權、暴力的盤根錯節，惡質地吞噬了基層聲息，也使得土地與生命的價值被輕估，海灘的未來想像被扭曲。

渺小的我們，真的無能改變龐大的政經結構？公義真是喚不回嗎？

於是，我再次默默對焦海岸地帶的眾生舞臺。

向天合十衷心期盼，能夠稍稍引導土地疏離的眼神；能夠讓大家看見，「退潮」之後，真實的生命脈動與平凡的庶民心願。

2011年洪火發

海陸地帶的生命力脈動

從2008年開始密集記錄芳苑的海岸環境與人文，在許多受訪者裡面，可概分為老中青三代。跟他們長期相處之後，確實讓我有點驚訝，也很感動。老一輩的受訪者，大多依循著自然環境的規律，海水退潮了就到泥灘地照養牡蠣；漲潮了，或天氣不好的時候，就在農田裡耕種。他們認為，只要這一片海、這一塊農地安穩地維持著，就不用擔心溫飽的問題。他們的想法，或者講出來的心聲，既簡單直接又富含深意；他們的願望，就是目前國內外保育組織所強調的永續經營的發展方向。我看到菁英倡議的學理，在農漁村，由老人真實地實踐了。

每當海水退潮的時候，我走在泥灘地上，經常遇到各種不同來歷的人，其中有些人幾乎每天會在泥灘地上相遇。

洪先生原本是在工業區上班的作業員，因為工廠外移失業後，一直找不到新工作，為了生活，就在泥灘地上撿些野生的牡蠣，再拿到市場上販賣。他跟我說，這一片泥灘地，就像是他的提款機，每天到灘地都會有收穫。還有另外一個例子，柯先生原本是經營小型鐵工廠的老闆，因為訂單愈來愈少，無以為繼，只好到灘地上協助養文蛤，這位老闆也在泥灘地上找到生機。臺灣的失業率，年平均大約5％左右；但我在當地發現，只要你願意，就能從泥灘地為核心的產業鏈裡面，找到賴以維生的方式；也就是說，只要這一片海岸環境能夠持續維持著，這

裡幾乎沒有失業的問題。再從另一個角度來看，這一片泥灘地等於是維繫社會穩定的基礎。在海岸地帶，我看到了「價值觀」的衝突，不同階層的人對於海岸泥灘地的價值認知差距很大。工業區開發者認為那是一片不毛之地，應該把它轉換為工業用地，既可以創造財富、增加就業機會，也可以貢獻地方稅收。當地農漁民認為那是他們世代生存的基礎，生存權與生命是無法量化的。大多數的公民，則認為這一大片泥灘地的自然經濟效益，遠超過工業區的產值。此外，我也看到政府的產業政策，悖離了《環境基本法》的精神，從地方到中央政府都想強渡關山，計劃大肆開發自然海岸，既違法也違背大多數民意，這是政府與人性的墮落。農漁民為了生存，為了活下來、活得光采，很認真地日夜打拚，有創意、也有幾分賭注；樂天知命、惜福感恩，這是臺灣基層民眾生命力的展現，臺灣就是靠這些拚搏的、善的力量不斷往前走。

我在現場受到感動與激勵，想要拍得更周全、更深入；因此，經常比他們還早下海、還晚上岸。有時候已經沒有光線了，還被村民們取笑，「你這樣還可以拍到什麼啊？」颱風期間，我在海邊頂著風雨，有一次就被老阿嬤告誡，要注意安全。我覺得，如果沒有豁出去，根本無法記錄到他們的農耕漁撈智慧，以及令人動容的樸實生活面貌。

牡蠣養殖關聯產業

從收集母殼、打殼孔、串母殼、採苗、分苗、移殖、除害螺、採收、洗蚵、牛車或拼裝車載運、手工「剖蚵」、清洗、包裝、冷藏、托運、批售、零售，以彰化牡蠣產業關聯就業人口來看，推估約二到三萬人。如牡蠣養殖戶，每戶平均二至四個人力，年平均收入約五十萬元以上至百萬元。

2008年09月大肚溪口濕地彰化伸港牡蠣養殖灘地

吃牡蠣救地球

吃牡蠣竟然可以救地球！而且養牡蠣比種樹，可能還更具固碳經濟效益。

2005年2月京都議定書生效之後，碳排放交易市場機制就逐漸活絡，濕地環境的固碳功能，更再度受到高度重視。以臺灣沿海濕地的牡蠣養殖產量來推估，平均每公頃約可產生二十噸的牡蠣殼；而牡蠣殼的成分99%是碳酸鈣，如再換算為二氧化碳的固定量，約為八‧八九公噸，而且是以更穩定的形態存在。

依據歐盟在2008至2012年碳排交易期間的價格，每噸三十美元來估算，臺灣沿海泥質灘地的碳匯經濟價值，平均每年每公頃約為台幣八千元，其自然經濟效益，甚至與山區造林相當。漁民利用濕地養殖牡蠣，消費者品嚐蚵仔的美味，都同時減緩了地球暖化的衝擊，真的是吃牡蠣也可以救地球。

鳥類

紙上濕地保護區

臺灣中部最富盛名的大肚溪口濕地,是學術研究、校外教學、生態旅遊、沿近海漁撈與養殖業的寶地。每個人面對著這一片寬廣的泥質潮間帶,看著千鳥齊飛、數萬招潮蟹競相覓食、漁民駕著載滿牡蠣的牛車,緩緩走過灘地,多會忍不住驚叫,這是一幅海角樂園的美麗圖像。

彰化大肚溪口濕地擁有河口草澤與海岸環境等棲地多樣生態系統,當海水退潮之後,灘地寬達五公里、面積廣達近萬公頃,因蘊含豐富的有機質,是底棲生物、魚蝦貝類的孕育場域,鳥類的覓食天堂,更是漁民養殖牡蠣與文蛤的優質撫育灘地。「國際自然資源保育聯盟

2003年

IUCN」曾將此地列為亞洲十二大重要濕地之一。近三十年來，歷經政黨輪替、經濟開發等種種踐踏破壞，這裡成為臺灣最多災多難的國際級濕地。

大肚溪口濕地所經歷的苦難，宛如臺灣珍貴自然海岸開發破壞史的縮影。1979年到1990年間，彰濱工業區歷經開工、停工、復工、無人進駐，造成臺灣最大的蚊子工業區。

除了因彰濱工業區遭致嚴重破壞，還有違法濫挖的魚塭區、全興工業區與臺中火力發電廠、台化公司的水汙染，以及有害事業廢棄物非法傾倒。但是，對於濕地精華區的最後一擊，則是1996年7月，彰化縣政府強勢推動的垃圾壓縮填海工程。雖然在1999年6月因勢停工，但大肚溪口濕地已被合法與非法、公部門與民間等各種荼毒行為所破壞。

中央與地方政府於1995年2月將大肚溪口濕地公告為水鳥保護區；三年後，提升為野生動物保護區；2006年，內政部更將其規劃為國家級重要濕地。然而政府為了順應保育團體的呼聲，以生態工法之名進行海岸景觀改造，反弄巧成拙讓尚存一息的濕地生態環境瀕臨潰敗邊緣。事實上，環境保育團體最在意的是自然棲地保護、移除不當的工程、清理有害事業廢棄物、取締違法養殖區，公部門卻以作秀式的工程或華而不實的計畫以對。

看到大肚溪口濕地上的各種亂象，印證了各種名目的保護區與保育計畫如果沒有確實施行與具體作為，以及公權力有效執法，充其量也只是個紙上畫畫、嘴巴說說的虛擬保護區。任何人或任何時間到大肚溪口野生動物保護區內，很輕易地就能看到與拍到各種違法亂紀的影像，這也反映出公部門無為的事實與不堪。

候鳥的「亞太轉運中心」逐漸消失

位於彰化縣西濱的大肚溪河口，擁有廣闊的沙洲和泥灘，蘊含豐富的有機質與底棲生物，每年都會吸引無數候鳥在此過境或渡冬覓食，尤其是四月分的「旺季」，單日最多曾有高達九千至一萬隻候鳥在此聚集，使得大肚溪河口成為候鳥每年遷徙時最主要的「亞太轉運中心」之一。

根據鳥友們的長期觀察，此地至少發現過二三五種鳥類，其中有二十五種被列為稀有保育類野生動物，包括黑面琵鷺、燕鴴、小燕鷗、彩鷸、蒼燕鷗，大杓鷸等。尤其是目前全球僅剩二千多隻的黑嘴鷗，每年會有二百多隻到此過冬，蔚為奇觀。這種生態多樣化的河口生態景觀，不僅在臺灣無出其右者，甚至還引起國際自然保育聯盟的重視，曾將其列為亞洲重要濕地之一。當時省政府農林廳決定在這塊二千公頃濕地上，規劃一座水鳥保護區（野生動物保護區）；不過，近二十幾年來，因為台電在大肚溪北岸興建火力發電廠，以及南岸彰濱工業區的開發，已逐漸改變河口生態，使得鳥類數量急遽減少。

黑面琵鷺

活潑優雅的大型涉禽，又稱「黑面舞者」。長嘴扁平如琵琶、身體雪白、頂戴黃羽，多為黃昏後覓食，以嘴巴掃水尋找食物。

東北亞小島與朝鮮半島是主要繁殖區，臺灣則是牠們最重要的越冬地之一。族群南北來回遷徙距離長達八千公里。因面臨瀕危壓力，每一小塊棲地，都顯得相當重要。

「2017臺灣新年數鳥嘉年華」的調查行動，共記錄到三四三種鳥種，鳥隻數量約三十二萬二千多隻。在一百七十四個樣區中，「高雄茄萣濕地」的鳥類數量位居全國第二，而黑面琵鷺就有一七五隻。「茄萣濕地」是鳥類在東亞遷徙過程中，相當重要的棲息環境，不過，這個國際級的濕地正面臨道路開發的壓力。環境保育與開發建設，再度考驗人類的智慧與價值觀選擇。

臺灣是一座動感十足的年輕島嶼，天候多變，地質脆弱。
島民見證氣候與土地的變貌，領受水土的脾氣，
有人試著尋求大自然的和解，也有人繼續與環境拼鬥。
唯有深刻瞭解環境特性，順應天地變化的脈動，將自然內化為DNA，
才能破解困境、安身立命。

天命

第五章

天 大 地 大 的 啟 示

●── 導言

天地不仁的島嶼災難史

動感之島

臺灣是一座動感十足的年輕島嶼,於六百萬年前蓬萊造山運動所形成。由於天生擁有不安分的靈魂,每年會搖晃震動個上萬回;人們在島上可以感受到的有感地震,每年更高達上千次。

臺灣氣候上屬亞熱帶,受海洋與大陸氣候型態影響,加上地形、地理位置特性,以及冬、夏盛行季風作用,因此,氣象變化複雜難測,颱風、豪雨、乾旱、寒流交相更替,甚至偶而還會出現破壞力強大的龍捲風。臺灣位於西北太平洋颱風的路徑要衝,平均每年會有三至四個颱風直接侵襲,是影響臺灣最為深遠的氣象現象。因地質與地理特殊性,避免不了颱風、豪大雨以及具毀滅性的地震等天然災害,島民必須學會逆來順受。

這麼多年來,穿梭在各個天災地變的現場,深刻感受到臺灣的脆弱性。2005年3月,世界銀行曾以地震、颱風、水災、乾旱等四種天然災害,針對各國的天然災害風險暴露進行評估,認為臺灣是地球上自然災害最為嚴重的區域,其中73%的人口與面積,同時遭受三種災害的威脅。

以世界銀行的評估結果,對照近二十幾年來天災人禍紀錄來看,印證了學者的警告與預示。中研院環境變遷研究中心前主任劉紹臣指出:「全球氣候暖化對環境造成劇烈影響,侵臺颱風降雨強度較五十年前約增一倍,未來臺灣非澇即旱。預估本世紀末侵臺颱風降雨強度至少會再增加二‧八倍,臺灣大部分山區都具土石流潛勢風險。」未來災害的大小、風雨的強度難以防範,但人要自覺先對環境做了哪些改變,以及是否瞭解災害風險的所在。2009年9月

至2010年6月間，行政院曾委託學術界進行二九一處山區聚落的安全性評估，其中屬於不安全的聚落有一五五處，顯見山居安全性應嚴加重視。

中研院地球科學研究所研究員汪中和也提出另一項警告：「根據2009年3月聯合國政府氣候變遷問題小組(IPCC)的研究，本世紀末，海平面將至少上升一公尺。據此推論，臺灣將會有一成的土地被海水淹沒。臺北盆地恐成內陸湖必須遷都，其中又以西部沿海鄉鎮市首當其衝，沿海海平面標高五公尺以下的地區，也不太適合居住。因臺灣海平面上升速度，比全球平均值還快，加上地層下陷等問題，將是受到海平面上升衝擊最大的前十名，政府及國人要有國土沈淪的心理準備。」臺灣國家災害防救中心在2005年進行淹水潛勢的研究，推估臺灣易淹水面積約一一五〇平方公里，包括臺北盆地、桃竹、彰化、雲林、嘉義、臺南、高雄、屏東、臺東、宜蘭等沿海低窪地區，都是淹水高風險區域。

輪番上場的災難

翻開臺灣氣象災害歷史資料，1959年的八七水災，是臺灣近百年來，傷亡最為慘重的水患。當時，艾倫颱風並沒有直接登陸臺灣，而是西南氣流帶來超大豪雨。地質先天不良，山林環境又受到人為不當擾動，引發洪水土石流，衝破大肚溪堤防，造成兩千多人死傷，高達三十萬人無家可歸。八七水災揭開了大自然反撲的序曲，環境災害接續而來。因此，官方與學術界把這一次的災難，當作環境過度開發，以及治山防洪缺失的警惕。小時候經常聽到村子裡的長輩們，講述當時逃難避災的過程。雖然對於颱風、水災、地震等災害情境，並不陌生，但直到有機會進入山區部落，親眼目擊天災地變的現場，才真實見證了自然界的無常。

土石與山為何移動

花蓮秀林鄉銅門村太魯閣族人，很早就從南投遷移到花蓮木瓜溪河畔的河階地，部落居民大都維持著農耕生活。1990年6月，歐菲莉颱風帶來一場豪雨，打破了族人山居恬靜的生活，當時部落後方山坡上小溪澗的土石，受到雨水沖刷之後，往山坡下流動，直衝部落，傷亡人數高達三十六人，部份族人更是被迫離開祖先的家園。

銅門村的土石流災害，牽引出臺灣山區水土脆弱的問題；但是山林環境的警訊，還是沒有受到重視，各地的山區道路與農地持續開闢。一百多年以前，曾文溪與陳有蘭溪的中上游，就有農民開墾。1970年代，新中橫公路分別自嘉義中埔與南投水里，向臺灣最高峰鞍部挺進；1980年代，公路分段完工通車之後，加快了農業上山的速度，原始林與造林地部分被改種檳榔、茶葉、高冷蔬菜，中海拔的林班地上則種了許多山葵。中部山區若在颱風豪雨的降雨中心，必定產生各種災害，成為全國焦點災區，更是我們經常造訪的紀錄熱點。

新中橫公路，就像一把利刃，刺向臺灣的心臟，劃開脆弱的山體；也像一條致命的引道，讓人們誤入危險境地。根據研究資料，山區道路開發所造成的崩塌面積，超過未開發區崩塌量的一百倍。1996年7月31日，賀伯強烈颱風挾帶著超大豪雨，在阿里山區單日降下高達1,748毫米的雨量，創下歷史新高紀錄，引發河川上游發生土石流，山區農民再也無法抵抗大自然的反撲力道，七十三人死亡、失蹤。賀伯颱風之後，臺灣大學地質系陳宏宇教授沿著公路進入土石流區，研究災害的來源。陳教授順手輕易地撥開公路邊坡岩壁上的石塊，為我們解說臺灣心臟地帶的地質特性：「出水溪是神木村發生土石流的源頭點，在出水溪源頭區的峭壁上緣，地質非常破碎，當雨水滲進這些不連續面破碎地層以後，整個岩層的土石，就很容易產生鬆散的現象；如果雨水或地下水壓繼續增加，不管石頭的大小，都會順著這些岩層裂面，整個脫落，沖刷到下游去」。

另一方面，我們也以地形圖對照土石流區的環境。出水溪上游源頭區，剛好被新中橫公路橫切而過。當地居民先前就已提出質疑，認為公路施工單位先破壞山坡穩定性，再把工程土石直接推棄到山谷，因此，當大雨一來，即引發上游土石泥流大爆衝，導致滾滾泥水混合土石、漂流木衝入神木村。地質脆弱、強降雨、環境人為擾動，人類為了生存，生活在此相對不穩定的環境，災難於焉產生！

賀伯颱風讓土石流成為人盡皆知的災害，政府順勢推出全民造林運動，大量興建防砂壩加強治山防洪，但部分工作缺乏完善計畫，有些地方是砍大樹、種小樹，反而破壞了山坡的穩定；有些防砂壩還成為災難的因子。南投仁愛鄉合作村前任村長周信傑表示：「濁水溪上游支流，叫德嚕灣溪，以前是一條很清澈的河流，即便下雨，河水還是很清澈的，水位也不會升太高。

2005年10月花蓮銅門村

後來因為建了防砂壩，土砂一直堆積，導致原本自然安定美麗的河流，都淤滿了砂。淤砂之後，整個河面就加寬，河流生態環境也完全改觀了。更慘的是，因為敏督利颱風帶來豪大雨的關係，防砂壩上游河床水位暴漲，直接沖刷兩邊山坡基部，當基部被掏空就會造成滑坡崩山，土石流危機也是這樣來的。」

雖然防砂壩的負面作用這麼大，進行河川整治時卻仍是主要工程項目之一。依據水保局的治山防災工程統計資料顯示，1996年至2016年間，全國各大小河川已蓋了兩千多座的防砂壩，還不包含上萬座的潛壩、固床工、丁壩等等，水土保持工程經費超過了兩千億。這一切還是無法抵擋雨水的侵蝕力道。

1999年7月29日，臺南左鎮山區連日降雨，引發小規模滑坡現象，導致台灣電力公司的一座超高壓輸電線鐵塔倒塌。這條臺灣最重要的南北輸電主幹線，斷線之後，立刻引發連鎖跳

電現象，造成約八四六萬戶全國超過八成以上的用電戶停電，全島立刻陷入民生、產業、國防安全的大危機。這是臺灣有史以來，衝擊最大的停電事故。臺灣大學地質系陳宏宇、洪如江教授，再度受邀到現場勘查災變原因。陳教授初步認為：「電塔地基的泥岩質很脆弱，土石中間的薄夾層屬黏土性質，因為受到經年累月雨水的沖刷、侵蝕，減弱了黏質、力學的強度，加上長期風化，到了臨界點，就可能產生滑坡災害。」

我們在倒塌電塔工地，觀察工人搶修情形；工地領班在崩塌現場，心有餘悸地說：「很少遇上類似的崩塌情形，五十年也還遇不到一次。有了這一次經驗之後，未來，不敢再選這種地形地質了！因為以前不知道這種地質遇到下大雨，就很容易發生山崩或走山的情形。」其實，臺灣的泥岩面積廣達二十四萬公頃，而泥岩的特性是遇水就會膨脹、軟化，但乾燥之後，就會脫水、龜裂，因此表層很容易風化、流失。同時，因為泥岩土壤含鹼性陽離子，裸露的表土也不利於植被生長。地質、地形與氣候之間的交互作用，必然發生種種不可預期的地變，這是臺灣的天命。

水保局曾委託學術界進行調查，臺灣西南部的泥岩裸露面積從1987至1997年十年間增加了三倍，顯示因地質脆弱，崩塌現象隨時都會發生；然而蓋在類似環境的公共設施卻比比皆是。臺灣氣候多變，山林水土環境更攸關平原地區的安危。

都會區淹水

2000年10月30日，臺灣北部受到象神颱風外圍環流與鋒面雙重影響，汐止遭遇嚴重水患。汐止永安街的積水，接近一層樓高。慈善團體只能駕著救生艇，挨家挨戶地傳送救急物資：「便當，來了喔，要便當嗎，要礦泉水嗎，有小孩子的優先，大家辛苦啦，食物與水不夠的話，稍微暫度一下。」永安街居民無奈地埋怨著：「1987年河水淹到二樓，後來，基隆河岸做了抽水站，是有改善了。但是，1998年開始，又淹得很嚴重，賀伯颱風、溫妮颱風，也淹到二樓，這次象神颱風更嚴重，淹到我們三樓了啦，這地方沒辦法住人了，真的真的很怕很怕啦。」當時的汐止長安里長周建忠也表示：「汐止有四十六個里，這一次差不多淹了四十個里，損失一百多億。」近三十年，大臺北的治水防洪工程經費，已經超過兩千億元，卻經不起大自

然的檢驗，部分居民只好無奈地離開熟悉的家園。

臺灣都會區淹水的主因，大多是土地過度開發，占用行水區、滯洪池。2001年7到9月分，接連三個颱風，讓臺灣全面陷入土石流與洪水圍困的險境，幾乎所有防洪設施完全失靈。7月初，潭美颱風的雨水，讓高雄都會區的許多大樓地下室，成了現成的滯洪池；7月底，桃芝颱風引發洪水土石流，中部山區居民的傷亡與經濟損失，比賀伯颱風還慘重；9月中旬，納莉颱風造成大臺北地區近百年來最嚴重的水患。

我們在內湖區東湖路，看到往日精華路段的商店街，猶如一道湍急的洩洪河流，有一位居民急著要回家查看災情，嘴巴叨念著：「水好急，好深喔，我就住在對面街道而已，繞了老半天，還是回不去。」短短三個月之內，看到臺灣從北到南，城市、山區接連遭受大自然的摧殘，心中有個疑問，大自然的氣候到底怎麼了？而集水區的滯水功能為何整個失靈了？難道真的只是堤防缺口惹禍而已嗎？沒想到，三年後，大河洪水再度指出人類的盲點所在。

2004年汐止水患

水患與乾旱交相逼迫

2001年有九個颱風影響臺灣，超過颱風年平均侵臺次數紀錄。9月分的納莉颱風狂掃全臺，帶來豐沛的水量灌滿各水庫，但是由於臺灣的保水環境已經被嚴重破壞，2002年1月相隔不到四個月，北臺灣水庫卻已經逐漸見底，還面臨二十幾年來最為嚴重的水荒。任誰也沒有想到，四個月前大家被水圍困記憶猶新，卻只因連續三個多月沒有下雨，水庫就無水可用。此時，北部縣市開始執行不同等級的限水措施，部分地區陸續發生搶水風波。

以新竹來看，新竹科學園區要求確保供水穩定；而正準備春耕的新竹地區農民，眼見灌溉水源不足卻優先供應竹科，更為火大，集結在水圳前，向水利署人員據理力爭：《水利法》第十八條，生活、農業用水優先，工業用水還排在第四順位，如需要農民休耕調用水權，就要先協調，不能馬上剝奪農民的權益。」因為工業與農業搶水風波，新竹縣長也到場關心協調。最後，農民成全工業生產的需求，桃竹苗農業區春耕稻作約一萬八千公頃休耕。從2002至2015年間，農民已因乾旱缺水，被迫辦理休耕七次，累計休耕面積已超過二十萬公頃。

事實上，旱災，是臺灣四大天然災害之一，每幾年會有個小乾旱，大約十年就會遇上大旱災的週期。雖然臺灣的年降雨量是世界平均值的二‧六倍，但以人均可分配年雨量，卻只有世界平均值的五分之一，是屬於嚴重缺水的國家。所以，臺灣人每次遇到大旱災的時候，總會有因應的新對策。1993年，因為雨量偏少，又沒有颱風帶來豐沛的降雨，導致許多水庫日漸乾涸，全臺遭逢大乾旱。當時，向來以「雨港」聞名的基隆市，因為新山水庫見底，嚴重影響民生用水，造成「雨港」有史以來首次面臨缺水枯旱危機，市民認為政府無能因應，紛紛怨聲載道。9月間，基隆市長只好遵循道教科儀，在文化中心前設壇祭拜，披麻帶孝、穿草鞋，焚香跪拜乞求天神普降甘霖，試圖平息民怨。這也是我第一次看到地方首長在高度科技文明的現代社會，以如此隆重又帶點諷刺的魔幻行為求雨。不過，地方輿論指出問題癥結與根本解決之道，必須從保水環境的管理，以及水資源的調度下手。要向老天求助，不如先自助吧！否則，不管水多或水少，都會是一場災難。

2004年8月，敏督利颱風在中部山區造成相當嚴重的大災情；事隔不到一個月，艾莉颱風接

續來襲。臺北捷運由於工程疏失，導致淡水河洪水倒灌進三重市區，號稱可以抵擋兩百年洪水頻率的堤防，還是破功了。我們站在三重區的臺北橋頭，看到消防隊員站在路面上湍急的河水中，正在標圍安全封鎖線，消防員說：「要先封鎖起來，盡量不要讓人行走。現在淹水深度，接近大腿這邊，目前是有慢慢在消退，只是沒有退得那麼快。」

艾莉颱風離境之後，我們再度到桃園災區。我想，當地人對於雨水的感受，應該是愛恨交加，雖然部分人的家產仍泡在雨水中，卻已連續半個月沒有乾淨的自來水可用，因為石門水庫的水質濁度過高，自來水廠無法運轉送水。近幾年來，只要連續三個月不下雨，水庫水位就會下降，幾乎無水可用；但下場豪雨，市區就可能會淹水，還會因為水濁而缺水。北部居民在短短二、三年內，先後飽嚐旱災與洪水的煎熬，但這已是臺灣的常態了！

災害裡的人

山居的挑戰

南投仁愛鄉合作村賽德克族人，很早就遷移到濁水溪上游的河階地，過著簡樸生活。近二十年來，族人為了改善經濟，租讓了部分土地，供外來蔬菜商人耕種，而菜商挾著資金優勢，動用重機械整理山坡階地，甚至延伸到稜線，進行大面積耕作，導致部分敏感坡地已產生質變。賽德克族人為了信守祖先的托付，堅守部落傳統領域與文化，卻必須一併承擔外人破壞水土環境，以及氣象災害所造成的困境。2004 年 7 月 2 日，敏督利颱風引進西南氣流，帶來超大豪雨，持續兩年的枯旱危機，立刻解除；但是被過度利用的脆弱山坡，卻經不起豪雨的沖刷。

當時我們接到災情訊息之後，翻山越嶺，好不容易才進入合作村，得以近距離觀察村民的困頓，也剛好看到支援災區的醫生，正為長年臥病的老阿嬤急救。老阿嬤以前有中風史，昏倒在自己住家的後院，亟需送到平地的醫院。因為道路中斷，醫療資源匱乏，合作村民只能合力就地取材，以夾克外套、竹竿，緊急做了一個簡易的擔架，準備擡阿嬤到救護後送接駁點；吳村長也以無線電，嘗試聯絡外界尋求支援：「是不是能夠派遣直昇機，病人已經腦中風了，

要緊急治療，速度太慢的話，可能休克導致死亡，請盡快給我們安排救援，好嗎，請回答、請回答、請快給我回信。」村長急促的求援呼喊聲，迴盪在破碎的山谷中。因為天候狀況，最後還是只能用救護車接駁的方式下送，其中有一段大崩塌地，要用人力爬行穿越，同時要注意崩塌面的落石，腳底下的堆積層也很濕滑、鬆軟。最後，我們跟著救護車的救援路線，離開合作村，轉往臺中梨山地區，想瞭解當地農民歷經多次災難之後的想法。

農民生計與公共利益的拉扯

在進入梨山聚落之前的中橫公路三叉路口，看到正在清理客廳土石的災民，我們隨即進行瞭解。

記者：你們有分析過是什麼原因造成這麼嚴重的災情？

梨山居民：就是福壽山的開墾問題，因農場先挖掉果樹，再把坡地租給人家種菜，土太鬆了嘛，一下雨，土石就滾下來了啊！

記者：有去跟他們反應，不可以這樣做嗎？

梨山居民：他們是公家機關，老百姓去講也可能沒有用啊，像一整個山頭，硬是被剷平種菜，原來那些山坡也有樹林耶。我認為那些坡地已違規、超限利用，應該是違法的啊，你看雨水就從農場上方溪溝灌下來。華岡四區、五區，本來也是果園，山坡地還會涵養水分，但現在被挖掉，坡地土壤一年要翻鬆三遍才能種菜；但含水土層翻鬆了，山就崩了。真的是過度開發、太過分啦，不應該的啦，林務局、農業局的人，怎麼都沒有立即取締，為什麼？

1990 年 4 月間，因連日豪雨，造成梨山地區發生大規模的地層滑動現象，災害面積廣達二三〇公頃，政府已耗費巨資加以補強。但梨山地區中橫公路邊坡的土石，還是經不起雨水沖刷，不斷滾落到大甲溪中上游的河床上，導致溪流危險度提高，危及中下游居民的安全與水資源環境。政府決定暫緩完全修復中橫公路以及部分山區農業道路，但中橫沿線居民極力反對。

我們在公路旁就近訪問唐錦雀女士，她是臺中和平鄉梨山地區的果菜運輸業者。

記者：政府建議你們遷村，你們的意見是如何？

唐錦雀女士：遷村是不可能，因為梨山也是各地包商、農民，從外地來這邊討生活，不是只有本地人而已。梨山也算是另類的工業區，它形成一個關聯產業鏈，很多人必須依靠梨山的各種工作謀生活，如果真要遷村，有些人真的只能去當乞丐，我沒有騙你。

農民與居民的苦衷，點出臺灣國土規劃的爭議。為了進一步瞭解中部山區的開發現況，我們租用直昇機，以鳥瞰紀錄方式，沿著大甲溪從河口往上游飛行。我們看到松鶴部落就位於土石流出口的河階地；大甲溪谷關河段行水區上的度假飯店，難逃土石淹沒的命運；中橫公路青山路段已嚴重崩塌，是道路不當開挖的必然結果；再看到德基水庫集水區山坡地，超限與違法開發問題依然嚴重，農民生計與公共利益仍持續拉扯。

轉往福壽山農場的高冷蔬菜區，在烏溪流域上游的坡面，出現嚴重崩塌與滑坡現象；而濁水溪流域的清境農場與休閒農業區，目前仍持續發展中，未來問題可能將遠勝於梨山。丹大林道沿線幾個高冷蔬菜區，是政府推動國土復育的指標區，目前造林成效仍不是很理想。臺灣近二十幾年來的造林經費，可能已花了近千億，但是超限利用的山坡地，依據林務局1985至1988年的航測資料顯示，已高達五萬八千多公頃；再以水土保持局1992至1999年之宜林地及加強保育地清查資料來看，超限利用的面積仍高達三萬四千多公頃。看過大甲溪、烏溪、濁水溪等三條大河上游的開發情形，對於農民生存權的思維更加清楚，中高海拔山區的山林復育工作，需要更多溝通、體諒與多元思考，方式也要更加細緻。

地震震出草嶺潭

臺灣山區因地質脆弱的特質，水土環境處於不穩定或經常變動的狀態，如果受到強大外力誘引，必然造成大災難。1999年9月21日凌晨1點47分，臺灣人經歷了一場百年大地震，災區面積橫跨中西部六個縣市，尤其，車籠埔斷層帶之地表破裂達一百多公里，土地最大位移

量達九公尺，隆起高程也超過八公尺，沿線區域土地擠壓變形，災情相當慘重。全國受災民眾，將近五十萬人；震災中傷亡的人數，更高達一萬三千多人；災民財產損失，約三千四百多億；山林崩塌面積，廣達一萬一千多公頃；全倒及半倒的房屋，超過十萬六千多戶；各類型公共設施更是嚴重受損。九二一大地震，凸顯活動斷層的危險性。而橫亙全島的活動斷層帶，可能超過五十一條，山區土石尤其處於鬆動不穩定的狀態，更經不起風雨的侵蝕。臺灣山林環境，猶如埋下一顆顆不定時炸彈。

九二一大地震之後，草嶺地區發生大規模的滑坡崩塌災害，大量土石崩落在清水溪河道上，形成一道阻水土牆，河水慢慢回淤之後，就出現一座長達五公里的大型堰塞湖；這也是自1861年，一百多年來，草嶺潭第四度出現的奇景。當地居民在地變中，無奈地找到一條新的出路。

當草嶺潭剛形成的時候，部分村民看到草嶺潭未來的可能性。我在湖邊，剛好遇到古坑鄉民廖偉智先生，他跟我聊了一下新構想。

記者：你有聽說，村民現在準備要利用草嶺潭發展什麼樣的事業嗎？

廖偉智先生：做什麼事業喔，建造竹筏環潭一日遊啊，就像日月潭一樣，日月潭周邊的人，也是靠那潭湖水在生活。前幾天，嘉義縣梅山鄉瑞峰村的人，已經在草嶺潭放了二、三萬尾的魚苗，有草魚，還有大頭鰱，這些魚種的成長速度很快，以後，草嶺潭不只是有休閒業而已，養殖業也可以很蓬勃發展。

接著我順著湖邊小路，真的找到一家環潭竹筏業者，也詢問搭船進入草嶺潭的行情。

記者：現在要搭船游湖的客人，都是怎麼收費？

竹筏業者：如果是套裝行程，坐竹筏是收三百元，坐小廂型車到崛畓山大崩塌災害點，收兩百塊。我們是司機兼導遊，介紹地震崩塌區的災害範圍，曾經有多少人受難，都會詳細介

紹，客人才會覺得值回票價。草嶺潭的水位還會再升高，因為河水就是從阿里山的上游流下來的，所以，草嶺潭的水是零汙染，很乾淨、最讚的就對了，搞不好，以後還可以做為人的生活飲用水源。

根據歷史文獻記載與研究，草嶺潭現形與消失的現象，一百多年來已發生四次，我想，環境變遷的速度，永遠超出人們的算計。2004年10月，我再度回到草嶺潭，這一次同樣是找廖偉智先生幫忙帶路，但很不一樣。我們是站在乾枯的河床上，他一臉苦笑地說：「經過了桃芝、納莉，跟敏督利颱風之後，因為土石大量淤積，草嶺潭完全消失了，變成一個相當大，很壯觀的乾河床沙洲。我們這邊的旅遊業者，已經又找到新的觀光賣點，準備推出沙灘舟、類似海灘的沙灘車，也可以讓客人體驗越野風情，這是未來相當不錯的遊憩方式。我們草嶺人是很厲害的，都有辦法把天然災害或環境的缺點，轉變成優勢的觀光資源來經營。」

1999年9月雲林草嶺潭

地層下陷地帶

山區居民在天災地變中，不斷摸索應對方式，為了在艱困環境中生存，他們堅忍拚搏的精神，令人敬佩與不忍。而沿海居民，在偏遠、貧瘠，逢雨必淹的鹽分地帶，也同樣練就一股驚人的適應力與韌性。2005年6月初，因為受到鋒面滯留的影響，南部持續降下豪雨。當聽到沿海地區又淹水了，我們就連夜趕到低窪的村子裡，瞭解災情。

黑夜的大雨中，車子緩慢行過積水道路。一心想快點進入村莊，卻因低窪路段積水過深，滿過汽車排氣管，車速又起不來，一不小心，採訪車在水中熄火了。村民們看我們在水中推車的狼狽樣，除了鼓勵我們，也叨念著心中的感慨：「這裡淹水三天了，積水都無處消退。」看到村民枯坐在滿是黃濁汙水的客廳中，十幾年來，同樣的場景，同樣的災民，問題愈來愈嚴重。1990年，嘉義東石鄉網寮村淹水長達三十九天。十五年了，這十五年來，淹水災情為何一再重演？

我們在西南部淹水區間穿梭，一一探尋災禍的源頭。連續豪雨、區域排水系列的整治與管理不善，是水患主因。在雲林羊稠厝大排水溝的水閘門前，看到口湖鄉漁民許鎮岳，正在監看水門修復進度。利用空檔，請他談談水患的原因。

記者：阿伯，這次的水災，怎麼淹得這麼嚴重？

許鎮岳：因為水門自去年度就壞掉，請鄉公所找人來修理，說沒有經費，一直拖，拖到大水來了，水門開不了、水堵起來了，排水溝塞死了，才臨時來搶修，早就來不及了。

水閘門壞了，導致淹水。抽水機故障，也會造成淹水災情。在雲林下箔子寮聚落，我們找到抽水站的管理員林仁山，請教他有關抽水機的問題，他說：「這裡的水太多了，因外圍的堤防也潰堤了，導致水都往比較低窪的地方過來，而下箔子寮就只靠一臺抽水機，當然來不及抽，水也淹過機器，整組壞掉了。」從下箔子寮的例子來看，顯然就算蓋了堤防、設置抽水站，如果雨水量過大，也無法保平安。

口湖鄉蚵仔寮村民李崑崙認為：「每次只要下雨，都會淹水，就算外圍有堤防，每隔幾年也會有幾處潰堤。不敢確定跟地層下陷是否有相關，但沿海的地層，確實一年一年地一直陷下去。」沿海地區水資源不足、產業與國土規劃不當、公部門缺乏配套措施，導致農、漁業、民生、工業用水競相抽用深層、淺層地下水。各方超抽地下水的結果，就是地層下陷。全國土地下陷面積，已經超過平原地區的十分之一。

天災難防

2005年3月，世界銀行認為臺灣是自然災害最嚴重的區域；另外，全球溫度也有逐漸升高的趨勢，並且與人類活動有關。氣候暖化，導致颱風、水災、旱災等氣象災害的發生頻率與強度，持續增加。臺灣為了降低災害損失，除了整治區域排水，還想辦法提高河海堤防圍堵外水，增加抽水機組排出內水，把自己圈在一個以工程手段控制的防災系統內。但民眾對於政府每年花費上百億經費所做的防洪設施，顯然沒有信心；每次颱風警報一發布，就會努力嘗試各種防災自救方式，例如沙包就立即成為都會區的搶手貨。我們在臺北市的街頭，還曾看到政府官員拿著麥克風，鼓勵大家發揮自力救濟的精神，拯救自己的家園：「如果沙包數量不夠，用泥土或者適當裝置，也能夠發揮一定的功能。」有位旅館經營業者在索取沙包的空檔表示：「颱風警報一發布，第一件事，就是趕快把沙包準備充足，尤其地下室不能再泡水，要不然整間飯店就沒有辦法營業了。」

城市居民以沙包保衛家園，沿海地層下陷區的居民，則墊高建築基地，或準備好膠筏當交通工具，把怕水的家具用品全部架高。山區居民的防災方式更麻煩、又無奈。像梨山地區的居民，完全是看老天的臉色，決定生存方式：「重要的東西不要擺在山區，你如果看到溪溝上的水量已經很大，而大雨又持續下著，你就要跑了。或者聽到颱風警報的時候，隨時就要趕緊撤走。」

不同地區居民，自有一套因應災害的經驗。但是，治標性質的防災工作，往往無法應付詭譎多變的自然天候。自知天災無法避免，人禍又無力嚇阻，要繼續留在開墾地，面對頻繁颱風、豪雨、地震與土石流的挑戰，只能祈求上蒼憐憫。

苗栗苑裡鎮廣闊肥沃的農田，是當地先民利用大安溪的沖積平原，歷經一百多年的經營，築堤防、蓋水圳、填泥土，才逐漸完成的。但在1943年間，因為大安溪堤防潰決，造成上千人死亡，當地後代子孫，為了感念先人以及祈求大安溪神的庇祐，每年農曆7月29日，會在大安溪堤防上，擺設香案供品，舉行普渡儀式。

在堤防上，看到臺中農田水利會的委員們，雙手合持著清香，祈求自然界的庇祐：「大安溪的河神、普渡公、好兄弟，我們燒了大批的金銀財寶給你，希望你能保佑保佑我們大安溪這裡的水量，讓農民好耕田，平安順事、國泰民安，大家好過年，大家好過日。」大安溪的堤防雖歷經幾次整建，但人們深信大自然的力量是無法依工程方式去對抗的。以敬畏的態度虔誠祈禱河神庇佑，將堤防、田園產業的未來交給河神，這似乎是最後的精神寄託。

2009年8月高雄甲仙小林村

迎向複合型災害的年代

2009年8月6日，莫拉克颱風挾著驚人的持續性強降雨，一連四天降下超過全年的平均雨量，無情襲擊南臺灣，土石流重創高雄甲仙、六龜、那瑪夏等山區部落。莫拉克風災造成全國兩千多人死傷，受災範圍廣達十一個縣市，受災人數約510,668人，堤防潰決有三十一處，一四五個鄉鎮市淹水，面積廣達83,220公頃。初估災害與經濟總損失約兩千億元，這還不包括受災民眾的身心傷害、重建、減稅、社會成本。「莫拉克颱風災後重建特別條例」就以舉債方式編列了一千兩百億元的重建經費。

為何莫拉克颱風造成如此巨大的災難？經過各方探究致災原因，確實相當複雜，難以下一定論。我在第一時間深入災區，觀察到雨水是啟動災難的因子，加上地形、地質、環境利用型態、風險概念等交互影響，導致大規模複合型災害。

地震造成山區土石鬆動；雨水讓大量土砂堆積在山谷、河川上游；如果山區森林系統被破壞，水源涵養能量降低，一旦山區出現持續性強降雨，裸露的坡地、山谷河川土石，就會被帶往下游，淤積墊高河床，讓湍急河水漫流、河床加寬，兩側山坡基部受到沖刷侵蝕，造成新崩塌點，為河川添加土石流能量；如再混雜倒木、大型石塊，就可能在河川狹窄或轉彎處，形成堰塞湖。當堰塞湖水量壓力超過臨界點，沖出缺口，則會形成具爆發力、破壞強大的崩流大洪水，一舉衝垮下游堤防，進入沿岸低階的河階地、村莊；尤其，當雨水量已超過防洪標準，城市區域或沿海低窪區域，更無力抵擋雨水、洪水的肆虐。

臺灣目前已然進入複合型災難的年代，颱風、強降雨、洪水、土石流、旱災、地震相互交錯，讓我們見證島嶼的氣候與土地的變貌，領受水土的脾氣。看到臺灣人在動感十足的土地上生活，有些人試著尋求大自然的和解，也有人繼續與環境抟鬥。在短暫的輸贏輪迴之中，有人滿足了欲望，也有人被氣象災害擊退，繼續在島內遷徙。從這十幾年來的天災人禍紀錄來看，我想，唯有深刻瞭解臺灣的環境特性，順應天地變化的脈動，將自然內化為自我DNA，與自然共存，而非對抗，從中累積生存的智慧，才能破解困境、安身立命。

●──專題

抽絲剝繭解開水患之因

災難的呼喊聲，導引獵奇傳媒的目光；但肇禍的因子，才是島嶼子民急欲探索的焦點。根據淹水區的觀察，除了梅雨鋒面連續降下豪雨之天然因素以外，事實上，人禍才是沿海地區淹水的主因。

從大環境來看，政府的產業政策，沒有考慮臺灣整體環境的承載量，導致需求與自然資源供給面失衡。以水資源的經營管理問題為例，除了集水區的環境遭到嚴重破壞，影響涵養與蓄水功能；部分耗費大量水源的工業，又將中下游的河川給汙染了。另一方面，政府沒有為沿海地區解決農業與養殖用水不足的問題，民眾為了取得淡水，只好採取自力救濟的方式，從生活用水、農業灌溉、水產養殖，大都取用淺層地下水；部分大型工業用戶與公共給水，更長期超抽深層地下水，導致平原地區約十分之一的面積，發生地層下陷，部分地區地面，已經遠低於海平面。

低窪面積日漸擴大，政府防範淹水的方法，是採取圍堵手段，也就是把雨水分區圍堵，再以機械抽水方式盡速排出。譬如在村莊聚落周圍先蓋一圈小型排水溝，目的是不要讓外圍的雨水竄流到聚落內；而聚落內的雨水，就由小排水溝引流到各村落之間的中型排水系統，再由中型區域排水溝連結到大型區域排水；各大中小型排水溝之間，平時由水閘門控制水的進出，大型區域排水到大海之間的防潮閘門，則由專人管理，每天依照潮汐漲退潮時間，各開關兩次。

出現豪雨時，若超過小型排水溝的負荷，又無法自然匯流到中、大型排水系統，就由機械抽水站接手。萬一抽水站的能量不足或故障，或是水閘門控制失靈，抑或層層圍繞的河堤出現

1997年8月8日高雄岡山嘉興里水患

缺口與溢堤，都將無法確保居民的身家安全。

從歷年水患紀錄來看，這一套防洪區域排水設計，已證實當地居民的擔憂。一一檢視這些排水設施，除了部份工程涉及舞弊，以及溝渠水泥化破壞水域生態以外，還發現有些排水設施出現設計、管理、維護、運作不當，影響排水功能之情形。

此外，因為地方基礎建設欠缺大區域的規畫以及大地透水概念，一味急著想把雨水往外排

掉，水泥、柏油路面充斥，阻斷了雨水自然匯流的方向，讓雨水無法滲入地底，補注地下水；同時還縮小河川排水斷面，加速地面水的逕流量。當中上游的地面水全數匯流至下游地區，有些中大型排水溝無法負荷，就可能出現潰堤或河水溢堤現象，造成沿海低窪地區的積水排不出去，形成雨水、河水或海水，內外水三面夾攻聚落的局面。

從歷年來沿海地區的水患歷史紀錄來看，河海堤防與抽水設備並無法完全避免淹水危機；尤其沿海地區因過多的防洪設施，形塑出安全的假象，反讓人們對於災難的預防心態因此鬆懈，導致因應災難能力降低。

1990年8月楊希颱風造成嘉義東石鄉網寮村淹水39天

從「氣象災害」
到「天災地變」備忘錄

1990年06月22日	歐菲莉颱風：花蓮銅門村嚴重傷亡・土石流
1990年08月18日	楊希颱風：雲林嘉義水災
1990年09月06日	黛特颱風：花蓮紅葉村・山洪爆發
1994年08月07日	道格颱風：南投廬山溫泉區・山洪爆發
1996年07月29日	賀伯颱風：南投新中橫沿線・山區道路過度開發
1997年08月18日	溫妮颱風：林肯大郡・順向坡地層滑動災變
1999年09月21日	集集大地震：規模七點三級・臺灣中部百年大地震，斷層帶風險
2000年11月01日	象神颱風：大臺北區・河水氾濫
2001年07月30日	桃芝颱風：攔腰貫穿切過臺灣中部山區，南投與花蓮傷亡慘重
2001年09月16日	納莉風災：大臺北區・都會區水患
2004年07月02日	敏督利颱風：臺灣中西部山區・大甲溪流域・山洪爆發
2004年08月25日	艾利颱風：新竹五峰桃山土場部落・山崩災害，三重市區淹水
2008年09月14日	辛樂克颱風：廬山災情・山崩土石流
2009年08月08日	莫拉克颱風：百年超大豪雨・深層崩壞
2015年08月06日	蘇迪勒颱風：北臺灣
2016年02月06日	高雄美濃地震：臺南嚴重災害・土壤液化

颱風與水患 ｜ 海岸線

圍城 v.s. 危城

2012年6月18日，中央氣象局發布泰利颱風與西南氣流可能帶來大豪雨。沙包、活動組合式防水閘門，以及移動式抽水機成為最熱門的防災物資，甚至可用搶破頭來形容。前一週，臺灣各地才剛遭遇梅雨鋒面豪雨的災情，因此，上自總統、再到地方政府、一般民眾，無不「料敵從嚴」；頓時，臺灣彷如是一座大危城般，嚴陣以待「怪颱」的襲擊。

2005年612水患，雲林口湖鄉蚵寮村積水不退

泰利颱風侵襲臺灣的前期，適逢大潮，西南沿海地區已出現零星災情。19日清晨，臺南七股頂頭額汕沙洲南端之曾文海埔地堤防發生潰堤危機，海浪挾帶著泥沙與漂流木直衝魚塭區，河川局緊急以大型沙包與消波塊進行搶修。

到了早上，北門海埔地堤防也出現潰堤現象，缺口甚至比曾文海埔地堤防的破口還大，軍方動員加入圍堵海水入侵的作戰。位於嘉義布袋的好美寮沙洲，在此期間宣告失守，沙洲南端被沖開一道侵蝕面，海水潮浪直接越過沙洲，進入潟湖區猶如新潮口。

20日的早上，布袋鹽管溝的水位已高出市區路面約一・五公尺；緊鄰廢棄鹽田的堤防，出現溢堤現象，布袋居民急切要求增加移動式抽水機。當鹽管溝的水壓持續升高，水泥牆面裂縫出現滲漏水現象，部分居民開始在家門口堆置沙包，準備迎戰潰堤的危機。

臺灣地體的脆弱性，以及氣象災害頻傳，不是最近百年才有。但是，泰利颱風與西南氣流的雨量預測資訊，總讓臺灣人繃緊神經，盡可能地在自家安裝活動組合式防水閘門；如果經費不足，會以簡易沙包代替，形成第一道保命圈。而社區、聚落也有一道小區域防水牆與抽水系統，想方設法地把雨水排入中小型排水溝，這是第二道治水救命圈。第三圈，就是仰賴高強度的堤防與大型抽水站來保家衛國。

經常被人們忽略的，還有一道由沙洲、潟湖、海濱植物、防風林所組成的多層次地形，具消波、防浪、防風、蓄水、疏洪等多重功能，這才是臺灣西部海岸最堅強穩固的自然堡壘。然而，近二、三十年來，這些自然護體已持續被人為侵奪、破壞。

目前，政府已先後投入約三、四千億的治水經費，民眾也自掏腰包來補強居家身命安全的措施，猶如贖罪券般。如果，我們沒有改變國土分區利用的思維與生活價值觀，這一張張的贖罪卷，恐怕仍是無底洞。

1｜　圖1：2005年6月612水災
2｜　圖2：2005年6月612水災

雲林口湖

升與陷

根據聯合國氣候委員會的第五次報告，從1902年至2010年間，全球海水位上升18.36公分。
臺灣因地層下陷與海水面上升，影響雨水與洪水的宣洩，遇雨成災已成常態。

1｜2｜3　圖1：1990年8月嘉義東石網寮村楊希颱風
圖2：1990年8月連續淹水39天
圖3：2005年6月12日水災再度淹水

嘉義東石網寮村

心聲

1990年8月18日楊希颱風來襲時，因台鹽事業專用海堤潰決，造成海水倒灌，東石鄉網寮村一片汪洋。迄9月下旬，近四百戶、兩千餘位居民無法安居，生活環境品質更是惡劣；村莊因連續浸泡海水中長達三十九天，部分村民已染患皮膚病，嚴重影響生計。

網寮村民在無計可施之下，只好北上親赴立法院、經濟部請願。但經濟部官員、台鹽公司以及受災村民，對於潰堤淹水的原因各自堅持不同看法。公部門認為村民超抽地下水用於水產養殖，導致地層下陷，才造成堤防坍塌；村民則認為是台鹽事業堤已年久失修，無法抵擋颱風強浪而潰決；而水利單位長期抽取海岸地區的深層地下水，也是造成國土「淪陷」的原因。客觀來說，這三項原因都有相互加乘的效果。為今之計，政府短期內除了加強海堤維護、在村莊增設抽水站之外；中期應協助西南部沿海地區的養殖漁民，取得淡水資源，以及輔導轉型海水養殖；長期而言，更應以國土保安、分區使用的觀念，進行產業規劃與升級，才能因應氣候變遷的衝擊與減緩災害的惡性循環。

1
2

圖1：1990年楊希颱風
圖2：2005年612水災

十五年如一日

每一次，颱風警報一發布，總是率先關注全國低窪地區的水情狀況。2005年6月中旬，中南部接連幾場豪雨，造成許多歷史災區再度遭受淹水之苦，我們立即趕赴嘉義沿海記錄災情。當我到達網寮村，在現場拿出1990年的照片進行攝影角度比對的時候，有位年輕人抱著小孩，靠了過來，一起觀看淹水照片。突然間，年輕人大叫一聲：「哇，那是我小時候的照片耶。」啊！我有點驚訝地看著他，心中想著，你小時候泡在海水中長達三十九天，十五年之後，現在你的小孩，還是面臨淹水困境。當時的心情是相當複雜、難過。

1｜　圖1：2001年納莉颱風
2｜　圖2：2005年612水災

嘉義圍潭村

出不去的水

納莉颱風期間，拜訪嘉義圍潭村，村民說：「淹水三、四天了。這些積水，還混雜著受汙染的髒水，每天涉水，腳泡太久會很癢、腳指頭也破皮了。因為圍潭屬於下游地區，上游的水都會竄流到低窪區，但當地一直沒有設抽水站，原有的排水路也全部回堵塞住了，所以水出不去，希望政府趕緊幫村莊做擋水牆與抽水站。」這是2001年間，圍潭村民泡在水中的期盼。到了2005年，淹水問題還是依舊。我們站在圍潭村的積水中，再一次，聽到同樣的質問與不平。圍潭村民說：「村莊的圍堤做完之後，抽水站卻沒有做，變成雨水被圍在村莊裡面，以前是外水，現在是內澇。因為大排水溝的水位已高過村莊，如果不借助抽水機，村莊裡的積水，無法自然排出去，雨水下多少就積多少，村莊當然就淹水了。」

雲林・嘉義

神明也無奈

臺灣西南沿海低窪地區的防洪設施，主要還是依賴堤防與抽水機。如果大型抽水機故障，或者堤防與水門失靈，就會造成嚴重水患，就算神明也很難完全確保平安！

1| 圖1：1997年8月水災
2| 圖2：2010年9月凡那比颱風

高雄岡山嘉興里水患

雨後積滯

當工廠與聚落在地勢低窪區逐漸擴展之後，如果排水設施無法因應驟降的豪雨，就可能形成滯納各方雨水的天然窪地。

1 圖1：2009年8月11日
2 圖2：2009年8月13日

屏東高樹新豐村

荖濃溪潰堤，高灘地回歸水路

因莫拉克颱風挾引的龐大雨量，造成山區土石流、洪水爆發。當荖濃溪與濁口溪匯流，強大洪水衝破了溪床護岸，沖垮了舊河床高灘地開發的聚落、田園，再度回歸老天爺的水路。

1|　圖1：2012年8月蘇拉颱風，宜蘭壯圍居民看著積水漸
2|　　　漸升高，擔心淹進屋子裡
　　圖2：2012年8月蘇拉颱風，宜蘭五結

宜　蘭

過度開發

宜蘭部分低窪地區，如遇豪雨可能因排水不及，造成水患。自雪山隧道通車之後，具滯洪功能的農業區，更面臨過度開發的壓力，導致颱風豪雨期間的淹水風險也提高了。

1995年雲林口湖長年積水地區

水線之下

沉沒的村落

當刺寒強勁的東北季風慢慢轉弱，在臺灣上空與帶著赤道炎熱信息的暖風相遇，梅雨季就要登場了。南臺灣乾裂的土地，期待著雨水滋潤，農漁民們也希望梅雨來補注日漸乾枯的地下水。

2005年6月初，因為受到鋒面滯留的影響，臺灣南部地區持續出現豪雨至超大豪雨。當大地再也無法吸納傾盆水量，位處「風頭水尾」的村落，承接所有土地、河川溢流的雨水，導致沿海低窪地區十餘萬戶居民深陷黃濁汙水之中，身家產業飽受煎熬。2003年之前，政府每年投資在區域排水整治的經費都超過百億元，光是最近六年的計畫經費就高達近千億，顯示政府在改善區域排水的投資是很大方的。但是，一一檢視這些排水設施的時候，除了部分工程涉及舞弊，以及溝渠水泥化破壞水域生態以外，還發現有些排水設施出現不當，影響排水功能。當政府提出八年八百億的治水防洪特別預算之後，引發相當多討論。

目前，政府行政部門終於願意面對沿海地層下陷的急迫性，承認滯洪區的功能遠勝於區域排水溝工程，少數沿海聚落居民也可以接受遷村讓地的建議。幾十年來的打拚，還是必須回到低度開發的老路上；應該是水走的地方，人類終究必須退讓。

威尼斯在臺灣

水資源委員會統計：臺灣地下水年補注量40億立方公尺，1983年地下水抽用量41.5億立方
公尺，呈現超抽的情形；1991年抽用量71.4億立方公尺，超抽量達45%。地層下陷區主要
集中於大肚溪以南之西南沿海、蘭陽平原沿海和臺北盆地，總面積1,170平方公里，占臺灣
平原總面積11,000平方公里的11%。

注：引用資料：〈環境保護之演變〉，劉翠溶，《中華民國發展史・經濟發展》，聯經出版，2011年1月。

1 | 圖1：1998年嘉義東石
2 | 圖2：2012年嘉義東石

海平面上升

因氣候暖化、海水位上升，加上颱風豪雨、地層下陷等各項因素，民眾自保之道就是升高地基。官方雖持續加高堤防與增加抽水站，沿海地區的災害風險還是持續提高。

1	2
3	4

圖1：2008年臺南海岸侵蝕加劇、防風林倒塌
圖2：2012年6月泰利颱風造成臺南北門海堤潰決
圖3：2005年嘉義布袋地層下陷、海水面上升
圖4：1997年雲林口湖地層下陷、升高地基

屏東佳冬

燄溫村吳記古厝群

佳冬海岸地層下陷累積總量已達三至四公尺，屏東文史團體建議政府以文化資產保存法將吳記古厝群設立為文化景觀，保存維護做為環境教育之用，警示世人過度利用環境資源的結果。

1	2	圖1：2005年
3	4	圖2：2009年
		圖3：2015年
		圖4：2017年

1998年屏東佳冬

魚為何不在海裡？

沿海養殖漁業的產值逐年提高。當海洋漁業自然資源匱乏，人工養殖就成為人類獲取魚類蛋白質的主要方式之一。今年春天，與阿美族朋友到屏東佳冬海邊找紀錄題材的時候，剛好走到布滿大小水管的魚塭區，他忽然問我，為何他們需要花費這麼大的力氣把海水抽到陸地？為何魚不在海裡？不是到海裡抓就有了？我一時也答不出來。心裡想著，海洋嚴重汙染了，魚被抓光了。挖了魚塭，淡水少了、海水多了、陸地下沉了，環境也亮起了紅燈。未來呢？魚為何不在海裡？

莫拉克風災屏東佳冬

莫拉克颱風，2009年

2009年8月莫拉克颱風之後，屏東林邊與佳冬鄉沿海村落嚴重水患。

洪水衝破林邊溪左岸的羌園及大同村堤防，佳冬鄉塭子、海埔庄全被洪水淹沒，最高超過一個樓層。

1990年9月6日黛特颱風花蓮紅葉村

花蓮紅葉村

山洪暴發

紅葉溪流域的集水區歷經伐木、採礦，部分山坡地質已受到高度擾動。在豪雨沖刷下，雨水、泥流、土石往河川下游奔流，到了河川匯流的沖積扇，洪水衝破堤防，順著聚落道路的指引，兩旁的住家全數沖毀。

新竹五峰鄉

艾利颱風,2004年

2004年8月26日,艾利颱風的外圍環流挾帶著豪大雨,造成新竹五峰鄉桃山村土場部落旁
的山坡大崩塌,二十幾戶民宅、十五位居民,不幸遇難。

臺中后豐

辛樂克颱風，2008年

辛樂克颱風的中心，2008年9月14日從宜蘭的蘭陽溪口附近登陸，因強風挾帶著豪雨，分別在北中南山區累積驚人雨量，造成臺中后豐大橋的橋墩被洪水掏空，因而坍塌斷裂。

1	2	圖1：2001年納莉颱風臺北東湖路
3	4	圖2：2001年納莉颱風臺北東湖路
		圖3：2017年東湖路的日常
		圖4：2001年納莉颱風臺北東湖路

臺北

納莉風災，內湖，2001年

納莉颱風帶來驚人雨量，導致基隆河、內溝溪水從河岸堤防缺口溢泛淹蓋臺北市區，造成內湖區的五分社區與東湖路大淹水。這是當地自1970年代以來損失最為慘重的災情。

水鄉——汐止、五堵

汐止河岸高灘階地早在十九世紀清領時期，就有水患紀錄。近期，因為河岸過度開發，每逢颱風豪大雨，若遇河岸堤防水門、抽水機或市區排水道任一設施失靈，很容易造成淹水災情。

溫妮颱風，林肯大郡，1997年

1997年8月18日，溫妮颱風的降雨，引發汐止林肯大郡社區西北側整片擋土牆坍塌，大量
水泥塊土石滑向連棟五層樓住宅，造成重大傷亡。這是官商聯手違法開發山坡地、人禍造災
的典型案例。

艾利颱風，淡水河倒灌三重市，2004年

2004年8月25日凌晨，艾利颱風在淡水河流域降下豪雨，大量河水從新莊線捷運工程的同
安抽水站排水箱涵，倒灌湧進三重市區，造成上萬住戶、四萬多人受災。

山居的挑戰 ｜ 盧山

河水不會忘記祂曾經走過的路

原住民的老人曾告誡年輕人：「河水不會忘記祂曾經走過的路，居住地點也要在古老穩定的舊河階地，不要跟老天對抗。」如果用這幾句話來檢驗盧山溫泉區的開發現象，當地政府與觀光業者，必須嚴肅、負責任的面對現今之災難與困境。

盧山溫泉在1943年被開發以後，因其溫泉水質曾被讚喻為臺灣第一泉，逐漸成為中部的熱

1994年8月道格颱風，廬山塔羅灣溪的變遷

門景點。1986年，南投縣政府推動「廬山風景特定區」的都市計畫，吸引觀光業者前往投資，但因為細部規畫與管理問題，導致商業區與公共設施過度擴張至塔羅灣溪的行水區，埋下災難的因子。

1994年8月，在道格颱風的雨水侵襲之下，塔羅灣溪廬山河段被上游沖刷下來的土石淤滿了；接著是河床水位滿過路面，滾滾洪水挾帶著砂石，衝進河岸第一排的商店、飯店一樓；而位於河谷兩旁的山坡，也出現土石流現象，造成坡腳下的建築物毀損或倒塌、人員傷亡。

道格風災之後，政府快速修築道路橋梁、清除河床淤積，觀光業者清理門面繼續營業。但政府並未因此一環境警訊，積極介入管理或輔導業者，進行避災或遷移營業，繼續任令業者投資，甚至在塔羅灣溪高灘地蓋起更大、更完善的溫泉度假旅館。十四年之後，2008年9月15日辛樂克颱風、9月28日薔蜜颱風接連展現河水要地的能耐，其狂暴程度是一次比一次強烈。飯店倒塌、商店街被沖毀、土石滑落、山坡位移、道路坍塌龜裂、人員傷亡，卻還是無法撼動部分觀光業者堅守產業的決心。

影響廬山地區的危險因子，除了塔羅灣溪上游砂質板岩破碎、崩塌嚴重、河床淤積、洪水氾濫以外，還有致命的母安山地滑問題。根據中央地調所的監測資料，2008年9月辛樂克颱風的雨水，讓母安山的岩體滑動了四十公分；2009年8月莫拉克風災在中南部造成百年大水患，也讓岩體滑動了五公分；2012年6月10日接連的豪大雨，再度讓岩體滑動了六公分。專家不斷提出警示，廬山溫泉區有可能出現如高雄小林村大滑坡的災難，全部撤出是較為明智的。雖然地方政府在災難頻傳的壓力下，已公告不將廬山納入溫泉區的管理，間接宣示廢除廬山風景區，並編列二十幾億元準備進行產業遷移計畫；但因為施行細則還未出爐，當地觀光業者的反彈力道也持續加大，導致政府的處理態度顯得曖昧。廬山溫泉區的未來面貌，將是檢驗臺灣人是否真誠信守智者告誡，能否與大自然和平共處的指標。

1
2
3

圖1：2004年敏督利颱風
圖2：2008年辛樂克颱風
圖3：2017年河川再度圍堤

塔羅灣溪的變遷1

觀光產業與公共設施擴張至塔羅灣溪行水區，是導致天災加劇之因。

塔羅灣溪的變遷2

塔羅灣溪上游地質脆弱，並有地滑問題，人為防護是否抵擋得了大自然的力量？

1	2
3	4

圖1：1994年8月道格颱風，河道被砂石淤滿
圖2：2008年9月辛樂克颱風，砂石淹到屋頂下
圖3：2008年10月薔蜜颱風，河邊度假湯屋消失
圖4：2017年6月河道再度被水泥堤岸縮小

1	4
2	5
3	6

圖1：1994年8月道格颱風
圖2：2008年9月辛樂克颱風，飯店倒塌
圖3：2017年6月
圖4：2008年9月辛樂克颱風，飯店倒塌
圖5：2009年8月飯店拆除
圖6：2017年貨櫃屋

綺麗飯店

人類應該避免使用河川行水區或曲流的攻擊坡，以及低窪河階地。但為了商業價值考量，人們還是勇於冒險，而且屢賭屢敗。

1	2
3	4

圖1：1996年8月賀伯颱風後的南投信義
圖2：2001年8月桃芝颱風後的南投水里
圖3：2012年南投神木村土地公廟
圖4：2017年南投神木村土地公廟現狀

南投

神明

南投信義鄉新中橫公路沿線，有許多聚落位處於土石流高潛勢風險區域。如果，連土地公都難以避災，那人們又能寄託誰呢？

1 | 2 | 圖1：1996年8月賀伯颱風
圖2：2012年1月

南投新中橫

殘壁

新中橫公路沿線山區有許多林地被移作農墾，形成土石流的源頭區。

1 2
3 4
圖1：1996年8月賀伯颱風，南投信義隆華國小嚴重損壞
圖2：1996年11月搶修後
圖3：2009年莫拉克颱風再度重創
圖4：2012年拆除

災難小學

隆華國小蓋在和社溪與支流小溪匯流口的河階地上，1996年受到土石流重創後，又陸續遭受1999年九二一大地震以及2009年莫拉克風災的肆虐。雖已耗資重修翻新校舍二次，但為了學童安全，退出危險區才是上策。

1	2
3	4

圖1：2001年8月桃芝颱風，南投水里上安村
圖2：2017年6月南投水里上安村復建之後
圖3：2001年8月桃芝颱風，南投水里上安村
圖4：2001年8月桃芝颱風，南投鹿谷東埔蚋溪

南投水里

桃芝颱風，2001年

山區土石崩落是自然現象，經過雨水沖刷與河水搬運，土石會順著落差逐漸往下游移動。但桃芝颱風的雨量，把幾十年來堆積在山谷間的土石，零存整付般全部清運到下游匯流口，造成嚴重災情。

1｜　圖1：2004年7月2日敏督利颱風，臺中福壽山農場
2｜　圖2：2004年7月2日敏督利颱風，臺中松鶴部落

臺　中

當人的足跡來到山之絕頂

大甲溪是一條經濟之河，它承載了供水與發電的重擔。上游集水區一千五百至二千公尺左右的山坡地，是臺灣高山蔬果區的生產重鎮，更是上萬人賴以維生的農耕區；而臺灣中西部橫貫交通動線，也是沿著大甲溪川流的軌跡，一路攀山越嶺，到達中央山脈約二千六百公尺的埡口。這裡是大甲溪與立霧溪的分水嶺。路到哪裡，人的足跡必將相隨；但如果跟到水的盡頭，山的絕頂，與颱風災害的距離，也許就更近了。

2009年莫拉克颱風梅山太和村

嘉義梅山

滑坡

許多平緩山坡地是由土石流或滑坡土石經年累月堆積而成，如果在此一軟弱地層興建任何結構物，再次發生災害的風險會相當大。

1｜
2｜ 　圖1、2：2009年8月莫拉克颱風高雄縣那瑪夏鄉災情

高雄那瑪夏

蓄積爆發的能量

今天的災害，可能是長期累積續存的致災能量，被某個機制觸引而爆發，莫拉克颱風就是扮演這令人畏懼的啟動因子。從嘉義梅山太和村、高雄那瑪夏的聚落基地，依稀可看到1959年八七水災土石流堆積的殘形。

新北市烏來

蘇迪勒颱風，2015年

蘇迪勒颱風在北部山區降下豪大雨，造成集水區新增許多崩塌地。當洪水挾帶著土石，先在河川中游洗劫人們侵占河川的空間之後，暴增的河水濁度，也讓下游的人們喝不到乾淨的自來水。

地震 ｜ 集集

九二一大地震，1999年

1999年9月21日凌晨1點47分，臺灣人經歷了一場百年大地震，災區面積橫跨中西部六個縣市，尤以車籠埔斷層帶之地表破裂最嚴重。全國受災民眾將近五十萬人；震災傷亡人數更高達一萬三千多人。

百年浩劫

臺灣島位處於環太平洋地震帶上，平均每年可觀測到23,000次的地震，而有感地震就有上千次。臺灣每天會震動個五、六十次，芮氏規模5以上的地震平均每年至少三十起。

1999年九二一大地震的芮氏規模高達7.3，車籠埔斷層帶所經之處，出現近百公里的地表破裂面，造成嚴重傷亡與經濟損失。

1	2	3
4	5	6

圖1：1999年9月南投埔里
圖2：1999年9月雲林草嶺
圖3：1999年9月臺中霧峰
圖4：1999年9月臺中和平三叉部落
圖5：1999年9月南投九份二山
圖6：1999年9月大甲溪斷層

1999年9月

草嶺

九二一前後的變遷

地震發生後，在草嶺地區進行田野調查。雲林草嶺觀光業者廖偉智一路為我們解說草嶺地區的變貌：「在1999年九二一大地震之前，草嶺的著名觀光景點有十處，九二一大地震的關係，形成一個大型堰塞湖泊，草嶺的十景因此有二、三景被湖水淹沒。但是，老天爺也誕生了一個新景點，很多的旅客到草嶺，就會來看當時移山倒海之後的地景，還會搭船遊覽這個天然的湖泊。」

2004年7月

2014年1月

1999年

1999年

<table>
<tr><td>1</td><td>2</td></tr>
<tr><td>3</td><td>4</td></tr>
</table>

圖1：新化
圖2：歸仁
圖3：永康
圖4：關廟

臺南

臺南大地震，2016年2月

地震產生強大的地動效應，會引發建築物毀損以及地質構造的改變。建築結構系統若不良，
或位於軟弱地層區，人員傷亡與經濟損失將有擴大加乘效應。

三峽白雞

坡地災害，1995年

1995年6月25日，臺灣發生地震，震央在宜蘭牛鬥附近。震波產生的加速度，破壞了山坡地的穩定性，造成遠在四十公里外的三峽白雞地區產生重大地質災害。

萬代福社區的建築基地是建構在河谷的填方上，填築工法不確實，導致地質鬆軟，因而造成大規模滑坡地質災害，六棟別墅向下滑了一五○公尺，一度成為臺灣山坡地保固不當的活教材。

山中傳奇 ｜ 達娜伊谷

忘憂之境

1996年6月，端午節前夕，我決定探訪傳說中的達娜伊谷。車子經過嘉義，順著蜿蜒的臺18號阿里山公路一路爬升到海拔一〇七〇公尺的龍美，轉入嘉129線，這是一條更窄的產業山道。抵達山美村後，經熱心的村民指引，過了曾文溪的山美大橋，終於看到了嚮往已久的達娜伊谷。

我迫不及待沿著石階步道，走到第一賞魚區的溪邊。當看到溪裡面滿滿的魚群，一時驚訝得說不出話來，真是難以置信。鯝魚群大大小小，一條接著一條，不時重疊分上下水層，甚至多到讓人看不到溪底的石頭。魚群在清澈的淺水潭中，優游地吃著石頭上的藻類或接食遊客的飼料；魚兒轉彎或側翻時，體側的鱗片反光，在水中一閃一亮像金屬亮片般，將寧靜的溪谷，點綴得像神話中的熱鬧水晶宮。

心中直讚嘆，眼前的奇蹟，鄒族原住民是怎麼辦到的？我一邊想像著鄒族人是如何把牠們找回來的；一邊捲起褲管，和其他從各地來的遊客一樣，輕輕地走進溪裡，深怕一不小心，驚嚇到魚群。不一會兒，光著腳丫子的小腿周圍，已經圍繞了好奇的鯝魚群穿梭。

鯝魚是臺灣分布最廣的淡水魚，從海拔五十公尺到一九〇〇公尺的森林溪流，都可以看到牠的蹤影。鯝魚適應水溫的能力也是超強，在攝氏五‧五度到二十六度的水域環境中，都可以存活。這樣近乎神奇的魚種，活生生地在眼前和我們一起於冰涼溪水中戲游。聽著輕緩的流水聲，偶而搭配著樹梢的鳥叫蟲鳴，直教人不想離去。

達娜伊谷溪的保育成果，就在二千多人的見證下，宣告山美生態觀光的夢想已成真，忘記憂愁的山谷——達娜伊谷溪的時代來臨了。

回顧山美社區居民的保育歷程，1989年10月，山美人自行制定村民自治公約以後，便積極進行達娜伊谷溪的生態保育與社區改造工作。村民以自立自主的精神，歷經十二年努力，終於成功打造了一個福利社區，更創造了達娜伊谷溪的生態觀光價值。

2001年底，山美社區以推展社區總體營造以及溪流保育的卓越成果，獲得肯定，榮獲象徵最高榮譽的第一屆總統文化獎項之玉山獎。

1996年

2009年

我將再起

回顧1980年代，當阿里山公路全線通車以後，山美村的環境也跟著改變，尤其，村中達娜伊谷溪的水域生態，更受到毒、電魚等毀滅性的破壞，短短幾年內，整條溪流的魚蝦蟹類幾乎被捕撈殆盡。山美村民發現了危機，開始思考未來出路，最後的共識是以鯝魚生態觀光，作為部落與族人再生的一個機會。

當山美人的達娜伊谷觀光夢想成真之後，同時也成功打造了一個福利社區，更創造了山美村的生態觀光價值。慕名來到達娜伊谷溪的觀光遊客，從1994年的六千多人，逐年增加，到了2001年底，已超過了二十萬人次。但2009年8月，莫拉克颱風來帶的雨量，卻一舉沖毀山美人的努力！經過族人的重建，達娜伊谷溪的生態環境，已逐步恢復中。

1	2
3	4

圖1：1994年　　圖2：2008年
圖3：2012年　　圖4：2017年

另類複合災害 ｜ 水庫

霧社水庫環境變遷

1957年完工的霧社水庫，預計可使用百年；但是到了2016年，水庫土砂淤積量已高達近70%，堪稱全國「沙庫」的代表作。主要原因除了上游集水區山坡陡峭、地質脆弱以外，塔羅灣溪上游兩旁的農墾區，也助長了土石淤積速度。霧社水庫的主要功能，除了水力發電，還兼具供水、觀光效能，未來，應增加環境警示教育項目。

1	2
3	4

圖1：1993年曾文水庫枯竭　　圖2：1993年寶山水庫枯竭
圖3：2010年1月曾文水庫上游淤積　　圖4：2015年3月石門水庫枯竭

枯竭

臺灣的年降雨量是世界平均值的二・六倍，可說相當豐沛。但雨季不均、豐枯期差異很大，加上人口稠密，人均可分配到的雨水量，只有世界平均值的五分之一。因此，每一滴雨水都很珍貴。

雖然政府在全國各地建造了九十五座水庫，想把雨水盡可能地留存下來；但臺灣水庫集水區的環境治理普遍不佳，水庫除了裝天上掉下來的雨水，也裝進山坡、河川流下來的土砂，所以，臺灣三成水庫的淤積率已超過30％，霧社、白河水庫甚至超過七成、六成，而烏山頭水庫也接近五成。

我們很需要水，但又沒有善待水的環境，經常在缺水、搶水或水災的循環中爭執，著實令人氣結。

1 2　圖1、2：2015年水利會人員在烏山頭水庫祈雨
3 4　圖3、4：1993年9月基隆市政府與地方仕紳共同祈雨

旱　災

祈雨

臺灣平均每三年有一次小乾旱，十年會有一次大旱災，如果水資源環境的經營管理，遲遲無法到位，官員向老天爺祈雨的儀式，恐怕會有增無減。

1｜　圖1：1993年新竹永和山水庫枯竭
2｜　圖2：2014年12月抗議工業搶水稻田休耕政策

搶水

從世界水資源的人均分配比例來看，臺灣是屬於缺水國家，但是在產業發展政策上，政府並未能落實以供定需的原則，導致計畫用水量持續增長。因此，自來水公司、工業用水、農田水利會等主要用水事業，只能爭相自籌水源，再加上民間也是各憑本事自行取水，當遇到枯旱時期，農業用水就成為各方勢力覬覦的目標。

盜採砂石

「惡水上的大橋」與「惡採下的危橋」

1994年7月初，提姆颱風為臺灣帶來豐沛雨量，雖然立即解決了當時的旱象，但水卻一下子太多，反而造成「水滿為患」，災害頻生。其中，盜採砂石嚴重的溪流，經過這次洪水沖刷，甚至已危及河川橋梁的橋墩，潛在的危險值逐漸提升。

以濁水溪流域而言，因上游地質結構較為鬆軟，一遇豪雨沖刷，就會形成大量土石崩落淤積；

1994年濁水溪砂石盜採現場目擊

而由於這些淤積砂石的品質頗受建築業者青睞，因此在濁水溪溪床開採砂石極為普遍，甚至違法盜採砂石的業者亦為數眾多，影響所及，可能危及河上橋梁的安全。

從中沙大橋、溪州大橋以迄西螺大橋這個河段，受影響的程度尤為嚴重。業者長期在這三座大橋附近開採砂石，以致一遇大雨就河水暴漲，強勁的水流由上直沖而下，對橋墩結構體造成很大的傷害。

再以提姆颱風所帶來的豪雨為例，由於橋墩周邊砂石被嚴重盜採，以致缺少防護屏障，使得原本深埋河床底下的橋墩，經過溪水沖刷後，一一裸露在外；其中溪州大橋第39、40號橋墩，以及中沙大橋第37、38號橋墩，裸露情況最為嚴重，威脅到大橋的安全性。

溪州大橋雖已完工一年多，但連接兩岸的溪洲與西螺兩地鄉民，曾為這座大橋的名稱應該叫溪州或西螺爭執不休，甚至有些民眾憤而將刻有橋名的石牌敲下，一度成為無名橋。人們在乎名稱之餘，已有兩座橋墩出現龜裂傾斜現象；此外，還有其它十幾座橋墩的基座土石也告流失，盜採砂石就是罪魁禍首，卻無人聞問。

盜採砂石業者往往利用入夜後、人車稀少之際，偷偷進入溪床採挖砂石，甚至挖到距離橋墩不到十公尺的地方，完全無視「大橋上、下游五百公尺禁採砂石」的禁令，導致坑洞處處。這種情況，附近鄉民大都不知道。清晨時分，我拍到違法業者的盜採行為，唯也不見執法單位的取締行動，其結果將對橋梁壽命產生何種影響，不言可喻。

盜採砂石的行為固然違法，地方政府放任非法業者恣意妄為，致危及公共安全，又豈能卸責？等到橋斷梁塌，才忙著追究禍首，恐為時已晚。

1994年濁水溪砂石盜採現場

濁水溪砂石盜採現場目擊，1994年

濁水溪的河砂品質頗受建築業者青睞，但基於橋梁與堤防安全管制，許多河段禁止任何開採
行為。砂石業者利用夜晚之際，偷偷進入溪床盜採，甚至挖到距離橋墩不到十公尺的地方。
運走砂石之後，再載運廢棄物倒入砂石坑洞或河岸高灘地，來回賺二次。這樣的行為雖被全
程記錄與報導，但相關管理機關與檢調單位卻仍無所作為，徒令高速公路大橋橋墩裸露，危
及臺灣南北交通動脈以及用路人的行車安全。

停電

全國停電大恐慌

臺灣西南部丘陵地帶的地質，主要是由泥岩、砂岩層所組成，土質遇到雨水就變得相當鬆軟；加上幾條斷層帶橫貫其中，地層更加脆弱，每逢雨季，該地區就可能出現沖刷、侵蝕及地滑現象。

台電公司位於左鎮澄山的一座超高壓輸電塔，座落在向西的順向坡上，它的基礎底層是砂岩與頁岩互層，又剛好遇到連日豪雨，在1999年7月29日的深夜，發生了滑坡現象。電塔倒塌折斷，扯落了超高壓輸電線，造成臺灣近五十年來最大規模的大停電，除了超過八成用電戶的不便以外，甚至已嚴重影響國家安危，全國陷入黑暗的恐慌之中。

漂流木

哭泣的林木

颱風水災過後，山林環境滿目瘡痍。受災居民還來不及療傷止痛之際，大量的垃圾與漂流木，
再度威脅水庫、河流與海岸的環境以及安全。

每次颱風水患之後，各式各樣的漂流物幾乎占滿水庫、河床、海灘，其中還不乏巨大的漂流
木。根據判斷，這些漂流木的來源，可概括分為三種情況：一種是受到雨水沖刷，自然崩塌
下來的一些樹木；一種是民眾開發山坡地時，把一些比較沒有經濟價值的雜木砍掉之後，就
直接棄置在山坡地上，每當強風豪雨期間，就被帶到河流；最後一種是早期伐木時，部分木
頭遺留在山坡上成為殘材，當然也不排除是林木盜伐者刻意的布局。

殘材四溢

位在山區的木材，當颱風豪雨來襲時，都很有可能被洪水沖到溪裡面，再彙集到水庫，或擱淺在河床上，甚至漂到河口與海岸上。

1	2
3	4

圖1：2007年屏東草埔村
圖2：2008年宜蘭蘭陽溪口
圖3：2009年臺東太麻里溪下游
圖4：2009年南投仁愛萬大水庫

2007年9月屏東恆春高溫導致珊瑚白化

氣候異常

全球氣候變遷、地球暖化現象下的臺灣海洋環境觀察

自1860年以來，全球年均氣溫上升了攝氏〇・六度。近二十年，氣候變遷、地球暖化，已成為世界性最熱門的話題。

極端氣候造成的氣象災害，深刻影響人們的所有生活層面，甚至危及人類的生命繁衍。

為了舉出地球暖化淺顯易懂的證據與實例，我企圖從陽光與水源、氣象災害、食物生產、疾病傳播到生存棲地等幾個面向來尋找。最後，決定把焦點放在「海洋」。

2007年4月底，臺灣周邊海域的水溫逐漸升高，我們開始密切觀察珊瑚礁的生態環境。結果發現，屏東恆春、臺東綠島以及東沙島等海域的珊瑚礁，確實陸續出現白化；到了9月分，部分珊瑚礁甚至出現病變、死亡的現象。三個月之後，2008年1月、2月，寒潮來襲，臺東綠島、澎湖淺海域的魚類卻大量暴斃。夏天，珊瑚熱死；冬天，魚類冷死。

氣溫冷熱現象所造成的危害或經濟損失，愈來愈驚人。2016年1月23日至26日，強烈寒流侵襲臺灣，大臺北區的中低海拔山區竟出現降雪景象，全臺紛紛出現近三十至五十幾年來

2016年1月嘉義布袋低溫導致魚類死亡

的最低溫紀錄，農漁業災損更高達四十幾億元，尤以西南沿海的養殖漁業損失最為慘重。珊瑚礁白化、魚類大量死亡的圖像，只是環境與氣候變遷的眾多例證之一。根據科學研究證實，南北極冰層快速消融，已造成海平面上升、海岸災難增加等問題。

臺灣是由一百多個島嶼所組成的國家，近一、二十年來，海岸侵蝕加劇、國土不斷流失；氣候變遷與地球暖化之於生態系統變化之間的關連性，島上的住民感受到了嗎？

財富可能無法代代相傳，汙染卻會殃及數代。

上一代遺留在空氣、水源、土地等生命要素中的毒果，

正等待我們這一代努力修補、圍堵；

而下一世代，

可預見將持續承擔無法預估的龐大代價。

第 六 章

土殤

體 檢 生 命 要 素

生命的救贖來自
一口新鮮空氣、一方乾淨土壤

土殤──變色的稻穀，破碎的農田

數十年來，我們的山林、海岸以及水資源環境，因為天災與人禍交相影響，從相對穩定到逐漸崩毀；賴以維生的生命要素如空氣、水土以及糧食生產環境，也在人為力量下，處處顯得岌岌可危。

六月初，稻子進入結穗期，是農民既期待又緊張的時刻；當季稻穀是否豐收，除了仰賴個人的農耕功力，也要氣候配合。祖先傳承下來的經驗告訴我們，只要辛勤耕作，土地就會給予甜美的回報。然而此刻，少部分地區的老農民，卻沒有準備收穫的喜悅。農糧單位在田間抽檢稻穀的重金屬含量，發現部分稻穀已被汙染了，限令稻子收割完畢以後，必須全數交給環保單位銷毀。老農民凝視著黃澄澄的稻穀，緩緩地吐出深層的不安與埋怨：「除了稻米確定不能吃以外，在同一坵塊、不同土地種出來的根莖類以及蔬菜等農作，雖然沒有超過重金屬安全管制標準值，但吃起來也是怕怕的！」為什麼老農民在自家的土地上辛勤耕鋤了一輩子，晚年卻面臨自己種出來的糧食不能吃、被迫休耕，甚至必須做出背離土地的抉擇：銷毀農作。老農民更擔心的是，毀損五穀，是會遭天譴的。

1960年代，政府致力推動產業轉型，首要目標是擴大招商引資。以農業扶持工業的政策，深得民間支持；「客廳即工廠」的代工模式，在各級政府鼓勵下，紛紛在農村複製。臺灣逐漸被打造為世界加工廠，各類工業產品成為換取外匯的金雞母，以出口為導向的貿易模式，讓臺灣站上世界舞臺，躋身為亞洲四小龍之一。當時，臺灣的土地分區使用限制以及環境相關法規，都以國家發展之名放寬了。政府與財團在評估農地價值的時候，僅以短期直接利益

的角度來看待，刻意忽略農地，水田的自然經濟效益，而大部分人也漸漸遺忘農業才是一切的根基。當農村年輕人紛紛離鄉轉入工業區以及都市中討生活，農業勞力就出現了缺口，農村老齡化，農事技術與文化呈現斷層。目前，臺灣的工業已逐漸升級，服務業也努力轉型中，但外在環境卻迫使農業幾乎無立足之地，農地不斷被徵收、挪用、破壞。

許多以農舍名義興建的違章工廠，就蓋在優良農地上，並緊鄰著社區聚落。舉例來說，金屬加工以及表面處理工廠的生產廢水，直接流入灌溉渠道；鋼鐵與鑄造業的工業廢氣，則隨著風向、雨水，再沈降到農田裡。農民早期依賴的河川地表水，遭到嚴重汙染之後，沒有乾淨的灌溉水可用。根據資料，臺灣三十幾萬公頃的水稻田裡，就有五萬公頃的灌溉用水受到汙染；再依農政單位的檢測統計，推估已達危害等級的汙染農地約一‧五萬公頃。弔詭的是，被環保單位列入重金屬含量超過安全管制標準的農地，僅約一千多公頃左右，顯示農政與環保單位對於農地汙染問題的理解，出現十倍以上的差距。

近幾十年來，臺灣的國土規畫與分區使用型態錯亂，住宅、農業與工業區混雜，造成農地零碎化。當農田灌溉渠道、民生廢水與工業廢水的排放水道不分，農業生產環境必定受到嚴重傷害，甚至可能進一步動搖國家糧食安全的根本。農民長期賴以維生的灌溉水源，在乾旱時期，水源往往會被徵用，農田被迫休耕；為了生存，農民只好自力救濟，花錢鑿井，用馬達抽取地下水源灌溉，增加許多農業生產成本，也耗用寶貴的自然水資源。保守估計，農民在田間的地下水井，光是中部沖積平原、沿海地區，就有二十萬口以上；雖然約四至六成的灌溉水源，會再回補地下水層，但仍不是解決農業用水的適當對策。

另一方面，政府為了符合世界貿易組織的規範，有利於推展出口貿易，逐步開放工業化生產的低價農產品進口；而為了穩定民生物資的供給與價格，更長期干預國內主要農產品的產銷機制。農民必須提高農作物生產量，以量取勝才能提高總收入，勉強餬口；而為了提升產量與品質，加上化工業者的誘導資訊，農民高度依賴農藥、化肥，以農地單位面積的使用量來看，臺灣的農藥量是世界第一，化學肥料使用量則是排名第二。農業生產成本提高的同時，農地土壤中的微生物卻大量死亡，地力改變了，地下水亦受到汙染，農民與消費者的健康承受巨大的風險。

空汙──吸一口新鮮空氣變得困難

臺灣的土地使用亂象,影響所及不只是糧食生產環境而已。位於彰化市區內的台化公司,在1965年間,為了降低設廠成本,低價取得大量農地,大工廠就緊鄰著農業區與市區設立,旁邊還有學校。工業廢氣、異味、廢水,幾十年來日夜不停地排放,堪稱是彰化地區的汙染大戶,更是空汙與水汙染的雙料冠軍。周邊居民每天面對它的毒害,農地糧食作物的品質也深受影響。1993年,台化公司開始發展汽電共生,但因鍋爐大量燃燒生煤,對於空氣汙染危害更大,彰化縣民再也無法隱忍,2016年間,陸續發動幾波請願抗議行動,要求台化停止燃燒生煤發電,還給人民乾淨的空氣。

2015年3月,《康健雜誌》有一篇報導:「依照PM2.5排放當量排序,前三名是六輕、中鋼、臺中電廠;對全臺測站PM2.5濃度影響最大前三名則為六輕、台化彰化廠、華亞汽電廠。」這是學者從全國一萬多家工廠的排放汙染源中,經過辨識、模擬分析的驚人排名。如果再加上其他大型高汙染工廠的空汙排放量,例如鋼鐵、電力、紙業、石化等二十幾家;以及全國超過二千萬臺汽機車輛的廢氣,臺灣從北到南的天空,幾乎無處不充斥著各種有害的空氣。空氣、水、陽光是生命三大要素,空氣品質更牽動著生命體的榮枯。根據醫學研究報告指出,全世界罹患氣喘的病人遠超過三億,而臺灣兒童罹患氣喘病的比例更高達11%,北部地區甚至達20%,每5位兒童就有一位曾經是患者。支氣管擴張劑已成為臺灣許多家庭的常備用藥,而環境因素正是影響氣喘發生的重要因子之一。

根據環保署2016年公害陳情案件的統計資料來看,有關空氣汙染與異味汙染的陳情案件,達九萬五千多件,高居各類公害案件的首位。人們每分每秒所呼吸的空氣,究竟潛藏著那些危害健康的因子?乾淨的空氣是否已不再多得?高度工業化之後,人們難道也逐步失去了自由呼吸的基本生存權?

循著季風的方向,我想一一揭露「空氣」的真實狀態,透過各地居民對於空氣品質的感受,重新審視高度工業化之後的經濟成長價值內涵。

先以北臺灣的三峽大學城社區為例。其新興市鎮的規畫格局、生活機能與公共設施,堪稱便利,因此帶動了房地產價格上揚。然而,欠缺都市計畫的通盤規畫,致使新市鎮周邊早已存

在的許多違章工廠，仍不斷飄散異味；新居民一進住，就必須面對空氣汙染的老問題，各種煙燻、酸腐、燒焦柏油等異味，逼使新社區的住戶必須緊閉窗戶。居民不斷向環保單位檢舉陳情，但相關權責單位卻遲遲無法妥善解決違章與空汙的陳年舊案，大家只好集結大隊人馬，前往市政府與總統府前展現民意壓力。再看看中臺灣大肚山上的東海大學案例。其校園南側的臺中工業區內，充滿異味汙染源，諸如塑膠味、油漆味等，經常溢散到校園內，師生的學習與生活環境，遭受嚴重干擾。學生與周邊居民，被迫採取自力救濟的方式，走向街頭向汙染者聲討公義。以上二個案例，都凸顯了國土規畫的嚴重缺失，不論是農地上的違章工廠，或是工廠集中管理的工業區，均因為緊鄰生活區與文教區，導致居民成為環境難民。而高雄大林蒲與林園石化工業區周邊上萬戶居民，二、三十年來長期處於汙染環境，健康與家產深受威脅，因為不願繼續受害，又無力與大財團對抗，在政府提出遷村的計畫之後，當地居民陷入走與留的無奈兩難抉擇。

我們在紀錄過程中，看到民間許多對於汙染的因應方法。住在工業區周邊的居民，因長期遭受空氣汙染危害，組成空汙巡守隊，採取科學採樣與舉報的雙軌模式，監督廠商與相關公部門做好防汙工作。若自力救濟無法奏效，高雄潮寮國中甚至衍生出一套自救 SOP 模式，先依據空氣異味輕重程度，執行因應動作，例如戴口罩、關窗戶、啟動空氣濾淨機；最後若仍無法避免，就是全校緊急撤離，有些類似早期防空演習的避難逃生策略。

看到各地民眾隨時警戒壞空氣是否來襲，以做好逃離的準備，於是我製作了《空襲警報》紀錄片，其中讓我印象最深刻的是雲林居民陳財能，他的家就住在台塑六輕工業區下風處，為了尋找心目中的桃花源，他經常住在卡車改裝的簡陋車廂上，在不同季節，隨著季風的風向遷移，他就像游牧民族，逐「好空氣」而居，過著流浪般的生活，彷如「乞丐趕廟公」的現代版。

有些人為了追求溫飽或是不願離開家鄉，不得不以健康為代價，持續呼吸著髒汙的空氣、忍受劣化的環境品質。在石化工業區、違章工廠集中區，以及飽受汙染的離島，我看到部分居民長期暴露在高風險的環境中，很為他們擔心。從各個真實案例中看到，有人積極追求對策、有人消極適應，唯一可以確認的共同觀點是：如果想自由呼吸每一口乾淨的空氣，公部門管理必須嚴格，企業要承擔社會責任，而每一個人在經濟發展與環境價值之間，都要做出自己的選擇。

工業汙染──綠牡蠣與世紀之毒

許多不同型態的工業汙染物，往往需要經過時間的累積，或繁複的科學驗證，才能瞭解其影響層面；但是一旦被確認已達危險等級時，傷害早已造成了。1960 年代，臺灣工業產業急速發展，各式金屬需求旺盛，因此，政府開放國外各類廢五金進口，資源回收產業在臺南二仁溪畔蓬勃興起，關聯產業鏈之從業人員曾高達數萬人。當時廢五金的回收技術簡陋，主要以酸洗、溶解、燃燒為主，金屬煉製後的廢水與空氣，造成周邊環境嚴重汙染。1986 年 1 月，公衛研究人員在二仁溪口的茄萣海域，發現養殖牡蠣出現不正常的綠色現象，經過檢測分析，牡蠣的重金屬銅累積超高；此外，因露天燃燒廢電線電纜線，也產生了戴奧辛的汙染。這一連串「綠牡蠣」與「世紀之毒」的環境警訊，引發國人震撼與重視。

南臺灣二仁溪口的綠牡蠣事件，並不是沿海養殖環境惡化的特例。1997 年，北臺灣新竹香山濕地的牡蠣田，也出現重金屬累積偏高的現象，含銅量是國際平均值的四十幾倍。研究人員甚至發現母蚵岩螺出現性變異的特徵，這可能是受到環境賀爾蒙的汙染，導致貝類產生性錯亂。此一汙染現象令生態學者很憂心，如果貝類已受到影響，那其他海洋生物或人類食用的水產品呢？人類會是下一個受汙染的物種嗎？

科技發展的代價

經過汙染物指紋的研究推論，造成新竹香山濕地的汙染源頭，新竹科學園區被列入可能來源之一。園區曾經將未經處理的工業廢水，違法直接排入區域排水系統，汙染了灌溉水源。這件事不禁讓大家重新思考評價高科技產業的外部成本。臺灣在 1970 年代，憑藉著廉價勞力與偏低的環境成本，大力發展加工業，成為美國、日本的國際代工廠；現代化的電子科技業，更是年輕人嚮往的工作環境。然而，如果作業員的防護設備不足，或者廢水、廢棄物的後續處理不夠完善，電子業所使用的有機溶劑，將造成人員與環境的重大傷害。再從臺中加工出口園區以及美國無線電公司 RCA 桃園廠的汙染案例來看，社會大眾對於電子零組件、光電、半導體等科技產業所造成的環境衝擊與影響，可能並不瞭解。

1970 年，美國 RCA 公司在桃園設廠生產電子類產品，製造過程中所使用的揮發性含氯有機溶劑，並未妥善處理，汙染了工廠周邊社區環境、農業區、地下水質。1986 年之後，RCA

汙染廠房幾經轉賣、土地也準備變更開發之際，終於在1994年6月間其汙染惡行被揭發。汙染案爆發後經過深入追查，RCA公司的有機溶劑汙染範圍很大，不僅員工受害，也早已擴散到廠區外，汙染了周邊五十幾公頃的土壤與地下水。民眾使用的二十口地下水井中，發現含氯有機溶劑汙染物質高達十二種，受到影響的居民超過六千人。

當年在RCA公司工作的部分員工，陸續罹患各種病變，如子宮頸癌、卵巢癌、乳癌、多囊性卵巢症等生殖系統的症狀；而2001年的一項統計顯示，有類似症狀的員工，高達一千三百多位，死於癌症者更高達五百多人。RCA汙染受害員工，自2002年起展開了漫長的求償訴訟行動，要向RCA公司討回公理與正義。2015年4月，臺北地院一審宣判，美商RCA公司與法商湯姆笙公司應賠償四四五名受害員工五億六千萬元。但RCA員工關懷協會認為判決並不恰當，再上訴高等法院。2017年10月27日，臺灣高院二審判決，除了RCA與湯姆笙公司以外，實際控股的奇異公司也必須擔負賠償責任，總金額並調高為七億一千萬元。雖然受害員工在地院與高院均獲得勝訴，但與一審求償金額二十七億元，仍相差甚遠。RCA在臺灣營運了二十年，帶走了產值利潤，卻留下違法汙染毒害的惡行。這並非個案，全國具高汙染潛勢的廢棄工廠，有四萬二千家。究竟還有多少汙染場址未被發掘？是否有任何主管單位可以負責？

臺灣為了追逐經濟成長指數，輕忽許多外部成本的代價。1950年代起，臺灣產業由農轉工，造就經濟大幅成長，民眾生活條件也普遍獲得改善。富足的代價，有很大一部分是犧牲環境以及工人與居民的健康所換來，諸多後遺症已陸續出現。以彰化為例，彰化縣的工廠數量是全國第三（2010），密度比其他縣市高，而金屬加工廠數量更占全國的四分之一，導致農地汙染面積也最大。國家衛生研究院自2002年起，針對彰化縣民進行一項健康調查，發現居住在重金屬汙染農地附近的居民，超過八成血液與尿液中的重金屬濃度都比一般民眾的參考值要來得高（劉翠溶/2009）。顯示環境汙染區的居民，承擔了較高的健康風險。

財富可能無法代代相傳，但汙染卻會殃及數代。上一代人遺留在空氣、水源、土地等生命要素中的毒果，正等待我們這一代人努力修補、圍堵；而下一世代，可預見將持續承擔無法預估的龐大代價。

水土汙染
河川

源

生命來自水的滋潤
文化傳承仰賴水的串接
水為農民帶來豐收的喜悅

在感恩的季節裡
辛勤勞力用汗水耕耘的人們啊
都能收穫甜美的果實

一年四季的節氣循環
看見
人與水 利用厚生的生活智慧
譜寫世代傳承 物種繁衍的生命故事

水的循環 自有定律
敬天惜水 取用適度
永保淨水 源源不絕

1998年10月桃園大園工業區汙染

我家門前小河

「我家門前有小河，後面有山坡」——這首小學時期傳唱的兒歌，大部分的人都能琅琅上口。
小時候的我，以為所有人的生活與環境都是這樣的，而我家當時也確實是這樣：傳統紅磚灰
瓦三合院，座東朝西，背面遠處是八卦山脈；門口有條小河，源頭來自大肚溪中下游的福馬
圳取水口。小河的水源除了灌溉上千公頃農田，提供牲口飲用以外，還是洗衣、玩水、學游
泳、採捕魚蝦貝類，以及給餐桌加菜的好所在。

這一條小河的終點站，就在大肚溪出海口南岸的濕地，這是一處曾名列國際重要濕地的臺灣
瑰寶。在我小學與國中兒少時期，每年夏天，都會跟同學到這一片豐饒的泥灘濕地玩耍；而
我的外祖父也就在這一片灘地養殖牡蠣，採耙文蛤、西施舌、蝦猴。家裡面經常會收到媽媽
娘家親戚送來的各式各樣的新鮮海味。

歲月流逝，家鄉的生活品質與周遭環境，與經濟成長指數朝相反方向發展，並且每況愈下。

1970年代，在鄉村看到青壯年的農夫守著田地，辛勤耕耘了大半輩子，如今，卻只能拖著老弱身軀、滿臉無奈地坐在田埂上，呼吸著火力發電廠的汙染空氣，望著乾涸、逐漸貧瘠的農地嘆息。

最不堪的是，輸送生命之源的灌溉水道，也就是「我家門前小河」，早已成為工廠事業廢水與豬屎尿排放渠道。一條小河，在三、四十年間，從清澈到汙濁，從滿布魚蝦貝類，到目前只剩下紅蟲。烏黑的圳水，隨著日曬與風吹，化為空氣中令人掩鼻的異臭。

每一次，當我從老農民眼中看到他們無奈的神情，當我看到水圳環境如此轉變，就相當心痛。這是臺灣環境破敗現象的縮影。

1 2 3
4 5

圖1：1990年
圖2：1997年
圖3：1999年
圖4：2005年
圖5：2010年

1｜　圖1：1977年彰化伸港
2｜　圖2：2015年彰化伸港

三十、四十年，時間尺度的意義？

一條小河，是灌溉水圳，是生命的載體，它承載著生產、生態、生活的多樣性功能。

一旦被破壞，隨即消失的，不只是水源以及文化與記憶，還有生命。

全國嚴重汙染河段歷年統計

● 2001年386.2公里。● 2007年167.8公里。● 2008年，中度及嚴重汙染長度50%以上的河川：阿公店溪、二仁溪、北港溪、急水溪、鹽水溪、新虎尾溪、淡水河、老街溪、南崁溪、愛河、濁水溪等11條。● 2011年，全國57條流域其汙染程度未（稍）受汙染占 42.7%；輕度汙染占 9.6%；中度汙染占 35.8%；嚴重汙染占 11.8%，臺灣河川將近六成受到汙染。

● 2015年，臺灣河川受到汙染河段54.5%。

注：資料來源：環保署

臺灣黑河──阿公店溪

高雄阿公店溪流域內的工業、畜牧、生活廢水,長期來均未能有效治理,河川水質汙染問題愈來愈嚴重。調查資料顯示,近十五年來,汙染河段持續增長,1995年約為85%,到了2011年已高達96%,導致取用阿公店溪水灌溉的農田以及水域生物面臨汙染與滅絕的危機。2012年4月底,阿公店溪的中下游水色黑不見底,河面也漂浮著五彩的油光。到了出海口的感潮河段,水面更出現魚類死亡漂浮的畫面,有幾位民眾拿著水桶與手撈網,在河岸旁來回搜尋,伺機撈取還未完全斷氣的食用魚種。在陣陣魚屍臭腥味中,我們擔心的提問:「這還

2012年4月阿公店溪出海口

能吃嗎？」有位民眾表示：「是要拿回去當飼料的！」我當場很訝異，那牲口吃了會沒事嗎？

坐在油汙石頭邊垂釣的釣客，看著河面的魚屍，帶點怒氣地指稱：「有時候下大雨或假日，阿公店溪的水色，是黃的、紅的，而平時是全黑的，這種現象已經幾十年了，政府就是解決不了。」根據環保單位的稽查資料來看，民眾的感受與批評，跟工業廢水違法排放的事實是很接近的。

阿公店溪流域內的高汙染性工廠，主要是以金屬加工、表面處理、電鍍、皮革業為主。2001年6月，環保單位針對其中十二家工廠進行稽查，查獲八家違反水汙法。這些工廠違法排放強鹼、強酸廢水、埋設暗管，因此，九人被移送法辦。2005年3月，再度查獲五家，十二處暗管。2007年，違反環保法令而被告發者有七十六件，甚至查獲某大型股票上市公司違法事證：「利用假日或雨天偷排未經妥善處理之原廢水，其廢水酸鹼值(pH)甚至小於2，屬強酸性。」2011年度，處分了四十九件違規，查封了十八支暗管。

令人訝異的是，岡山本洲工業區廢水處理場因處理能量不足與設備故障，自2006年4月起，竟利用下雨或假日，把未經處理的工業廢水直接偷排入阿公店溪，可說是一手跟廢水排放的廠商收錢、一手讓廢水汙染環境，直到2011年5月才被發現，是重大汙染行為與政府部門的嚴重疏失。

2009年7月，地球公民基金會發現允成工業區的部分廢水，排入灌排不分的渠道，因此委託學術研究單位進行檢測，結果檢出水中的重金屬鉻、鋅的汙染濃度，竟超出灌溉水標準126倍與20倍，這些汙染水體灌溉的農田更高達一百二十公頃。

2012年4月阿公店溪下游

幾十年來，從中央到地方政府，顯然已無法有效徹底解決廠商偷排廢水、工業汙水處理廠失能、農地引用汙水，以及民眾食安問題。目前，甚至準備開放汙染性工廠進駐阿公店溪上游優良農業區，引發高雄路竹、阿蓮等地部分農民的抗議。臺灣的農業及糧食生產環境，再度面臨新的挑戰與危機。

1994年大肚溪台化工業廢水汙染河川

烏溪的悲鳴

匯入烏溪的工業廢水，已流淌了五十幾年！

注：大肚溪口（烏溪）汙染整治大事記

2011年2月，環保團體檢舉臺61線162K與臺17線間大肚溪河口沿岸（彰化縣端之潮間帶）發現遭棄置營建廢棄物、集塵灰與爐碴等有害事業廢棄物。大量含有超量戴奧辛與重金屬的集塵灰，漲潮時，泡在水中，成為底泥的一部分，或隨著潮水進入魚塭區；退潮時，沖刷著溶有戴奧辛的集塵灰，進入大肚溪。戴奧辛與重金屬不但汙染大肚溪，也汙染了附近的花生田。

從我的田野紀錄資料來看，大肚溪出海口潮間帶、魚塭區，受到有毒集塵灰和爐碴的汙染時間可能已長達二十年。根據初篩檢測的數據，這些廢棄物的鉛含量超標3到50倍，鎘則超標1.7倍，戴奧辛部分也超量。這些有毒事業廢棄物，主要來自煉鋼業，民間業者先購買國外的廢鋼鐵，在熔製過程中產生重金屬及戴奧辛的有毒廢棄物，再往河灘地丟。嚴重汙染面積超過一公頃，但未找到汙染元兇。

2011年9月19日相關單位再次啟動緊急應變，擴大調查廢棄物汙染流布，調查範圍為大肚溪（烏溪）口南岸、伸港堤防以北、臺17線以西、出海口以東。調查結果廢棄物之種類為營建廢棄物、事業廢棄物及一般廢棄物，數量分別為集塵灰及有害事業廢棄物約1萬2,000立方公尺、爐碴約1萬3,000立方公尺、其他廢棄物約14萬立方公尺，清理期程約需75工作日，清理經費約需4億元。依《廢棄物清理法》第71條規定，廢棄物之清除處理，由土地管理人負責。大肚溪（烏溪）河川公有地為經濟部水利署第三河川局管轄，臺61線西濱快速公路橋下由交通部公路總局第二區養護工程處負責。

花蓮溪

大型紙漿廠的工業廢氣與廢水，
長期汙染花蓮的好山好水，並經
由食物鏈，被端上餐桌，再進入
人們的體內。

1993年7月工業廢水排放下，洗泡沫澡的水牛

1993年7月花蓮縣新城鄉花蓮溪口中華紙漿廠工業廢水排放

重金屬汙染

二仁溪

1960年代，二仁溪北岸的灣裡，開始進口國外各式各樣的機械、電子、通訊、汽車等廢棄物，一般稱為廢五金；回收業者從中分離出有價值的金屬，如金、銀、銅、鐵、鋅、鉛等。這個回收產業，在1980年代初期達到高峰。當時，相關產業就同時養活了幾萬人。

廢五金回收技術是以熔煉為大宗，硝酸是主要的溶劑，這種強酸液體，能溶解銅、鉛等金屬，卻無法溶解金、銀。廢五金業者運用硝酸的特性，酸洗出金銀等貴金屬，在極盛時期，光是灣裡一個回收聚落，就能日產黃金千兩。因當時環保意識低落，法規寬鬆，廢水處理相當簡易，所有的廢液都流進二仁溪。而酸洗後的廢液不止pH值很低，還含有高濃度的鉛、銅、鋅等重金屬。二仁溪所承受的各種汙染源，最後流到河口海岸，到了1980年代中期，造成了臺灣第一起綠牡蠣事件。

牡蠣會吸收水中的銅而變成綠色，政府於是收購銷毀；從此，二仁溪口就被禁止再養殖牡蠣。

廢五金除了用人力拆解、化學酸洗；一些不容易處理的電纜線，則在河岸高灘地露天燃燒，這讓二仁溪受到堪稱「世紀之毒」的多氯聯苯汙染，對於環境破壞性的影響至為深遠。

2002年臺南二仁溪環境汙染紀錄

1　圖1：2008年彰化二林稻田
2　圖2：2011年彰化二林稻田消失

農地

彰化農地變遷

1990年代，看到稻穀與農田土壤受到重金屬汙染的新聞，內心感到非常震撼。

出身於農家的我，因此開始關心自己家鄉的農地與灌溉水質是否也遭受汙染，往後，花了許多時間去記錄農村與工業汙染的現象。

據環保署的資料顯示，彰化縣的土壤汙染面積居全國之冠，截至2017年2月的統計，廣達三四二公頃的農地，其重金屬濃度超過食用作物農地管制標準。

當收割季節來的時候

古載「民以食為天」，揭示著擁有足夠的糧食、吃得飽，是人類最重要的事。現今，吃得飽不是問題，吃得安全才是困難。每年大約五至七月，是臺灣第一期稻作從南到北的收割季節。但是，少部分農民卻遭遇流汗耕種、流淚收割的慘況。

桃園、臺中等地的部分稻農，辛辛苦苦從犁田、插秧、鋤草、施肥、噴灑農藥，歷經約一百二十天的灌溉，勞心勞力悉心照顧，當準備收割時，卻換來一紙通知：農田的土壤或稻米受到重金屬汙染，超過安全食用標準，必須強制收割予以銷毀。

老農站在金黃成熟的稻田邊、眼眶閃著淚光，眼睜睜看著辛勤撫育的稻米，即將被整車送進焚化爐。不捨、憤怒，與農業、環保相關部門的公務員大聲咆哮、理論，但最終，還是不敵公事公辦的聲索。

雖然農政、環保部門會提供農民與農作補償費，並協助農地汙染整治，但是「損五穀」是會遭天譴的。連主辦銷毀的農政人員，也認為違反天道倫理，家人更反對參與執行。如果汙染源頭沒有消除，農地汙染的面積還會繼續擴大，與農民的衝突也會有增無減。

2012年1月底，因為農地土壤中的鎳、鉻重金屬超過安全標準，臺中市政府緊急要求大里區二十八公頃農地休耕；但是因為公告時機剛好是農民已投入一期稻作的翻耕與育苗成本、並準備好即將插秧的階段，引起不少農民反彈。最後經協調，以補助方式化解了白忙一場與虛耗成本的問題。

3月底，桃園蘆竹、大園兩區的農民已經陸續播種之後，桃園市環保局才公告黃墘溪灌溉區約十七公頃的農地，要列入農地汙染管制範圍，經過抽檢黃墘溪灌區確認已遭到銅、鎘等重金屬的汙染，但是農民已無法回頭。三個月之後稻穀成熟時，政府必須進行強制收割銷毀，因此引爆官署與農民的衝突。

六月中旬，臺中龍井區約六分半的稻田也被檢出銅、鎘超標，這是經由農民接連受害而主動檢舉，環保單位才被動配合抽檢土壤與稻穀的結果。但是到了七月初，農民眼見稻穀已成熟將進入收割期，但相關部門還是沒有積極作為，只好投書媒體，讓有毒稻米可能流入市面的危機曝光。

綜觀臺灣農地被重金屬汙染，或者稻米重金屬超標，有一個共同的特徵，就是其灌溉渠道受到工業廢水汙染，或者農田旁邊有高汙染性的工廠與有害廢棄物進駐。這些現象所產生的「天大」問題，近三十幾年來，公部門各相關權責單位卻無法有效解決，每年的一、二期稻穀收割期，「毒米」危機總會出現在媒體版面，農民每到了稻穀收割季，也無法安心慶豐收。

1993 年稻田被汙染

2008年彰化和美農地受汙染稻穀須銷毀

土地紅燈亮起來1

夏季,稻穀收割的季節。

跟著載滿稻穀與稻梗的大卡車,到垃圾焚化廠進行銷毀作業。眼看著四、五千公斤的稻穀,順著垃圾傾卸臺滑入貯存槽進行焚燒,思緒萬分複雜。為什麼工業區周邊農地的汙染風險會如此之高?為什麼政府已經投入相當龐大的人力、物力,還是無法救治受傷的土地?

2002年7月間,新竹香山區樹下里約三十二公頃的農地,被環保署公告為土壤汙染控制場址。遵循世代傳統務農的老人,頓時失去耕種食用作物的權益。雖然政府前後投入二千多萬元進行汙染整治,但農地還是被迫長期休耕。十年之後,農業研究單位再次提供相關汙染整治技術與資源,協助農民實驗性復耕,希望在符合土壤管制標準的農地上,種出安全的糧食,讓農民與農地復活。

據瞭解,香山區的農地汙染源,可能來自香山工業區或周邊小型工廠,其汙染途徑,是工業廢水排入農業灌溉渠道,再進入各農地坵塊;汙染物長期累積沉澱後,造成農地土壤汙染;經農作物吸附,糧食跟著受到毒害。汙染源頭如果沒有完全阻絕,就算汙染的農地已完成整治,汙染潛在風險還是很高。果真,2012年進行復耕的第一期稻田,約有四分之一的稻穀,重金屬含量還是超標,必須進行銷毀。

土地紅燈亮起來2

近十年來，已公告的農地土壤汙染控制場址，累計面積達一千多公頃，而且隨著檢測作業的提升，汙染農地面積將會再攀升。根據環保署1990年的調查資料，臺灣四十七條主次要河川中，超過一半的河川之下游水質，已受到不同程度的汙染。1993年，環保署還是放寬全國性的放流水標準。到了2010年，受到工業廢水汙染的農地，全國已超過了二千多處。

2012年8月初，環保署公布全國一五一處工業區的總體檢成果，並依據其土壤及地下水汙染程度，分別以紅、橘、黃、綠四種分級燈號來管理。紅、橘燈級，屬於高汙染潛勢的工業區有四十處，其中十處更超過汙染管制標準，而另有四處工業區之汙染已擴散至區外。

根據我們近一年來的田野紀錄，經交叉比對，除了桃園中壢工業區與大園、蘆竹等周邊農地汙染控制場址，名列總體檢的紅燈當中；其餘諸如新竹香山、臺中大里、彰化和美等汙染農地以及其周邊工業區，並未在高汙染潛勢名單之內。

臺灣各地農業區之間，還有十幾萬家工廠混雜其中，灌排水渠也共用，環保機關更無法一一進行體檢。由此顯示，臺灣還有許多紅燈級的黑戶與黑土地未被檢測出來，農地與糧食生產環境之安全，短期內，仍處於無燈號的不確定風險中。

1993年宜蘭灌溉水圳汙染

超標

2007年，環保署針對桃園、新竹、臺中及彰化四縣市四十五條高汙染風險灌溉水渠進行檢測，41.3％灌溉水渠底泥汙染嚴重；13.2％灌溉水超出標準；18.8％農地土壤超出標準。

1997年灌溉水圳被汙染，農民自行抽取地下水灌溉

救命水

當乾淨的水源被搶奪了，地面水被汙染了，農民只好自力救濟，鑿井抽取地下水灌溉稻田。地下水是當代人的救命水，更是後代子孫的重要存糧，如果被我們這一代消耗用盡，生命還能代代繁衍嗎？

圖1：2015年桃園大溪士香加油站汙染整治區
圖2：2001年桃園大溪士香加油站汙染區

地下水與土壤汙染

看不見的危機

2016年6月統計，臺灣有2,718座加油站，每座平均有四個地底下油槽，相當於各地分布著一萬多個地下儲油槽。

2001年，桃園大溪士香加油站發生油槽洩漏事件，嚴重汙染周邊土壤與地下水，至目前仍未完全整治成功。2001年，桃園大溪士香加油站發生油槽洩漏事件，嚴重汙染周邊土壤與地下水，至目前仍未完全整治成功。目前汙染區的整治現場，雖然植物與喬木已陸續恢復生機，但空氣中仍然飄散著揮發性的油氣味。

2016年10月統計，255座加油站產生地下水、土壤汙染現象，具高汙染潛勢有450站。工研院調查評估，地下油槽與管線洩漏汙染的場址可能超過500處，油品汙染物質包括苯、甲苯、碳氫化合物等致癌物質。

河海交界汙染 | 重金屬　香山濕地

海岸地帶的危機

1995年5月，農委會委託學者調查發現，臺灣西部海岸從新竹香山到屏東東港的養殖貝類，普遍受到重金屬汙染。消息發佈不久，6月初，農委會委託的研究人員，又在東港市面上販售的西施舌貝肉中，抽檢出麻痺性貝毒素，其含量超出美國、日本的貝肉含毒法定標準之五倍。接連的汙染消息，讓嗜食貝類的海鮮老饕也不禁心底發毛。

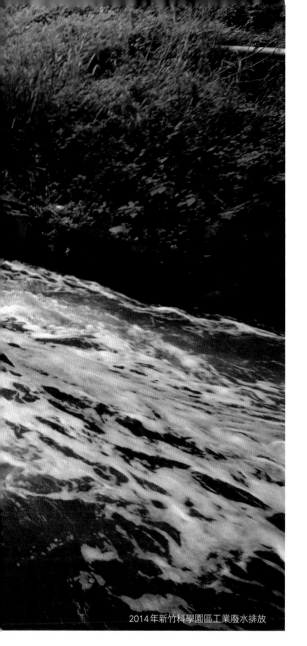

2014年新竹科學園區工業廢水排放

貝類受到重金屬汙染，外觀就像一般所謂的「綠牡蠣」；而西施舌貝肉所含的麻痺性貝毒素，則是來自某種藻類所產生的毒素。前者是「人造孽」的後果，後者形成的原因尚不十分清楚，可能也是因為汙染，或大氣因素所致。

自1986年臺南海岸發生綠牡蠣以及高屏地區發生西施舌貝中毒事件之後，西部海岸線的貝類養殖業就持續籠罩在「毒物」的陰影裡，迄今為止，這個陰影仍讓關心海洋環境汙染的團體揮之不去。1998年，香山牡蠣養殖區再度被學術界發現銅含量超高；到了2007年5月，政府只好以發放補償金方式，要求漁民離養。

2014年，環保團體以西海岸的野生石蚵做為環境指標生物，進行重金屬汙染檢測，在選定的十四處監測樣區中，分別檢驗十二種重金屬的含量。檢測結果發現，桃園大園工業區海岸的野生石蚵，各項重金屬含量分居前一、二名，「綠石蚵」再現江湖，顯示這一段海岸的汙染相當嚴重。其他樣區中的銅、鋅等重金屬汙染，都比大部分國家來得高，也證實了西海岸部分地區的汙染情況必須儘快改善。

基本上，養殖貝類的重金屬汙染來源，主要來自河川上游的工業廢水；當汙染廢水排放到河川，再匯入河口與近岸海域之後，如因潮汐的因素沒有快速消散，沿海養殖貝類就很容易因生物特性，長期累積重金屬。環保單位在臺灣的主次要河川在大多設有水質檢測機制，而石蚵重金屬超高的樣區附近，近十來的水質檢測數據，大都是合格的；這也顯示，水質監測無法完全發揮汙染預警與防治的功能。

歸根究底，綠牡蠣與毒貝類是人類自作孽的結果。西施舌肉如果是一種自然生態的變異（藻類活動所致），人們必須留心環境的變化；但若是人類自己造成的綠牡蠣，就只能自嘗苦果。

圖1：2014年彰化海岸洋仔厝排水出海口綠石蚵
圖2：1998年桃園大園工業區染整業廢水排放
圖3：2008年新竹香山牡蠣養殖區

香山濕地悲情錄

環保署訂定了事業、汙水放流標準，限制各種汙染物質排放的最大限值。

這一套水質標準並沒有考量到環境容許總量與累積量，導致承受廢水的環境陸續惡化。

注1：重金屬汙染

自1983年起，由中央環保機關著手進行有關土壤重金屬含量調查工作，調查可能汙染農地土壤的砷、鎘、鉻、汞、鎳、鉛、鋅及銅八種重金屬。

水稻最容易吸附鎘，鎘可經由食物、水或者吸入的微粒而進入人體，在人體主要堆積在肝臟和腎臟，並慢慢從尿和糞便排出，因此，鎘在人體內的半衰期為三十年。

鉛會破壞血基質之合成，臨床上會貧血；鉛對人體的毒性，在成人多為周邊性神經病變。

砷中毒多因不慎吸入或食入含砷的有機或無機物質引起，慢性砷中毒則最常見於長期飲用含砷量偏高的地下深井水，造成動脈性末梢循環障害，形成「烏腳病」。

鉻可分為二價、三價及六價，其刺激及腐蝕性會造成人體局部的皮膚、黏膜及上呼吸道的傷害及炎症反應。

鎳中毒見於吸入有機鎳所致，其症狀類似一氧化碳中毒，但合併有血糖及尿糖上升，常會有噁心、嘔吐、頭痛、頭暈、失眠、躁動等症狀。

銅為人體必須元素之一，吸收後很快的經由尿液及膽汁排出，目前醫學文獻少有慢性銅中毒報告，對人體不具累積性危害。

鋅與80多種酵素及荷爾蒙有關，植物吸收鋅有限，因此可能過量累積於土壤，而影響作物生產並造成毒害。

注2：匯整報導資料：竹科與香山海岸環境質變大事記

1997年	中時記者陳權欣，率先揭露竹科廢水汙染的問題。 竹科汙水廠最後將汙水排放管改從寶山路用潛盾式埋進地下，再排進客雅溪。
2000年	新竹科學園區每天排出七萬五千噸廢水到客雅溪，再流到香山海岸。 是否因廢水汙染造成海岸環境賀爾蒙的質變，學者開始進行研究。
2001年1月	中晚記者曹以會引用公衛學者研究，揭露香山牡蠣遭重金屬汙染。消費者一度恐慌，漁民抗議，政客譴責學者，外加表演生吃牡蠣。
2006年	漁業署確認香山牡蠣遭到重金屬嚴重汙染。以微薄補償金強迫漁民離養。
2006年9月18日	根據中研院生物多樣性研究中心調查，美山養殖區汙染的臨界值超過4倍以上，銅金屬汙染源可能來自新竹科學園區。
2007年5月29日	漁業署同意每公頃離養救濟金60萬元，救濟金額為2,820萬元。 香山牡蠣養殖區約47公頃，年產量36公噸
2011年	每天排進香山海岸的汙水，已從2000年間的七萬五千噸，增加為十六萬噸，園區汙水是否造成香山海岸的汙染，研究計畫主持人洪楚璋並未透露。
2011年5月31日	中山大學教授劉莉蓮，針對香山海岸的貝類進行十年長期研究，發現香山海岸的環境賀爾蒙已經質變。在寒冷的一月，有90%的母蚵岩螺，長出雄性器官。由於蚵岩螺都以牡蠣為食，牡蠣變性的情況也相當嚴重。臺大海洋研究所教授洪楚璋等人提出警告，環境賀爾蒙的質變，使得香山海岸的蚵岩螺與牡蠣均有性錯亂變化。而造成海岸環境賀爾蒙質變的外在因素，有重金屬、農藥或有機錫物質，其中三丁基錫是最大致因，有機錫會導致貝類等生物體性錯亂，雌性貝類長出雄性器官，此被認為是造成族群減少的主要因素。

1|
2|

圖1：1998年工業廢水排放
圖2：2007年工業廢水排放

工業廢水　桃園藻礁

紫色海洋

1998年底，我在北部海岸進行環境空拍紀錄。當飛機進入藻礁海岸上空的時候，驚人的「紫色海洋」影像立現眼前，即刻跟環保單位檢舉。然而，觀音與大園工業區之工業廢水大量排入海中，嚴重汙染藻礁海岸的事實，還是未受到重視。

2004年4月，環保署查獲工業區廢水處理業者未依規定妥善處理廢水，並違法繞流排放；2009年2月，環保署決定依行政法罰追繳業者不當得利一億三千萬元，以及工業局六百多萬元。業者卻以行政訴訟方式，讓環保署踢到鐵板。

1994年嘉義好美寮海岸被偷倒廢溶液

淚水稀釋不了欲望抵穢液　氾濫成一片紫色的罪惡

殘軀承載不了無止盡的貪婪　壓平千億年底鑿痕

東北角

東北角陰陽海的多種成因

臺灣東北角海岸的濂洞灣「陰陽海」，早期被視為「海水汙染」的示範櫥窗而極富盛名，其形成原因，曾經引起一番論戰。「陰陽海」現象可追溯自1932年，當時日本礦業株式會社在海灣上方山坡地以水灌進礦坑方式煉採銅礦，其廢水排入海中造成汙染。戰後，接收日產的國營臺金公司，甚至用爆破方式擴大礦體裂縫，並築壩灌水，增加開採量。

1980年代初期，濂洞灣附近海域的重金屬汙染達到最高點，1982年臺金公司成為首家被勒令停止生產的國營事業。臺金被迫關廠後，並未做好善後工作，而任由礦區內被挖破的水脈之地下水、雨水，繼續溶解礦脈，讓富含硫酸根的廢礦水流入海灣內。三十幾年來，附近海域底層所累積的重金屬，已經超出安全管制標準，不適宜再做戲水或垂釣等親水活動。

「陰陽海」現象的另一自然成因，是金瓜石山區有許多黃鐵礦等硫化礦物，經過雨水自然分解析出地表，氧化後變為黃褐色，再經由溪流進入海灣；而海灣內海流因為擴散緩慢，才形成此景。

1998年東北角

| 1 | 2 |
| 3 | 4 |

圖1：1999年淡水河口南岸八里汙水處理廠工程汙染海域
圖2：2006年員山子分洪口
圖3、4：2006年東北角員山仔分洪口的海底珊瑚群聚被泥沙覆蓋

工業廢水

河口汙染

河口地帶常因各種工程設施導致水質汙染，嚴重影響河口生物生存。

1　圖1：1999年彰化縣伸港鄉集體暴斃的文蛤
2 3　圖2：1998年桃園養殖池受到汙染
　　　圖3：1998年苗栗中港溪口被汙染的魚群

因不明汙染源魚貝類暴斃

無辜的溪流生物是第一時間的受害者。

1994年核三廠冷卻系統失靈荒廢

海洋汙染 | 核能效應

恆春核三廠的熱水效應

恆春核三廠為了降低冷卻廢水的溫度，蓋了一條二公里長的露天廢水渠道，並在渠道上興建了噴灑式的冷卻設備。這一套花費4.76億鉅資的系統，在1984年秋天初步測試時，發現設計不當，會造成鹽霧災害，無法使用，台電只好另外增加冷卻水泵替代因應。由於發電廠冷卻溫廢水比自然海水約高出10℃左右，替代方案無法達到降低熱汙染的預期效果，導致出水口南岸的水溫長期高出自然海域三到五度，周邊海洋生態環境因此蒙受池魚之殃。1987年間，珊瑚礁生態系在近海高水溫的惡劣環境下，已出現白化、死亡現象。

跟據研究資料，珊瑚適宜生長的水溫是攝氏23℃至28℃之間，如果水溫超過30℃並持續兩天以上，珊瑚的共生藻就會慢慢消失而白化；如果持續超過33℃，珊瑚蟲就會逐漸死亡。監察院曾因此要求經濟部追查當時台電的決策失職人員，但是當時的相關人員大多已離職或退休，最後也無從究責。

花費了四億多元廢置不用的噴灑系統，因長年風吹雨打，僅剩一堆廢鐵，最後只好拆除結案。

這也是一個錯估環境衝擊，誤判決策的典型案例。

恆春核三廠與海底珊瑚

恆春核三廠長期排放冷卻溫廢水，造成不耐高溫的生物死亡，也改變了周邊海域的環境生態。其所造成的環境傷害，有很大一部分是人為疏失所致。

1 2
3

圖 1：2007 年核三廠噴灑冷卻系統拆除
圖 2：核三廠的溫排水
圖 3：1998 年屏東恆春海域珊瑚白化死亡

油汙

「德翔臺北」貨輪擱淺事故的現場目擊與啟示

2016年3月10日,「德翔臺北」貨輪在石門近岸海域擱淺,因船身斷裂油汙外洩,造成尖子鹿海岸地帶以及部分海域遭受油汙染,再度引發了一場海洋生態危機與政治風暴。

2016年臺北德翔輪船擱淺石門尖子鹿

臺灣北部海域是基隆港、臺北港的進出門戶，也是東北亞地區相當重要的國際航道，因氣候、海象、地形等因素，船難事故或海洋汙染案件頻傳。自2001年2月至2007年12月的統計，共有94件事故（環保署，2008）。

石門北方海域，是船舶航線交會的熱區，近八年來，陸續發生了三起輪船擱淺，嚴重汙染海岸，導致蟹類、貝類、藻類等潮間帶生態受到嚴重衝擊。

2016年3月10日，「德翔臺北」貨輪行經北部海域時，因故障失去動力，受到風浪推移作用，擱淺在距岸約二五〇公尺的礁石區，船身破洞與裂縫逐漸擴大。當時氣候與海象條件不佳，海上救援與防汙工作進展緩慢；二週後，船身斷裂，燃油與潤滑油外洩問題再也難以防堵。石門區尖子鹿海岸潮間帶生態環境，首先受到破壞，北海岸的石花菜與近岸漁業，也受到波及。在重油除汙區，可以看到魚蝦、蟹和貝類，因來不及逃離，被一層層黑油所覆蓋。這駭人的景象，在2008年11月晨曦號貨輪汙染事件時，已在附近的海岸出現過了。

回顧臺灣較為重大的海洋汙染浩劫有兩件，一是1977年2月科威特籍「布拉格」油輪汙染事件；二是2011年10月的瑞興輪船難，都發生在北部海域。2001年1月希臘籍「阿瑪斯」貨輪的油汙染事件雖然位處東南海域，但因反應緩慢、除汙能力不足，也導致附近海域與海岸生態遭受嚴重傷害。

圖1：1998年阿曼尼號汙染基隆外木山漁港
圖2：2001年1月阿斯貨輪在恆春龍坑海域觸礁擱淺
圖3：2008年11月晨曦號貨輪擱淺油汙染石門海岸
圖4：2011年10月3日巴拿馬籍貨輪「瑞興號」在基
　　　隆大武崙海域擱淺
圖5：潮間帶生物遭受油汙染

防護破洞

臺灣海域的汙染防治工作，雖然已逐漸受到重視，但依目前的政府組織架構，海洋事務相關權責單位就有二十三個，往往導致橫向聯繫效能無法及時因應緊急事故急迫性，而飽受外界批評。針對海岸油汙染的危害評估，必須在汙染之前就先建立環境系統性的基礎資料，才能在汙染之後精確量化。目前，只能依據油汙覆蓋黏著的岩礁特性，以及生態環境的差異性，再參酌相關經驗與研究資料，初估判斷其可能逐步復元的時間。「德翔臺北」貨輪汙染事件再次提醒我們，海洋事權必須整合、緊急防汙工作要確實到位、生態環境與漁業基礎資料亟待建立，而汙染地區的後續環境調查工作更需要長期監測。

臺灣四面環海、船舶航運繁忙，據統計，每天有約二百艘運輸船舶進出臺灣的國際商港，將近二千五百艘各型船舶經過臺灣附近海域。

而此同時，臺灣也面臨海洋油汙染的威脅，四十年來大大小小油汙染事件頻傳，真的不能再忽視海洋浩劫的風險。

圖1：洩漏燃油
圖2：龍坑海岸受到汙染
圖3：雇用臨時工清理油汙
圖4：動用陸軍兵力清除油汙

阿瑪斯貨輪汙染風暴

2001年1月14日下午五點左右，希臘籍阿瑪斯號貨輪在屏東恆春墾丁國家公園的龍坑保護
區近岸海域擱淺。因為適逢農曆年假，交通、環保、內政等相關部會疏於應變，造成貨輪持
續洩漏燃油，國家公園保護區的海岸與附近海域遭受嚴重汙染。事發後，由環保署長林俊義
一肩扛起應變疏失的責任，並由郝龍斌接手後續的清除工作。

一年後，擱淺的船體還是遺留在原地海域，海岸潮間帶的礁岩與潮池內也還有部分殘留油
汙，龍坑保護區的環境危機並未完全解除。

阿瑪斯貨輪對於海洋環境的衝擊，已隨著船隻解體、沉沒，被人們逐漸淡忘。但我們想把這

1	2	3
4	5	

圖1：2002年10月貨輪殘骸
圖2：2004年4月貨輪殘骸
圖3：2011年4月貨輪殘骸
圖4：2013年4月貨輪殘骸
圖5：2013年4月貨輪殘骸與鐵礦砂後續汙染

個汙染案例留存下來，做為海洋環境防護的借鏡，於是定期到龍坑海域進行水下觀察。

擱淺的阿瑪斯船體，因為當年連續遭逢五個颱風襲擊，已被強浪撕裂成六大截以及無數小碎片再加上加上貨艙內的鐵礦砂因船身解體而外溢四散，附近海底生態環境所受到的危害，可能比油汙期間更加嚴重與持久。

船殼鐵片隨著潮浪翻滾、衝撞，附近海底的活珊瑚，出現白化現象或被船身殘骸刮除。初步估計，海底生物棲地遭到破壞的面積，已超過一萬八千平方公尺。

到目前為止，我們仍然持續關注阿瑪斯貨輪，對於海洋環境的各種影響。水面上雖然已看不到任何貨輪殘跡，但水面下並未停止滾動。

空氣汙染 ｜ 工業區

生之氣

「這是我們吸的空氣嗎？」空氣議題近幾年來備受關注，成為部分地區居民極力抗爭的焦點。
在總統府前，可以看到戴著口罩的小孩，雙手高舉「乾淨空氣自由呼吸」的看板；也看到大
手牽小手，高喊「孩子要健康地長大」、「反空汙護健康」的場景。曾幾何時，臺灣的居民竟
然必須在身上寫著「我想要自由的呼吸」，或向執政者爭取「還我生存權」。到底我們呼吸的
空氣出了哪些問題？

地球公民基金會為了證明空氣汙染的嚴重性，在2012年2月間進行一項「為期100天的庶民

2016年高雄上空空汙

拍攝計畫」，以定點、定時方式拍攝高雄市區與天空之能見度，再對照環保署的空氣品質監測資料。結果發現，這百日內，空氣品質屬於良好等級的日數，竟然只有二十三天。再從幾張特別灰濛的照片來看，那是細懸浮微粒PM2.5數值特別高的日子，民眾必須戴口罩出門，或減少戶外活動以避免引發呼吸道或心血管疾病。

依據環保署2010年的公害陳情統計資料，空氣惡臭類的陳情案件，1988年有2,603件；二十年後的2009年，包括臭味及餐飲油煙之空汙陳情案件，竟已高達37,400件。民眾愈來愈無法忍受空氣中的異味。奇特的是，環保署的空氣品質監測數據，卻呈現逐年進步的趨勢與政績，這應該是空氣品質監測指標物質不相同所產生的「效果」。不論如何，民眾的感受是最真實的。

新北市三峽居民史巴克表示：「我在北大特區住了兩年，依照我學化工的經驗來看，經常會聞到的味道是染整廠的酸劑，它主要是用酸鹼液去做染料的萃取跟調和，所以染整廠飄過來的主要是酸液的味道。再來就是瀝青廠的味道，瀝青廠主要是柏油跟砂石混合，聞起來就跟馬路鋪柏油的味道一樣。再來是家具廠，工廠會把一些沙發皮件邊料、廢棄物，直接在自設的焚化爐燃燒處理，那個味道是很濃、很臭的塑膠味道。另外，住宅區旁邊的農地上，有些居民為了省下垃圾清潔袋的費用，露天燃燒生活廢棄物。每天聞到這麼多有害味道，覺得非常厭惡，為什麼我們要在這裡受這種罪？」

史巴克原來住在臺北市，為了擁有更好的生活環境品質，舉家搬到新北市新市鎮。史巴克略顯激動指出：「在生命三要素當中，沒有陽光我可以暫時住在高樓大廈的密閉昏暗空間裡；水源髒了，可以裝設過濾設備來克服。可是，空氣被汙染，不可能每天把窗戶關起來，或者戴著氧氣罩出門。懸浮微粒、髒空氣聞多了，你就會咳嗽；化學溶劑聞多了，對肝、腎、代謝功能都會造成傷害。而且，長期在汙濁的空氣中生存，會先讓你得到憂鬱症，接著是其他呼吸心肺血管的疾病。」

麥寮六輕

公衛學者口中的怪獸「麥寮六輕工業區」，因其引發的健康風險與流行病學研究報告陸續出
爐，再度成為外界關注的焦點。當台塑石化集團持續擴張產能，是否會加重環境的負擔，並
升高人民健康風險，不但是居民亟欲瞭解的真相，更是環評差異分析審查會議中正反意見攻
防的關鍵。

六輕投資計畫在1986年9月獲得經濟部核准，但是設廠在宜蘭利澤與桃園觀音相繼受阻。
1991年由雲林縣政府主導，台塑集團在萬人歡迎的氛圍下宣布落腳麥寮海岸。此一投資開
發工程，自此工安事故不斷、公害糾紛難解，台塑集團已無法迴避建廠初期過於自信與輕忽
環境因素的盲點。

2010年

台塑麥寮六輕工業區1994年7月動工興建；1998年第一期完工投產；2007年第二、三、四期建廠工程陸續完成。此間並未完全克服海鹽、風沙、地基不均勻沉降等負面影響。2010年1月，台塑再度提出六輕五期擴建計畫，但因為工業區長期來對於廠區工安、環境影響、健康風險、水資源、地方回饋等問題，遲遲無法提出完善對策，導致新擴建計畫受阻。台塑集團可能為了規避繁複的環境影響評估程序，疑似切割為六輕4.7期與4.6期擴建計畫，藉此進行環境差異分析達成擴產目的。

2010年7月25日，麥寮六輕工業區發生建廠以來最嚴重的火災工安事故。此一火勢，引燃六輕工業區的安全管理未爆彈，一年內接連發生了七次工安事故。2011年7月底，總統府與行政院再也無法坐視，也為了平息眾怒，遂由經濟部出面以「行政要求」方式對台塑集團提出要求，須於一年內針對事故廠區進行分期、分批停工檢查，並經專業公正第三單位之監督認可。2012年7月25日，環保署的環境影響評估審查委員會正式通過了「六輕四期第七次環境影響差異分析報告」，巧妙的更換了擴建名稱為「六輕4.7期」。

六輕問題爭議不斷。此時雲林縣政府提出「環境健康世代研究報告」明確指出，「1.六輕工業區的營運確實造成鄰近地區尤其十公里範圍內之區域空氣品質下降……3.住在距離六輕十公里範圍內至少滿五年的居民其肺、肝與腎功能以及血液與心血管系統都有受到影響。」人命攸關的健康風險，環保署與台塑集團不得忽視與迴避。

注：空氣品質

臺灣的細懸浮微粒（PM2.5）濃度，自2013年以手動標準方法監測以來，臺東縣、花蓮縣、宜蘭縣，大致可符合年平均值標準15μg/m3，其餘縣市均超過標準。

中部以南及金門縣、連江縣為超過標準幅度較高地區，年平均濃度均超過20μg/m3，其中雲林縣、嘉義縣市、臺南市及金門縣年平均值超過25μg/m3。

空氣品質呈現顯著的季節性變化，每年10月至隔年3月，隨著季節風向由西南風轉為東北風，高壓出海或籠罩等氣象不利因素，導致我國空氣品質不佳；尤其中南部地區，超過標準（AQI達橘色提醒及紅色警示）日數比率將近50%；達紅色警戒比率約5.7%。

我國PM2.5來源比例分析，境外傳輸來源比率約為34%-40%，境內汙染源比率約為60%-66%。

在境內汙染源中，移動源影響比率約為30%-37%、工業源約為27%-31%、其他汙染源約為32%-43%。

境外傳輸對我國細懸浮微粒PM2.5濃度的影響，除了夏季約占10%以外，春季及秋季均超過30%，冬季達40%以上。

資料來源：2017年4月13日 環保署〈「空氣汙染防制策略」報告〉

孩童健康拉警報

1990 年起，時任中研院生醫所研究員、臺大流行病學研究所教授的陳建仁，連續五年蒐集各地空氣汙染監測資料，並與國內死亡、出生檔案進行空汙對健康效應的研究分析。1997年研究結果發現，空氣高汙染地區的嬰兒呼吸道疾病致死率，比低汙染地區高出三·七倍，而嬰兒猝死率也比低汙染區高於三·三倍。根據聯合國環境規劃署 2010 年的統計：「對兒童身體健康造成重大影響的環境因素中，空氣汙染排名第一。」

兒童醫學界的幾項研究資料顯示：「臺灣幼童罹患過敏性哮喘的比例，目前為 20% 左右；空氣汙染更是引發兒童哮喘病的禍首。」以空氣汙染地圖來看，空氣汙染源主要來自燃燒化石燃料產生的懸浮粒子，包含工業與交通類別的廢氣排放，或其衍生汙染物質。另外還有長程傳輸的懸浮粒子與境內的揚塵。

2011 年 12 月東海大學師生抗議工業區空汙

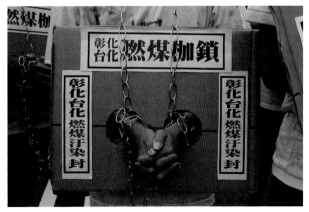

2016 年 9 月彰化居民反空汙大遊行

跨區跨界

高汙染區大多集中在石化工業區與主要都會區，但也呈現地區與季節的差異性。

臺灣北部在春夏之際，空氣汙染物的濃度偏高；而中南部則是在秋冬季節達到高點。環保團體指出，「全臺的空氣品質，最糟糕的前三名，分別是嘉義市、高雄市跟金門。」顯示空氣汙染物的傳輸方向是不分區域與國界的。

人的生命就在一呼一吸之間。世事本無常，更應珍惜呼吸的當下。

彰化線西毒鴨蛋

2005年6月初，彰化縣線西鄉傳出鴨蛋遭受戴奧辛汙染。事隔三個月，緊鄰線西鄉的伸港鄉，也爆出毒鴨蛋，汙染都指向彰濱工業區的臺灣鋼聯。臺灣鋼聯是以電弧爐的廢棄物「集塵灰」為原料，製造氧化鋅，電弧爐所產生的戴奧辛占全國的58%。爆發之前，臺灣根本沒有法律可以管制臺灣鋼聯所排放的戴奧辛。

若以大型垃圾焚化爐的管制標準來看，臺灣鋼聯的排放量是它的2,820倍。

汙染最嚴重的是黃奇文養鴨場，它的土壤戴奧辛是26皮克。鴨子在吃地上的飼料時，把從空氣沉降在地面的戴奧辛吃進去，就產生戴奧辛鴨蛋。農委會在黃奇文鴨場進行的實驗，證明了鴨子體內的戴奧辛是來自環境汙染。

現在土壤管制標準1,000皮克，是判斷土壤有沒有汙染，並不代表可以養殖、種植，因為此數值並沒有考慮到生物濃縮的特性。

1996年中國

外來因素

臺灣的空氣飄浮著中國因素

環境是無國界的，空氣品質更是人類生命共同體。臺灣位處於東北亞大氣汙染物的下風處，以及南亞生質燃燒西風帶傳輸路徑上，這些年來，亞洲大氣的汙染物，包含酸性汙染物、沙塵暴、生質燃燒以及大氣汞等空氣長程傳輸汙染物，漸漸影響本島並引發關切。

為了瞭解亞洲區域環境問題，1990年起，我開始進行中國觀察。

從福建、廣東到天津沿海，逐步深入邊疆省分；從最繁榮的城市，走到最偏僻落後的少數民族部落；大山大水自然美麗風光下，土地承載著數千年的人文歷史。如今，我透過社會人文與經濟發展脈絡，看到的是貧富差距，以及政治、人權、經濟間的種種矛盾，當然還有嚴重的環境問題。這些經驗，讓我深刻思考中國與臺灣的關係，以及未來亞洲區域的穩定與發展問題。

以金門島的空氣品質為案例。2005年後，每從環保署的空氣品質即時監測網頁，可以發現金門PM10懸浮微粒濃度值常超標，尤其在東北季風盛行季節更加嚴重。

1996年中國　　　　　　　　　　　　　　　　　　　　　　　2011年金門

經過大氣顆粒中的化學成分之研究比對，證實這些懸浮微粒與空氣汙染物的主要來源，是位於金門島東北方福建省的晉江市及石獅市等地區。當地工廠產生大量沙塵礦物顆粒與燃煤汙染物，以及揮發性有機氣體，再經由季風長程傳輸與沉降在金門島上。

2014年，金門小學生以科展實驗方式，詮釋當地的空氣品質模式，呈現出空氣汙染長程傳輸對於金門的影響，充分揭露了環境資訊與問題意識的探討。

當中國積極推動經濟發展，卻忽視環境汙染成本之時，其產生的汙染空氣，除了直接影響本國及周邊國家人民的健康，對於水質與整體環境品質的滲透破壞，更不容小覷。

2011年金門

廢棄物 垃圾汙染 ｜ 總體檢

惡山

1997年5月，臺灣三一六鄉鎮市的垃圾場，有五十五處位於十八條河川水系的行水區上，其中十三處位於水源、水質、水量保護區內，直接影響水源；另有二十八處位於海岸，影響海

1993年臺北縣淡水海岸垃圾山

洋生態。2007年3月統計，臺灣有五三七處垃圾掩埋場，已填滿封閉三八三處。

（資料來源：環保署）

1　圖1：2004年淡水海岸垃圾
2　圖2：2009年淡水河口海岸垃圾

淡水海岸

漂

淡水垃圾場就直接設置在海岸高潮帶的邊緣，每逢長浪暴潮或者颱風強浪，垃圾場的坡腳會被掏空，垃圾就跟著海浪流散開來，因此造成附近海岸堆積著數量龐大的海漂垃圾。

1995年八里海岸垃圾場

綠化

早期淡水河系的新北市沿岸，有新莊、三重、土城、板橋、樹林等十二座大型垃圾場；自
1992年之後，河岸垃圾場陸續停用，並配合防洪、汙染整治計畫，移除高灘地上的垃圾場
與腐植土。

八里垃圾場與資源回收廠，經過景觀美化改造，在2003年成為左岸公園。

1	2	3	圖1：1980年五股濕地	圖2：2017年濕地旁快速道路
4	5	6	圖3：2017年疏洪道濕地	圖4：1994年五股濕地周邊違章工廠
			圖5：1994年五股濕地被堆置廢棄物	圖6：2017年五股周邊工廠

五股濕地

五股濕地變遷

五股、蘆洲、新莊、三重等部分地區，早期是淡水河淤積而成的窪地、草澤，在清領時期，漳泉人士陸續進行築堤農墾，直至1960年代一直是大臺北區的重要糧倉。

1964年間，政府為了治理淡水河氾濫問題，炸開了關渡隘口，沒想到卻讓海水更容易進入內陸；加上颱風豪雨內澇，導致瀕臨淡水河一帶的五股農業區因土地鹽化、積水不退，再度回復清領時期的濕地樣貌。

人們適應環境變遷的能力超強，開始利用濕地蓄養魚類，而鳥類也把這裡當作樂園。當時，臺灣人對於濕地與生態保育的概念並不普遍，但五股濕地已是賞鳥人士的聖地。1980年之後，非法垃圾與營建廢棄物，逐漸進入濕地，環境逐漸惡化、陸化。1990年，五股濕地已被垃圾、違章工廠填滿，現場猶如無政府狀態。事移境遷，五股濕地一度被賦予洪氾平原與滯洪的功能，卻因公權力不彰、人心私利，讓全民承擔更高的災害風險。

2017年11月新竹新豐海岸

新竹新豐海岸

新竹新豐海岸

新豐海岸長期被當作垃圾棄置場。爐碴、集塵灰、電子等有害事業廢物以及各類建築廢料、生活垃圾，散佈於海岸範圍約二公里。當海浪日夜掏刷這些有害廢棄物，有毒物質會隨著海流擴散，也可能經過生物食物鏈，再反噬人類健康。

臺中梧棲漁港

颱風足印

颱風過後，往往出現許多垃圾漁港、垃圾海岸，以及垃圾河流。

1 2
3
圖1、圖2：1994年臺中梧棲漁港
圖3：1994年烏溪出海口

西海岸

有害事業廢棄物的天堂

大約在1990年代前後，臺灣西部海岸地帶陸續出現違法的廢棄物棄置場，包括河岸高灘地、海岸魚塭，甚至是農田。

這些垃圾的成分包羅萬象，從一般家庭垃圾到事業廢棄物，還有有害汙泥、爐碴等。

有些非法棄置者先盜挖棄置地點的砂土，賺了第一桶金之後，再填入有害事業廢棄物，最後又引進工程營建廢土覆蓋，前後至少撈了三筆不義之財。最後，公部門買單以天價處理清汙工程，用的則是一般納稅人的血汗錢。

彰化伸港全興海岸

非法垃圾現場直擊

這一處非法事業廢棄物棄置場，位於經濟部工業局全興工業區下水道系統處理中心的正門口，這裡原是海堤旁邊的潮溝濕地。

第一次看到垃圾堆的時候，還算是少量，本以為垃圾偷倒者應該只是隨機隨意的脫序行為而已，且應有政府單位與海防部隊處理。但幾個月之後，發現垃圾量愈來愈多，已經堆出一座

小垃圾山，才驚覺可能是長期且具組織性的不法行為，必須拍到現行犯才能阻止。

為此，我躲在草叢中伺機而動，看到幾部卡車陸續運來大量事業廢物傾倒的當下，趕緊以鏡頭全程記錄下來。

1	2	3
4	5	6

圖1：2017年彰化伸港濕地潮溝
圖2：2017年彰化伸港濕地潮溝垃圾
圖3：1998年彰化伸港非法垃圾山
圖4：1999年垃圾違法傾倒現場情形
圖5：2012年非法垃圾以土方覆蓋
圖6：2017年非法垃圾場外觀已被野草覆蓋

圖1、3：2012年南星填海造陸計畫採用事業廢棄物當填方
圖2：2012年旗津風車公園海岸

高雄旗津、小港海岸

工業有害廢棄物填海造陸

「南星計畫」是高雄最大規模的填海造陸計畫。為了取得填方，以協助去化工業爐灰、煤渣與營建工程廢棄物為由，讓有害事業廢棄物大舉進入海岸地帶。因為防護措施不盡完善，嚴重汙染了地下水與周邊海域環境。

貢寮

1 | 圖1：2006年東北角北勢坑溪垃圾山
2 | 圖2：2008年東北角北勢坑溪垃圾山清除

非法垃圾山變遷

2006年6月初，我於臺北貢寮鄉和美村北勢坑溪進行田野調查，在溪流上游的山凹，發現一處大型非法事業廢棄物垃圾場。由垃圾場的表層，可看到大量的建築廢棄物、工業廢料、生活垃圾等等，其周邊山坡次森林被直接壓毀，垃圾汙水匯入溪流。依照水流路徑判斷，這個非法垃圾場，就是造成東北角海域到處漂浮著垃圾的原因之一。

經過媒體曝光，經相關單位交互比對查證之後，該土地是屬於國有財產局，管理單位是貢寮鄉公所，因此，此二單位必須負起清除責任。相關權責釐清二年後，非法垃圾山終於清理乾淨了，青山、綠水的原貌也得以逐漸復原。

| 1 | 2 |
| 3 | |

圖1、2：2000年12月花蓮海岸垃圾場邊坡被海浪侵蝕
圖3：2011年8月花蓮海岸垃圾場

花蓮

海濱垃圾場

花蓮海濱垃圾場堤岸嚴重侵蝕、垃圾流入海域。

注：垃圾掩埋場也是陸源汙染物

全臺二十二縣市轄內垃圾掩埋場的周線，距離海岸一公里及河岸五百公尺之公有掩埋場有一〇二處，還不包括違法的拋棄點。花蓮市海岸邊舊垃圾堆置場（環保公園）邊坡，因長期遭海浪沖蝕及多次颱風侵襲，造成臨海坡面垃圾裸露，環保署只好補助龐大經費善後。

2005年補助2,159萬元；2009年補助1,441萬元辦理新垃圾場邊坡石籠防護工程；2012年再補助2,267萬元辦理邊坡整治防護工程。

根據統計資料，2012年臺灣淨灘廢棄物種類及所占比率，免洗餐具約占21%、紙袋與塑膠袋約占18%、漁業浮球與浮筒約占10%、玻璃飲料瓶約占8%、吸管與攪拌棒約占7%，前三項種類即約占海岸垃圾量5成。海岸垃圾主要來自陸地。臺灣是海島國家，堆積在海岸的垃圾有可能來自其他國家；而我們所產生的垃圾，也會成為海漂垃圾，汙染其它國家。

根據推估，全球每年超過6百萬噸的塑膠垃圾，會進入河川與海洋，這些塑膠不會被生物分解，只會碎裂成更小的碎片，隨著洋流攻占世界的每個角落。

2000年抗議汞汙泥堆置

台塑

跨國輸出

台塑集團委外處理汞汙泥，但被轉運到柬埔寨，汙染了當地環境，因此被國際保育組織嚴厲批評。此一跨國汙染事件，讓臺灣在國際上被冠上有害事業廢棄物輸出國，對國家的形象傷害相當巨大。

1999年柬埔寨台塑汞汙泥風暴

2012年11月雲林魚塭被事業廢棄物汙染

深入地下

台塑公司的石油焦高溫氧化裝置，以水化方式產出的「水合副石灰」（水化石膏），在環保署的認定中是屬於事業廢棄物。但台塑公司委外清運處理的業者，卻直接就將這些混合石膏傾倒在魚塭區。填埋的坑洞約深達六公尺，已接近淺層地下水層，可能汙染地下水以及周邊養殖區，引起相當大的爭議。

海陸

1994年水汙染

垃圾無國界

每年夏天,海岸垃圾問題總會被搬上檯面討論。臺灣垃圾從山上、河流、海邊、海面,綿延到各個島嶼海岸,甚至隨著洋流跨海漂上國際新聞版面,到處宣揚臺灣的垃圾名聲。

1970年代起,臺灣處理垃圾的方法,大多是採取覆土掩埋,但因為容易孳生蚊蠅與產生異味,垃圾掩埋場大多是設置在海岸、河川高灘地或是丘陵山凹處。

除了由鄉鎮市政府設置的危險垃圾場以外,還有許多難以估計的違法垃圾棄置點。

亂倒的廢棄物,夾雜著有害事業廢棄物;每當颱風豪雨季節來臨,這些垃圾經常隨著強風、洪水,漂散到河川灘地、海岸,並隨著洋流漂移,嚴重破壞海洋生態。根據海洋生態學者研究,約有二六七種以上的海洋生物,會受到海漂垃圾影響,海龜死亡的原因,三成以上與垃圾相關。

陸地垃圾除了戕害海洋環境,還會再被海洋送還給人類。每當颱風過後,主要河口海岸經常堆積數十噸或上百噸各式各樣的垃圾,像是臺中梧棲漁港、基隆港、臺東富岡漁港都曾經被海漂垃圾圍困,嚴重影響船舶進出,更癱瘓了整個港區的正常運作。

垃圾無國界,從海灘上的垃圾標籤就能得到印證。具浪漫色彩的「瓶中信」故事,如果隨著大批垃圾與洋流四處飄散,肯定是沒人歡迎。2010年澎湖縣環保局從淨灘垃圾中,發現八成垃圾是來自中國。2012年6月,金門國家公園管理處指出,金門島的海灘垃圾主要是來自中國九龍江流域。

日本學者針對沖繩、琉球的海漂垃圾進行調查研究，發現日本南方各島嶼的海岸垃圾中，臺灣的垃圾量僅次於中國；甚至在日本北方的九州島，還可以看到臺灣垃圾的蹤跡。2009年9月，日本媒體曾報導西表島紅樹林被臺灣、中國、韓國垃圾嚴重汙染的問題。

海漂垃圾除了汙染環境以外，還可能引發國際間的爭端。

2006年8月起，臺灣雖然全力推動「清淨家園全民運動」計畫，但海岸、河邊灘地，還是必須踢著垃圾才能前進。清除不完的垃圾已經成為地球災難。

第七章

源鄉

傾聽山林聲息

在千年巨木細密深刻的年輪中，封存著地球氣候變遷，以及生命消長的記憶。
如果想在這片土地上安身立命，人們對於森林的價值觀，
就必須超脫自身現世的回報。

◉──導言
珍貴的生態多樣性基因庫

森林若海洋，一樹一島嶼

層疊的山巒，是數百萬年來，板塊擠壓與造山運動的結晶。細密深刻的褶皺紋理，封存著地球氣候變遷以及物種消長的記憶。

森林，因海拔不同，分化出細緻多樣、難以數計的生態區間。超過二十萬的物種，都能在島嶼的各個區位，找到棲身之處。

以臺灣的陸域面積來看，目前所記錄到的生物種數，是全世界所有國家平均值的一百倍。這獨特的現象，主要歸因於臺灣地體形成的歷史與地理，以及氣候條件。植物生態學家陳玉峯教授認為，二百五十萬年間，臺灣生態體系經歷四次冰河時期，因南北氣候、海拔高低差異，造成各次冰河期間動植物的遷徙、分化、融合，也形塑出森林生態變遷的立體多樣性。

位於雪山山脈北段的福山植物園內，有一處長期森林動態樣區，是生態學者的研究熱點，研究人員透過週期性的重複調查，已漸漸瞭解森林區內的物種動態變化過程。林試所研究員徐嘉君，專長是研究附生植物，她以一棵樹、一株附生植物為例：「在臺灣比較潮濕的森林裡面，一整棵樹可能長滿了附生植物。如果把尺度縮小一點，只看一棵樹，它就是一個自給自足的小生態系，因為在這棵樹上面，僅僅約一平方公尺，就可以看到至少十種以上的附生植物。如果把尺度再縮小些，看一棵樹上的山蘇花，它也是一個生態系，因為它的基部，堆疊了許多腐植質，住了很多昆蟲和無脊椎動物。這個小小的區域，就是一個微生態系。一座森

林中，每一棵樹就是一個生態島，無數棵樹匯聚無數生態島，再組成一個龐大的森林生態系，這就是生物多樣性的概念。」

環環相扣的動物生態鏈

森林所構成的生態系統，相當複雜多樣，環環相扣。屏科大野保所蘇秀慧教授，曾長期在福山植物園，研究臺灣獼猴族群的生態與行為。她看到獼猴與山羌、森林的依存關係。

獼猴是葷素不忌的雜食性動物，取自天然植物的食物種類，可能高達三百種，從嫩葉、枝幹莖髓到果實，全都來者不拒。當牠在樹叢上攀折枝幹，吃剩下或掉落到地上的枝葉，剛好成為在地面上活動的山羌之食物；山羌就因獼猴的行為，而能吃到更多食物，種類也更多樣豐富。靈長類與鹿科動物，就此在森林裡形成互惠的關係。更特別的是，獼猴的取食特性，會先把果實塞到頰囊，再移動到安全舒適的地方慢慢啃食，當享用完果肉再吐出硬殼，也剛好幫樹木傳播種子。加上沒有消化完的糞便中的果實，移動式散播效益會更大，對森林的多樣性與物種族群量，具正面價值。

年輪是千年來氣候變遷的解答

樹木是一種很複雜的有機生命體，愈來愈多的科學研究顯示，樹木是有感知能力的，在森林之中，樹木會透過地下根系的菌類傳達訊息、輸送養分；樹葉與枝條也能反映外在環境的改變；而森林更是人類生命泉源，為人類製造呼吸所需的氧氣。

當我們在談人生而平等的時候，應該要同等看待其他的生命。植物生態學家陳玉峯教授，在紅檜巨木林下，抱著一棵巨木、把耳朵貼近樹身，感性表露：「假設樹木中間的年輪，像唱片的唱紋、聲紋，那麼我們就可以聽到至少千年的故事」。

看見一棵超過三千年的檜木，即表示，祂從一棵小苗開始生長茁壯，三千年來，至少經歷了五十次的九二一大地震，以及一萬次颱風的侵襲。這也意味著，祂為這片土地擋住了無數的

豪雨、土石流，是我們真實的守護神，也是當地環境史的活見證。林務局東勢林管處技正林志銓，在圓柏林進行研究時發現：「圓柏的胸高直徑超過一百公分，推估祂生長的年齡約在二千年左右；如果是一百五十公分，就可能將近三千年。在雪山翠池周邊的圓柏林，很大一部分年齡都已經上千年，可說是固守大安溪上游集水區的土地公。如果，我們想要探詢近千年來的氣候變遷資訊，也可以從這些千年樹木年輪所儲存的生長紀錄，得到解答。」

樹的命運就是人的命運

樹因為人，有了不同的名稱，也被賦予不同的功能。樹的命運，更取決於人類的智慧和價值觀。樹，給了人們實質的需求，也給了精神的享受。植物界經過億萬年的演化，未曾改變其本質；但是，人類的價值觀，因政經、社會的變遷，不斷轉換，對於森林植被的定義與利用，更是隨心所欲。同一種樹木，生長在不同的時代、不同區域，命運就迥然不同。其生死、樣貌，全在人類的掌握與一念之間。

長年為這塊土地擋風遮雨、保持水土的巨木林，即便生命超過二、三千年，人們卻因祂是上等木材價值不斐，可以瞬間就毫不遲疑地砍伐。從現存的山林或樹木的面貌，看見了人心的美麗或醜惡。

另一方面，在新竹尖石鎮西堡部落，我們採集到泰雅族有關森林的古老訊息。部落長老達利·貝夫宜說：「第一代祖先，帶著大家找到一個食物充裕的地方，在山區所看到的原始林，不能隨便破壞，因為森林供給我們很多資源。我們保護森林，森林也會保護我們。早期，在山上蓋木屋或獵寮的時候，會就地取材，當需要擷取檜木樹皮的時候，也只是切出像人一般高度跟寬度，就是只能割一小片、剪一小部分，這樣巨木才不會失去營養輸送層而乾掉，這是祖先的叮嚀，族人要跟森林一起生存。」在原住民的生活智慧中，我們看到了人與森林共存、環境永續的可能性。

歐盟委託進行的評估報告指出，森林面積減少所帶來的損失，每年高達臺幣六十五兆到一六三兆，森林生態環境的價值，已無法以現代的各種價值觀來衡量；光是對於全球氣候與

水土涵養的功能，就已超出我們所能評估的能力。氣候變遷的無常，更加凸顯了森林的穩定力量。森林生態學家金恆鑣認為；「臺灣森林最重要的功能，是空氣服務、生物多樣性服務，固碳、減緩溫室效應、全球暖化問題，還有很多我們沒有發現的用處。所以，必須用長期的眼光來看森林生態系的貢獻，而不是以木材生產的價值來看。」

帶著對於森林護育大地與供養島嶼子民的禮讚心情，從海岸到高山，一一探索各地的山林樣貌。人對待山林的態度，將決定人與環境的協調或衝突；如果想在這片土地上安身立命，人們對於森林的價值觀，就必須超脫自身現世的回報。

2007年10月30日太平山臺灣山毛櫸純林

2016年1月雪山翠池圓柏林

巨木林｜玉山圓柏

無法描繪的生命密碼

臺灣三分二的面積是山地，但近百年來，因為經濟因素，許多森林已被嚴重破壞。縱然，森林是水的故鄉，而水又是人類生存與文化傳承的重要命脈，但我們並沒有善待森林。每一次進入山區森林，都懷抱著歉意、感恩的心情，感謝每一棵千年巨木，為這塊土地全然奉獻；感謝祂們被人類破壞之後，還時時刻刻守護著我們。尤其，每當進入上千年古老森林中，就像是走入亙古的神殿，在巨木的腳下，僅能以最謙卑的態度、最崇敬的心情，用心感受。

對於山林認知，確實經歷過不同時期。早期1980年拍攝初期，總是想表現祂們的氣勢、偉大、神秘、四季變化的自然美貌。1995年之後，山林知識漸漸累積，祂們身上的生命密碼，很難用精確的影像、聲音、語言來描繪。

到了2000年，我重新體認到人對於森林或樹木的價值觀，完全取決於人的選擇性，而這個選擇性又建築在知識體系與生活經驗之上。因此，我的影像紀錄，想延伸視野、超越祂們外在的形體，貼近表現其生命循環、以千年尺度計的護生功德，才能超脫現世的觀點。

2016年雪山翠池圓柏林

不畏風霜雪雨

玉山圓柏屬常綠性喬木，卻不畏風霜雪雨的考驗。分布於高山危嶺絕崖，不僅是臺灣海拔最高的喬木，更是生長年齡最老的樹種。

當群木聚集貧瘠迎風坡面，會呈匍匐狀的矮盤灌叢，枝幹盤球曲張；若聚生避風凹谷或背風面，則成高大挺直茂密純林，可達三、四千年老齡。

2016年雪山翠池圓柏林

高山上的絕地武士

玉山圓柏在冬季猶如休眠，形成自我保護機制；待四、五月才萌發新芽，因應高山極端地體
條件與季節氣候，調適生存機制。

玉山圓柏是冰河期孑遺樹種，從海拔3,350公尺到接近4,000公尺的玉山主峰頂，都能看到祂
的身影。雪山翠池周邊的玉山圓柏林，部分樹身高度可達二十公尺，胸徑超過一公尺的巨木，
樹齡有可能二千年以上，祂突破了各種極端環境的試煉，成為臺灣高山的絕地武士、武林高
手，更是世界獨一無二的珍貴森林。

1999年雪山主峰

雪山主峰的浩劫

臺灣第二高峰「雪山主峰」海拔3,886公尺,是眺望臺灣西部海岸平原的絕佳展望點。在主峰頂的東南坡面,有一片匍匐矮盤灌叢型態的玉山圓柏,祂們是保護雪山主峰破碎地質的深綠勇士。但是在1991年1月間,發生一場森林火災,造成廣達十一公頃、三百至五百年生的玉山圓柏灌木叢燒毀。每次站在主峰裸露的碎石坡上,看著殘存族群以及焦黑、泛白的,或交錯、扭曲的殘枝枯骨,仍禿立在絕頂斜坡上抗拒風雪雨侵,根部也依然牢牢抓住淺薄的碎石,就像至死不屈的武士,繼續護衛主峰穩定,令人既讚嘆又感佩。

2009年1月中央山脈秀姑坪千年圓柏殘跡

中央山脈的千年圓柏殘跡

可能三百年前的一場林火，導致中央山脈的秀姑坪上，一片生長了三、四千年的玉山圓柏森林成為雪白枯骨。站在祂們的腳下仰望，彷彿看見不倒的堅忍戰士，死後依然守護大地數百年。

2014年10月雪山檜木林研究──紅檜

臺灣檜木林

古木

臺灣紅檜，臺灣特產，生長區域位於海拔1,500至2,500公尺間，樹齡可達三千年，是地球上最古老的樹種之一。樹皮剝片較薄，裂溝淺，樹幹色淡而紅，質地細密結實，木材具油脂，略香而無辛味，不易腐朽，屬高級建材。因歷經近百年的伐採利用，紅檜林已幾被砍伐殆盡。

2002年9月雪山山脈的扁柏神殿

扁柏

臺灣扁柏也是冰河孑遺裸子植物，追溯其演化史，是一百多萬年前的冰河期，從北美洲、日本，經西太平洋陸盆邊緣的陸橋，最後來到臺灣落地生根。經過一百多萬年氣候與地體變動，扁柏基因與生活型態已與祖先迥異，成為臺灣特有珍貴樹種。

原生

臺灣目前有九〇八種原生植物屬於受威脅物種，亟待保
護，但是相關生態基礎調查仍顯不足。如果，臺灣檜木
是早在一百五十萬年前冰河時期，就遠從日本沿著陸橋
來到臺灣定居；而少數現生巨木，也有三千歲之齡，我
們應該用什麼樣的態度與敬意面對這些古老神木？我們
究竟對祂們瞭解多少？當阿里山神木倒下，又帶給我們
什麼啟示？

1	2
3	
4	

圖1：2017年5月9日丹大林區森林紀錄
圖2：1980年阿里山神木與森林鐵路
圖3：1990年阿里山神木傾斜
圖4：1998年7月阿里山神木倒塌

1　　圖1：2008年司馬庫斯
2　　圖2：2002年雪山山脈

林下蕨響

侏儸紀時代，伴隨恐龍在地球的生命舞臺上爭地，億萬年傲世清姿，羽葉中流竄著古老脈理，
她、沒有炫麗的彩妝，總帶著冷酷表情，執迷森林角落，終其一生默默無語。

臺灣是蕨類天堂，七百多種蕨，在繽紛多樣的島嶼上，與水共舞一場山林蕨響。

2015年現採現烤愛玉子，
利於運送與保存

臺灣杉

撞到月亮的樹

「撞到月亮的樹」是魯凱族人對臺灣杉的描述。樹身高度達一百公尺，是臺灣最高的樹種，
因此得名。臺灣杉主要生長於霧林帶區域，因主幹筆直通天，成為許多附生植物的共生夥伴，
其中最具代表性的附生植物就是愛玉子了。每到果實成熟期間，魯凱族人總會攀爬依附在臺
灣杉樹幹上的藤蔓，採摘愛玉子的果實，這是族人每年的重要收入來源之一，更是山林文化
傳承的介質。

2015 年攀爬臺灣杉採愛玉子

2009年棋盤腳夜間開花

熱帶海岸林

千里之外

南臺灣的海岸地帶，一顆顆隨著洋流漂流而來的種子，帶來了千里之外熱帶雨林基因，在貧瘠的高位珊瑚礁上，建立起獨樹一格的海岸林生態。這樣的生命奮鬥史，至今仍持續上演著。

2007年棋盤腳漂流果實

2017年海漂棋盤腳果實

山居智慧 ｜ 原住民的生活智慧

山林採訪筆記

我在田野調查與拍攝採訪過程當中，很深刻地體會到原住民族群對於山林的敬畏；這敬畏，
除了反映在文化上，更在生活中體現出來，甚至形成代代相傳的生活智慧。如果與現代環境
理論對照，可以發現許多不謀而合的案例，例如季節性狩獵、居住地選擇、自然資源的使用

2015年1月原住民族利用巨木樹皮方式

觀念等。這些古老的傳承經驗，成為我們在詮釋環境永續概念的活教材，也解開了我一些疑惑。

在雪山山脈的北段，或者雪山主峰下的翠池，我曾看到部分大型檜木或圓柏林，被人割掉了一小部分的樹皮，長約一百五十公分、寬約四十五公分。後來訪問到原住民文史工作者，他以手繪圖，描繪先人取樹皮的過程，我才終於瞭解，早期原住民獵人在山上狩獵，為了搭建臨時獵寮，會就地取材，用樹皮做屋頂；他們在取材的時候，並不會把整棵樹砍掉，而是特別取大型巨木的一小部分，確保樹木生長不會受到影響，人們又可獲取屋頂的材料。

以我觀察，原住民社會有一套管理自己傳統領域的方法。2012年5月，宜蘭南山村泰雅部落的傳統領域內，發現四棵檜木被盜伐，樹上的樹瘤也被取走，後來證實是司馬庫斯部落的人所為。這個盜伐事件，差點引起二個部落的爭端。司馬庫斯部落的耆老，召集了其他縣市部落的長老做見證，回到思源埡口。這是北泰雅族祖先五百年前分枝散葉的地點，在這裡，雙方舉辦傳統的和解儀式，宣誓加強管理自己的族人與領域，才化解了危機。

2014年2月，新竹尖石鄉鎮西堡部落的族人，也發現傳統領域內的檜木遭到盜伐，開始加強自主性的巡邏，嚴格管制出入口。2016年12月4日，為了防止部落的土地被大量開發，整個部落集體反對並進行有效的反制措施。另外，花蓮銅門太魯閣族部落守護「慕谷慕魚溪谷」的純淨，或阿里山鄉鄒族山美部落營造「達娜伊谷溪」自然生態公園，都是由當地居民守護家鄉、守護環境，自主管理的典型案例。

2002年雪山山脈馬告國家公園預定區森林盜伐現場

山林盜伐何時休？

臺灣山林盜伐案件時有所聞，涉案人士可能包含林務人員、民意代表及幫派分子。大多數的盜伐案件，從尋找目標到砍伐、運輸、銷贓通路，運作時間超過數個月；被盜伐的珍貴木材，都是數百年或上千年的檜木、牛樟、肖楠、櫸木、香杉，不法利益往往超過上億元。

在山林紀錄過程中，只要進入以檜木林或香杉為主的山區，偶而都會聽到左右兩側稜線鏈鋸轉動的聲音。巨大的馬達聲迴盪在山谷，當聲音停止後數秒，便能聽到一棵巨木倒下的撕裂聲響。

從登山步道輻射出去的獵徑，可以看到山老鼠為了採取木料板材、樹瘤或牛樟芝，將部分樹幹切除；更慘的是有些樹瘤所在位置太高，盜採者乾脆將生長了上千年的檜木或香杉砍倒，而倒下的巨木也將周邊活者的幼木壓倒了。在這莊嚴壯闊的千年巨木林裡，就像個無政府狀態的殺戮戰場。

為何盜伐現象難以遏止？為何在山區與平地交接地帶的木材商行，經常可以發現新的貨源？如何防止林政人員與山老鼠集團有所牽連？如何鼓勵地方第一線工作人員勇於舉報？甚至查辦主管官員督導不利之責？這些都是對症下藥的處方。

從已經曝光的山林盜伐案例來看，顯示「山老鼠」集團並未隨著山林保育意識及禁伐令而消失，反而朝向高單價質精的珍貴樹種下手。如果，銷贓通路不加以切斷，如果民眾繼續購買珍奇藝木、高貴木材製品，那山林悲情將無法停止。

1 | 2
3 | 4

圖1：2014年嘉義阿里山豐山地區
圖2：2014年嘉義阿里山豐山地區
圖3：2002年雪山山脈馬告國家公園預定區
圖4：2009年宜蘭南山村

殺戮現場

2002年，山林保育紀錄工作者賴春標先生提起雪山山脈北段與扁柏林的危機訊息，當時馬告國家公園也正進入籌備審議階段。由於已等不及政府的行政流程，我們認為必須盡快把資訊公開。

當我們分別從新竹與宜蘭進入檜木林生育地的核心區之後，發現山老鼠的違法行為相當囂張，整個山區猶如無政府狀態。雪山山脈兩側，許多盜伐、盜採、盜獵，甚至焚林情形，彷如血腥般的殺戮現場。當時那種震撼、心痛與悲憤的心情，實在難以形容。

我們在媒體上披露所見所聞之後，相繼引起檢調與監察院的重視，也特地從旁協助提供紀錄資料。近十幾年來，我們仍然每隔一段時間就會回到現場，持續記錄檜木林的變遷。雖然紀錄樣區已趨於平靜，但其他山區類似的案件依然層出不窮，甚至盜伐的目標樹種與形式，也根據市場需求進行調整，已經從樹瘤延伸到檜木基部樹頭切塊。山林管理方式必須再徹底檢討、擬具新對策才行。

1	2
3	4

圖1：1998年森林保育社會運動
圖2：1999年成立國家公園社會運動
圖3：2000年守護森林大遊行
圖4：2002年原住民反對馬告國家公園

森林保育運動

馬告

1987年，《人間》雜誌陸續披露臺灣檜木林遭盜伐事件，環保團體開始推動森林保護的行動。
1988年，首度走上街頭。經過數年努力，1991年林務單位全面停止砍伐天然林。往後雖發生零星盜伐、造林不當等問題，但森林生機已慢慢恢復中。

1998年底，山林保育工作者賴春標再度舉出退輔會持續利用檜木林的事實。陳玉峯教授等人為了搶救棲蘭山殘存檜木林，號召保育界走上街頭，大聲呼籲刀下留樹。

2002年，政府核定成立共管機制的檜木國家公園，卻因政治勢力與當地住民的不同需求而產生扞格。未來，仍須透過對話、協商，共同尋求雪山山脈珍貴山林的出路。

2016年亞泥

採礦 ｜ 花蓮亞泥

開山破肚、毀滅生靈——亞泥採礦權爭議

亞洲水泥1957年取得花蓮新城山東方三九九公頃礦業權，主要以採挖石灰岩做為水泥原料。因礦區大部分是太魯閣族原住民的傳統領域以及土石流潛勢溪流，之前並未取得部分土地所有人的同意，嚴重違反公平正義、環境保護原則，因此爭議不斷。1986年，太魯閣國家公園正式成立，亞泥新城山礦區西北區的二十五公頃，就位於國家公園範圍內，加上是地質敏感區，在保育團體與輿論的壓力之下，亞泥為了能夠繼續獲得採礦權的展延，2016年12月20日自動裁減重疊區的採礦範圍。

但最令太魯閣族人氣憤的是，雖然立法院經濟委員會在2017年3月14日宣布修改《礦業法》，未來礦業申請需進行政策環評；但也就在這同一天，經濟部礦務局再次通過亞泥新城山一八五公頃的礦業用地，可展延至2037年。這一次的採礦期限，竟然採最高年限二十年，亞泥新城山已成為全國最大、年限長達八十年的礦區。

環保團體據此批評，宣布修法與核准竟然同一天，猶如「暗度陳倉、偷渡」。在外界高度聲討反對的壓力下，2017年6月14日亞泥發布聲明，表示將主動縮減四成礦區面積，維持基本產銷並保障員工工作權益。至今，原住民部落安全與權益尚未完全釐清，外界還是難以接受。

1 | 2
3

圖1：1994年
圖2：1994年
圖3：2016年

採礦v.s.觀光

1990年政府提出產業東移政策，以平衡臺灣東西兩岸的區域發展。但多年來，因為交通、生產資源、市場規模等多方因素，實際進駐的企業，還是以水泥業占最大宗。

花蓮人極力想朝觀光產業發展的期待，於焉產生嚴重衝突。當觀光客要進入花蓮市區之前，在北方入口，會先看到亞洲水泥廠與開挖的礦區，對於觀光價值或遊客的吸引力，造成負面效應。

1 | 2
3 | 4

圖1：1994年
圖2：1994年
圖3：2006年
圖4：2001年8月臺灣石粉廠

蘇花公路臺灣石粉礦場

海岸山區的採礦問題

海岸山區因礦業開採的擾動，在颱風豪雨期間，山體鬆軟土石會順著雨水流入海洋，帶給周邊海域環境莫大的負擔。我們在近岸海域的水面與水下，看到許多漂浮懸浮物與水下生物表層的沉積物，就算已停止開採多年，「陰陽海」現象依舊在雨季期間顯現。

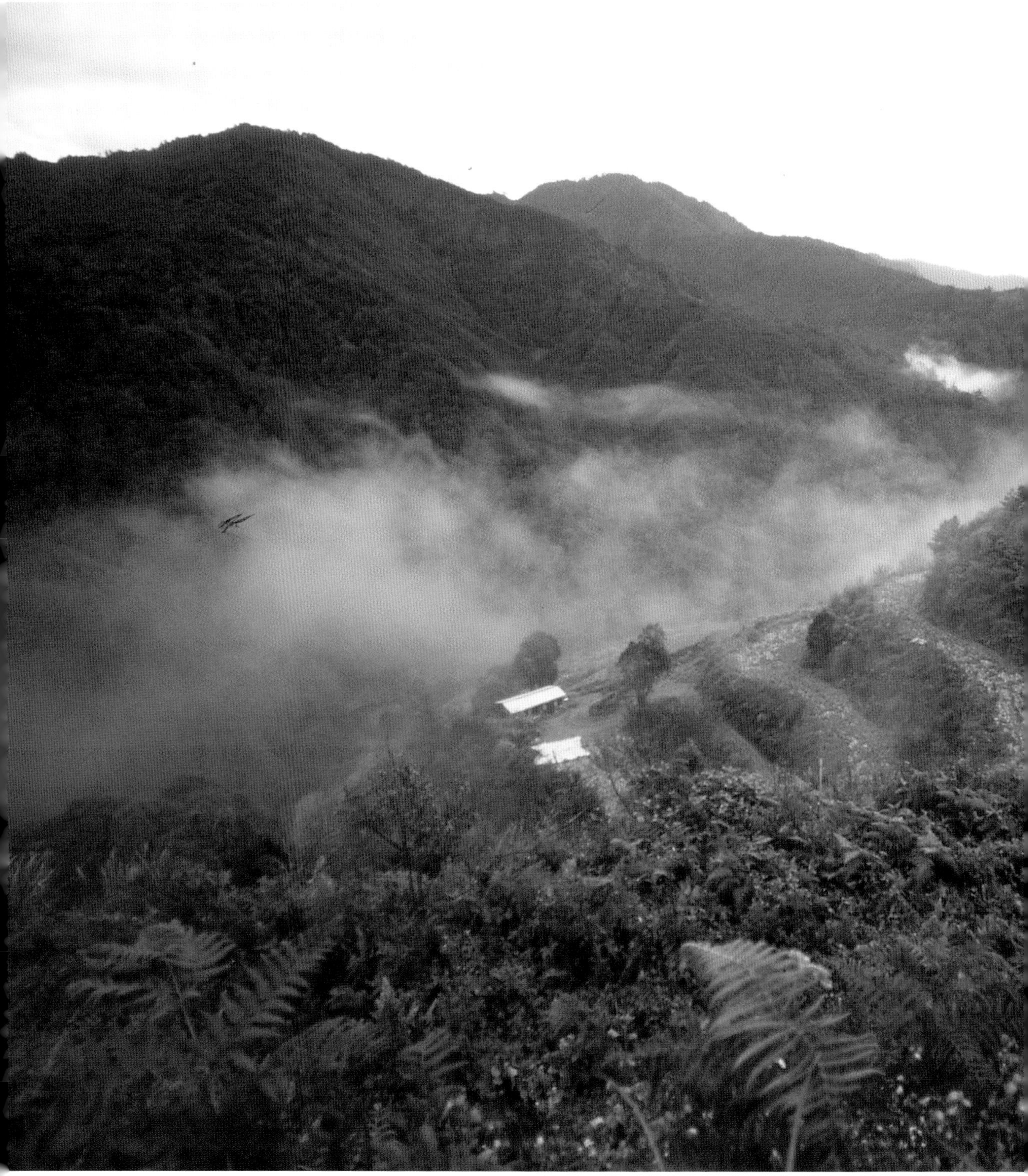

1996年丹大林道丹野農場

農業上山 ｜ 丹野農場

無法恢復的林地

1958年，孫海的振昌木材公司因協助開闢丹大林道，而取得丹大林區五千公頃伐木權。大約在1985年間，振昌公司私下將林產處分權出租，一百公頃左右原本該栽植果樹與造林的國有林地，成了高麗菜園。到了1989年，《人間》雜誌記者賴春標深入調查，揭露了濫墾濫伐現象。違法事件爆發之後，林務局與振昌公司終止合約，但蔬菜墾農繼續上訴。2003年經雙方協商，同意三年的緩衝期，但須先收回四十公頃進行造林。直到2010年，丹大事業區的違規林地才全部收回並陸續進行造林復育工作。

2017年5月間，我再次回到違法農墾區，並對照1996年間所拍攝的高麗菜園，觀察收回的林地復育情形。我發現農墾區的土壤因長期受到肥料與農藥汙染，土地已嚴重劣化，農地上的樹苗存活率偏低。土地一旦遭受破壞，到底需要多長時間才能復原？沒有答案。

1996年

丹野農場20年變遷

丹大林區是台灣森林保育運動起始點，三十年來，經常成為人們談論的話題之一，但實際上，保育團體與林政單位的努力，是否已獲得具體的成果呢？從農業區收回造林的現況來看，十年的時間尺度，對於受傷的大地而言，似乎還是太短！

2017年

2005年　　2005年

梨山與福壽山農場

1996年7月，賀伯颱風重創中部山區，政府開出全民造林的解方。宜林地違規、超限利用的山坡地，開始進行造林復育國土行動。我們從空中鳥瞰中高海拔的農墾區，過度開發、裸露崩塌的現象，依舊持續存在。

2005年　　2010年

阿里山山葵

瓦解森林層

山葵種植，是阿里山的一個大問題。由於山葵不能有太強的日照，得種在森林底層，於是，森林系統多層次的各種植物被除去了。

商人先進行林木疏伐、闢出裸露地，再修剪枝葉，導致現存樹木幾乎只剩頂部的枝條樹冠。植物生態學家陳玉峯在2009年八八風災過後，特地趕往重災區調查，看到崩塌裸露的土層，氣憤地指出：「造林地種山葵，豪大雨直接沖刷沒有植物保護的泥土帶，森林的表面看起來是好好的，但其實可能是外強中乾。每一道崩塌裂縫，就是一個切割面，雨水會從切割線一直往下滲；如果豪雨繼續下幾個小時、一天的話，整片山坡就可能產生地滑現象。這一次的災難，只有上緣崩塌，再來就會是下緣。滑坡飽含雨水，會形成更大的災難。也就是說，這次的大雨，或這一次的地震，會潛植、累積到臨界點，再一起算回來。最後我們要面對的是更嚴酷的殘局收拾。」

2009年8月莫拉克風災後

2009年8月莫拉克風災後

殘局

山葵由日本人在1914年引入阿里山區種植，至1976年種植面積約十七公頃左右。1980年代阿里山公路分段開通之後，因交通便利，國有林班地內的山葵園陸續擴增。1989年，林政單位眼見私闢、違規的山葵園過於氾濫，已超過五百公頃，因此採取登記管理措施。經過數次颱風豪雨所引發的大災難之後，迫使政府下定決心，公告將於2016年底，終結山葵園濫墾問題。

1994年阿里山公路沿線開發問題

阿里山公路開發

臺灣森林保育運動

1993年，環保團體發起阿里山與新中橫農林土地關懷運動。到了2017年，終於看到阿里山區林地即將全面收回復育。環境保育從倡議、公民行動到落實，總需要漫長的折衝、堅持、努力，才有看到一點點成果的可能。

2005年7月

觀光災害 ｜ 清境農場

觀光危機

1960年代，退輔會在南投仁愛鄉山區成立清境農場，安置從中國雲南撤退的官兵從事農業墾植。1971年起，清境農場逐步轉型發展觀光事業。1992年，退輔會將農場耕地放領給榮民；當山區土地可自由轉讓之後，清境地區的觀光產業開始蓬勃發展。

2004年，觀光民宿迅速成長之際，當地景觀、生態環境也逐漸質變。內政部在2013年12月公布清境農場周邊民宿暴增為一三四家，但只有四家是完全合法。

據南投縣政府至2016年6月30日止的統計，清境地區民宿家數共計一一〇家。而監察院的調查，清境地區的民宿中，僅有六家無違章建築，其餘九十四家民宿均涉及違建行為。民宿申請核准經營的客房數是四五四間，但實際經營的客房數卻高達一四二七間。而清境山區之東、西面山坡，分別是烏溪與濁水溪上游的集水區，因部分坡面陡峭、地質脆弱，從稜線到溪底的落差高達一千公尺，雨水沖刷與溪水侵蝕力道旺盛，將近七成地區屬於環境敏感區位。因此，許多土地均被規劃為山地保育區。如今每年一百多萬遊客造訪，從當地環境的承載量，以及遊客旅遊風險來看，清境的未來，真的是時時考驗著當代人的智慧了。

1｜2｜　圖1：1981年
　　3｜　圖2：1996年
　　　　圖3：2009年

高山遺留 ｜玉山

壓在玉山主峰頂的政權

東北亞第一高峰「玉山」，是鄒族傳說中的祖靈發源地。1900年4月，日本人類學者鳥居龍藏首登之後，主峰頂遂被日本國設立了神社及高塔，象徵天皇據臺灣的權威。二戰結束後，1947年國民黨政府恢復玉山舊名，並除去山頂的侵略象徵遺跡。1966年8月，為了完成于右任的「葬我高山兮，望我故鄉兮」之願，並順應當時胸懷「中國」之祖國的浪潮，玉山頂上樹立起一座三公尺高的半身銅像，玉山再度成為民族政治領地。

1995年11月以及1996年5月，銅像先後遭人破壞，玉山國家公園順勢不再重新補立，玉山頂的于右任銅像，正式淡出臺灣最高峰，還原了山峰主體的面貌，也消除了多年來自然景觀與政治象徵之紛爭。

1993年玉山國家公園塔塔加鞍部森林火災

林火

森林火災本是自然演替的一環，但近二十幾年來，部分林火卻指向人為的刻意或疏忽。從
1990年代的丹大林區、新中橫塔塔加鞍部、雪山山脈東側、梨山地區等中高海拔山區的火
災，看到人的私欲，毀了大片山林生靈的生機，這是從事環境紀錄最為痛心的目擊現場。

2000年森林保育與檜木國家公園運動

1989年丹大林班森林保育現場環境觀察（財訊月刊資料）

臺灣山林保育重要事件

1987年9月	《人間》雜誌丹大林區砍伐現場報告。
1988年3月	東海大學林俊義等百位大專院校教授連署，於植樹節當天在《自立早報》提出全版「搶救台灣森林聯合宣言」。
1988年3月24日	綠色和平工作室及《人間》雜誌發起「救救我們的森林」遊行活動。
1989年	政府宣布禁伐一級天然林（紅檜、扁柏、臺灣杉、香杉、肖楠等五種高級針葉木的天然林）。
1989年7月1日	林務局由事業單位改制為行政單位。
1991年	因造林砍伐小徑木與雜木，嚴重影響自然生態平衡，林務局停止砍伐天然林。
1996年	全民造林運動乃為因應賀伯颱風帶來的土石流相關災害所推出，被戲稱「砍大樹，種小樹」運動，在實施八年後於2004年正式劃下句點。
1998年	棲蘭山檜木林枯立倒木事件爆發，再度引發第三次森林保育運動。
2000年	棲蘭山檜木林獲得保育，評估設立國家公園可行性。
2002年5月	馬告國家公園計畫公告。
2002年	揭發1997年推動「全民造林」是「砍伐森林、放火燒山、再種小樹苗」之荒謬政策，2004年決議停止。

我深深體悟到，大洋中每一座孤立的島嶼，都像是我們生長的地方。
這裡一切的好與壞，都歸我們所有，也是我們永世共同的「島嶼記憶」。

第八章

島群

世界的中心

●──導言

永世共同的「島嶼記憶」

每一座島就是世界的中心

我堅信，數千年前或數百年來，很多人的祖先，都是冒著生命危險，搭乘舟船，歷經無數晝夜，橫渡波濤洶湧的大洋或黑水溝，從海岸進入每一座美麗島嶼。也經常思考，我的體內，應該仍承續含著不畏海洋險阻的基因，並兼具勇於冒險犯難的精神才對。但為何，如今卻演化成陸封的動物，不再眷念海洋的滋養，疏離了母胎般的生命律動。

臺灣是由許多島嶼灘礁共同組成的島嶼型國家。我曾問過許多朋友，是否知道臺灣領轄海域內有效治權的島礁是幾座？有人回答，學校課本寫的是86座；有人說，加上金馬地區是137座；也有人說，依據現在進步的衛星測繪，應該是165座。資料出處或官方文書的記載，各個版本數據不盡相同，導致一般人的認知也莫衷一是。參照中華民國行政院版本與民間判讀版本，再把爭議治權島礁排除稍做調整，我的田調背景資料是173座。到底臺灣的有效領轄島礁總共是幾座？該從憲法版本，或是實質有效治權來計算呢？我想官方恐怕也不好回答。

若以我國握有實質管轄的島嶼來審視，或可讓人民較有全面具體的瞭解；但實際上，有些軍管或環境敏感的島嶼，一般人長期被阻絕靠近，人民對於自己的島嶼國土自然也就相當陌生。如果從海洋島嶼的地理特質來看，每座島自有其獨立性，不盡然是某個島嶼或某個國家的附屬，可任意支配宰制。每座島嶼的子民，一腳跨出，就是大海，也是冒險的開始；遠眺四方海洋，可無限延伸、任憑遨遊。也因此，每一座島嶼就是每一個起點，像是「世界的中心」。

離島的重要性與困境

近二十幾年來，人們也想重回海洋，試圖追尋失落的夢想；各公部門、教育機構、非營利組織，莫不持續努力以具體行動加強海洋文化的論述內涵。然而，這些論述如果忽略了臺灣四面海域的環境變遷，以及海域主權的認知，海洋國家就像失缺了骨架與靈魂的空殼軀體。臺灣有效治權的島嶼，或者官方文書主張的疆域，長期來面臨許多挑戰，譬如南沙太平島受制於越南、釣魚台列嶼被日本實質控制等；政府透過外交辭令，強調和平談判降低雙邊緊張關係，並沒有讓人民瞭解實質的談判進度與困難度，更忌諱援引民間的協助力量，共同捍衛主權，實屬可惜。太平島、東沙環礁以及烏坵等諸島，長期由國防部列為軍事要塞，幾乎與外界阻絕，現實上卻經常遭受越南、中國政府與該國漁民的侵擾。另一方面，這些島嶼的環境變遷或所面臨的問題，缺乏大眾關注與監督，臺灣人民從想為這些島嶼盡一份心力，也若被一層神祕薄紗遮掩，無法親近。

細細深入遙遠島群的脈動
風蕭蕭兮軍管三島

臺灣海岸逐步解嚴開放之後，禁不住湛藍天空與深邃海洋的召喚，也為了滿足內心對於島嶼風情的渴望，我決定挑戰「懼海」的軀體，陸續探訪了四十餘座大小島嶼。其中，長期處於禁錮狀態的軍管島嶼，更是我盡可能突破限制與禁忌前往的目標，希望用朝聖般的心情，細心體驗。臺灣人對於這些偏遠島嶼的瞭解，實在太少太少。不論是生態、環境、歷史、守衛防務，或者挑戰與危機，全面都是陌生。因此，每當有機會跟駐島戰士訪談，我總是懷著敬意靜心傾聽；記錄島嶼的風土生息時，更希望詳盡地呈現各方面向，用心賞讀這一座座絕世島嶼的脈動。我特意挑選一般人比較不容易到達的島嶼，或者容易被忽視的島嶼視角，透過圖像與書寫，從不同方位、先難後易、由遠而近的鋪陳，希望讓這些獨特卻失落的島嶼故事，接收到關愛的眼神。長期來，仍處於軍事管制的三座島嶼，是我最想瞭解的絕世之地；但其困難度之高，超乎我的想像！

・南沙群島與太平島

與臺灣相距最遠、最難到達，又位處南海爭端中的領轄島嶼，首推太平島。太平島是南沙群島二百多座天然島礁中，面積最大、海洋生態環境最豐富、海岸林多樣性最高，更是唯一擁有天然淡水的一座島嶼。早在十七世紀初期，就有華人登島歷史記載；近百年來，太平島周邊國家為了磷礦與漁業資源不斷相互叫囂，直接或間接的占領爭端相當頻繁。二次大戰結束之後，中華民國就派遣軍艦前往南海接收「固有海域主權」，並在主要島礁以軍隊駐守；當中國內戰進入後期之際，南海各島礁的駐軍也陸續撤到臺灣。

1956年7月，臺灣再度以軍力做後盾，取回數座島礁的主權；但很可惜主政者並未持續積極有效經營管理。1970年後，越南、中國、馬來西亞與菲律賓等南海周邊國家，陸續進占南沙群島部分島礁。1974年2月，越南海軍更是利用可乘之機，從中華民國手中奪下敦謙沙洲，接著對於太平島與中洲礁更是虎視眈眈；臺灣除了透過外交辭令宣示以外，無法有效嚇阻越南漁民侵入十二海浬的領海內攫取大量漁業資源。近年來，越南軍方甚至藉機挑釁太平島的守衛海巡官兵。南海是亞洲區的火藥庫之一，如果，南海各聲索國不以和平方式解決爭端，太平島真的是難以太平。

・東沙環礁

東沙環礁的外廓是一座接近完整圓形的珊瑚礁盤，它歷經二千萬年的地質演變，已成為許多海洋生物與鳥類在南北遷徙途中的重要棲息環境，也是臺灣目前最具海洋學術研究競爭力與國際性合作潛力的海洋瑰寶。近五年來，科技部持續投注資源，協助二十幾個國家的海洋科學家駐島研究。

東沙距離臺灣約四百六十公里，是我國經營南海的重要據點。第一次從空中俯瞰東沙環礁地景，長達四十六公里、寬度約二公里的環型礁盤，就像蔚藍大海中的一枚圓形戒指，而東沙島，就是鑲嵌的寶石。環礁位處南海北部大陸棚斜坡，因為周邊海域的魚類資源相當豐富，加上地緣關係，是臺灣、香港、中國、越南等國漁民競逐的漁場。自1990年起，中國與越南漁民開始大量使用氰酸鉀毒魚，甚至投擲炸藥炸魚，導致海洋環境急速惡化，漁業資源幾近枯竭。到了1997、1998年，全球面臨聖嬰高溫現象，東沙海域環境生態系統雪上加霜，

直徑約二十五公里、面積約五百多平方公里的環礁潟湖區內，珊瑚生態系形同崩毀，活珊瑚覆蓋率相當相當得低，約在5%以下。

・烏坵

烏坵嶼位於金門、馬祖、臺灣三大島之間，各相距約一三〇至一五〇公里之間；距離中華人民共和國的湄洲島卻相當近，大約只有三十六公里左右，因此深受中國威脅，甚至常被蓄意挑釁、事端頻繁。幾次住在烏坵島上，親眼看到中國漁船與官方漁政船緊挨著島嶼灣澳，像侵門踏戶的土匪；當地常住的幾位老漁民同聲咒罵，海裡最好的黃魚、龍蝦都被中國漁民抓走了，等於是進入家裡，把養家活口的飯碗給搶走了。目前，烏坵人在當地的主要產業與收入，只剩冬季到春季之間的海岸紫菜，但偶而也會遇到歉收年，生活資源愈來愈少。居民人數從1950年代鼎盛時期的上千人，陸續外移，目前常住人口約僅剩四、五十位。每次想起居民的埋怨，心裡總是滿懷悲憤、無奈的複雜情緒。

據軍事專家的評估，臺灣想以現有軍力保衛烏坵，困難度相當高。以1996年3月臺海飛彈危機為例，當時中國發動鐵殼漁船包圍烏坵嶼，讓兩岸緊張情勢驟昇到開戰邊緣；當時情報指出，中國原計劃搶灘進行威嚇式象徵性的占領，烏坵守軍已決心死守並準備好屍袋應變，美國也緊急調動艦隊表態；惟中國在最後一刻收手，才讓海峽衝突降溫。

烏坵嶼上的住民，早期是從中國福建湄洲島遷移過來的，兩座島嶼的故舊親戚都還有往來；雖然分屬不同國家，各自選擇在不同政治體制下生活，但若以血緣關係考量，應兼顧親情與基本生存權。然而，中國顯然是政治算計勝過一切，更不惜以軍事強權壓迫，罔顧了人性。1998年，台電公司因為看上了當地花崗岩與玄武岩地質的優勢，原本計劃要把核廢料儲放在小烏坵嶼，但立即遭受各方批評；因為這對烏坵人來說，相當不公平。後來，此計畫即被擱置。目前，烏坵嶼的文史團體，正試圖讓1874年設立的燈塔，結合島嶼環境、人文史蹟與故事等，讓外界多所瞭解，以期促成人們對烏坵投注更多的理解與關愛眼神。

美麗海灣的危機

・蘭嶼

每到一座島嶼，我總會去拜訪當地的耆老，聊生活、談歷史，或論當地前景。1980年代，坐在蘭嶼的礁岩上，我真切體會到達悟族人敬畏天地大海、謹守祖靈的傳訓、珍視自然界賞賜的萬般資源，並依時節適度利用的智慧。

1990年，行走在部落中，可從傳統家屋、山坡梯田輪耕、打造拼板舟、歲時祭儀等，見識到島嶼子民的生活智慧，整座島彷如當代學習海洋文化的殿堂。2015年初春，飛魚季的首日傍晚，我隨著達悟族人出海。幾個家族代表成員合力划著大舟，在茫茫黑夜的大海裡，點燃芒草火把。熊熊火光映照海面，頓時成為水中魚群追逐的亮點，達悟族人使用傳統的火誘技法，揭開了年度捕撈飛魚的序幕。看到族人在近海手撈的漁獲量，大約只有數十條；再對照外來船團進入族人傳統海域，並以大圍網、機械式的捕撈，一起網就是萬噸起跳，侵入者著實違反了達悟族人與大海的約定，也危急海洋資源的永續性。近年來，雖然外來船團的作業範圍已受到限制，但島上少部分住民，似乎已無法回到傳統的價值，也集資購進機動船，投入商業大獵捕的行列。加上受到外來資本、功利思維的影響，島嶼族群的傳統農耕、海洋文化，正隨著時間消逝般磨損。其他諸如各項公私硬體建設、核廢料暫存、回饋金使用、各類廢棄物處理、觀光業發展、文化保存與教育、醫療與照養，龐雜的事物與爭議等，也正一一考驗著大家的抉擇。

・綠島

〈綠島小夜曲〉創作於1954年的夏天，是大部分臺灣人琅琅上口的歌曲之一。早期資訊取得不甚方便的年代，我一度誤以為這是一首描寫綠島意境，借景抒情的情歌。

還沒有到達綠島之前，這首歌的意境，已在我心裡描繪出綠島浪漫的想像雛形。1980年代，飄啊飄、搖啊搖，到了綠島之後，發現許多人除了出海捕魚，也會飼養梅花鹿當作副業，梅花鹿除了有珍貴的鹿茸，全身都可賣到好價錢。當時，鄉公所初估全島畜養的數量，在高峰時期約有三千隻，可說是除了海洋漁業以外，很重要的生活收入來源。但是好景不常，因為

產量過剩，以及結核病疫情等因素，1986年鄉公所採取減量措施，將公共造產的二百多隻梅花鹿，分批野放，「鹿島」的養鹿產業也進入盤整期。

回顧綠島畜養梅花鹿的歷史，依據綠島鄉志的記載，可能已有一百三十幾年的歷史。當臺灣最後一隻野生梅花鹿於1969年在東部海岸山脈被捕之後，綠島的梅花鹿就成為生物學家的研究對象。梅花鹿群雖是經由人工繁殖飼養，也被質疑物種基因「不夠道地」，但是，從物種基因移地保種的概念來看，綠島的梅花鹿益顯重要。

長時間在海岸與海上的紀錄工作過程中，已經觀察到，當地漁業過度捕撈、海洋資源也逐漸匱乏。1990年代，綠島人找到了發展觀光業的新方向，這也剛好填補了畜牧業與漁業雙雙走下坡的替代方案。

當年鄉公所野放的梅花鹿在野外自行繁衍，恰好足以成為觀光賣點；而海岸邊的潮間帶以及近岸水域珊瑚礁生態系，相當具有觀光價值。清澈湛藍、能見度高的海底，珊瑚礁魚類多樣繽紛，已成為潛水遊客的熱門潛點之一。

看到綠島產業的改變，憂喜參半；對於綠島的浪漫情懷，竟也愈來愈淡了。心中擔心，綠島是否已過度開發，並且可能危及海洋生態環境；而旅遊旺季的遊客量，也可能超過環境的負荷。夏季假日的午後，走在綠島海岸的環島公路上，從身旁呼嘯而過的機車，最少有數百、甚至上千輛次。想到這些川流的車陣，有可能在夜間會再不斷繞島，那麼，那些利用夜色掩護下海釋放幼生的陸蟹，就可能橫遭車輪輾壓。想到馬路上可能出現的路殺景像，憤怒與無奈同時湧上心頭。

每一次站在遊客登島的碼頭，看到懷抱著各種想像的人們匯集到此，集體將綠島推向觀光旺島，我轉而擔心起綠島生態環境正飄啊飄、搖啊搖，綠島，妳為什麼還是默默無語？

‧澎湖
澎湖縣望安鄉的東吉嶼、西吉嶼、東嶼坪、西嶼坪以及周邊九座礁嶼，簡稱澎湖南方四島。

島上長年居住的人口合計僅約五十餘人，周邊海域環境較少受到干擾，珊瑚礁生態系相當健康。2014年6月，內政部公告劃設為國家公園，進行菜宅人文地景、玄武岩地質、海蝕地形、燕鷗繁殖區的保護工作，涵蓋面積約三萬五千多公頃。據海洋生態學者新近完成的研究成果發現，東、西吉嶼之間的海洋廊道面積約一二○○公頃，因海洋魚類相豐富、生物多樣性高、生態環境系統狀況極佳，是臺灣海峽相當難得的生物種原庫。海洋保育團體因此提出建言，為了環境的永續，這一小塊海洋廊道應該儘速劃設為禁漁區，扮演物種與魚類資源復育的功能。此一倡議，並未受到地方政府與主管機關的完全認同。在澎湖近百座群島中，如果有一處高度保育的種原庫，就可產生資源外溢的效應，漁民可在保育區外，捕撈外溢的魚類資源，達到環境保育與經濟利用的雙重效益。

此外，這幾座小島因資源枯竭與生活、求學、就業因素人口外移嚴重，導致部分公共設施幾乎閒置。其實島上的碼頭、通訊、維生基礎資源等公共設施，尚稱便利，可以更有效積極的應用，發展為海洋教育園區，甚至成為臺灣海峽最重要的生態環境研究基地。

我們是海洋共同體

從高雄前往太平島，搭船來回一趟需要七天航程；距離較近的東沙島，單程也將近二十個小時。至於其他島嶼，雖然只要數小時或半天之內即能抵達，但如果無法耐受風浪作用，在海上長程航行並不好受。為了記錄海洋生態與各主要島嶼的環境變遷，中間經歷了許多辛苦；但若無這樣扎實的田野調查紀錄，疑惑無法釐清，這都是必須的付出。我們觀察到：臺灣周邊海洋魚類資源，為何在短短三十年間由盛而衰？為何曾經是上千人長期居住生活的島嶼，如今住民卻只剩下個位數，甚至有些島嶼已空無一人，徒留空空盪盪的古厝村落？島民選擇拋棄祖居家屋與產業，遠走他鄉的各種原因為何？我思索著，除了社會價值改變以及政治力的驅使以外，海洋資源枯竭，才是最主要因素。海洋資源枯竭的原因包括過度漁撈、海洋汙染、棲地環境破壞、公權力不彰，加上消費者推波助瀾與氣候變遷等，均讓海洋資源難以在短期內恢復，島嶼住民只好另謀出路。島嶼生計的興衰與海洋環境榮枯，絕對是密不可分。

臺灣的國際地位艱困，其他偏遠小島的命運更是難測。二次大戰之後的冷戰時期，金門、馬

祖與鳥坵成為圍堵共產勢力的第一島鏈，肩負臺灣、澎湖的國防安全。近年來，國際間為了爭奪海洋資源以及擴張政治影響力，南海已成為亞太地區新戰區。2016年7月，因菲律賓與中國的爭端，太平島甚至被列入南海仲裁案，國際海洋法庭依《聯合國海洋法公約》將太平島裁決矮化為「岩礁」，若臺灣想要持續主張兩百海浬專屬經濟海域，將更加困難。值此，國家島嶼海域主權受到鄰國強力挑戰之際，憤怒已無助於事。我們可反省叩問，我們瞭解太平島的樣貌嗎？它的任何改變，大家又有多麼在乎呢？

長期來，南海周邊國家對於各島礁的主權各有堅持。東協國家為了促進區域和平穩定，2002年11月共同簽署了《南海共同行為宣言》；但臺灣受制於國際現實，雖然在南海擁有最大天然島嶼的實質治理權，卻上不了這張談判桌，沒有發言的機會。

臺灣海洋學者並不氣餒，提出更大格局的可能性。各國若願意放下爭議，共同合作、共享資源，那麼臺灣可從海洋環境無國界的核心概念切入，透過太平島這座具有豐富海洋自然生態的島嶼，擴大國際合作，進行南海科學研究並擔負周邊海域人道救援角色。

務實看待臺灣的處境，開放我們的視野，誠心面向蒼茫大海環境變遷，回首祖先渡海守護每一座島嶼的歷史，猶如駐守在不同方位的勇士，共同捍衛彼此相連的海洋。

我深刻體悟，每一座島嶼縱然分屬不同國家，但彼此的生命養分，都共同倚賴著大海洋流的輸送，把我們串連在一起。不管你喜不喜歡，這一切好與壞的現況，都將持續循環，也都歸我們所有，是我們永世共同的「島嶼記憶」。

東部與北部海域 ｜ 綠島

失控的島嶼

近幾年來，綠島觀光產業快速發展，每到夏季，主要景點與環島公路幾乎塞滿了遊客。人潮等於錢潮，旅遊業者競相設點推展業務，也推出各式各樣的遊憩活動。高度競爭之下，業者為了招攬更多遊客，已產生許多脫序行為。

2000年綠島空拍全景

目前，一般旅行業者所安排的綠島旅遊行程，大致是搭飛機或乘遊艇登島，接著租用機車做為島上的代步工具。依照業者推估，為了滿足遊客所需，島上的機車數量高達三、四千輛，已遠超過綠島的居民人數。

海邊浮潛區觀賞珊瑚礁魚類，是海上活動的重要熱點；但根據海洋生態學者觀察，綠島的柴口與石朗浮潛區，因為少部分浮潛業者與遊客未遵守遊憩規範，潮間帶的珊瑚早已被踩踏殆盡，況且少數人，還是會攜帶魚槍闖入保護區採捕，甚至對保護魚種下手，導致近岸水域的大型珊瑚礁魚類愈來愈少。到了晚上，大批遊客騎乘機車環島夜遊，泡海底溫泉、觀賞梅花鹿，或者觀察寄居蟹與椰子蟹生態，活動相當緊湊；但當上千輛機車在短窄的環島公路上穿行，許多夜間出沒的生物就可能枉死輪下。十年前，還看到少數旅遊業者，會事先請人到野外設置細網，捕捉保育類的椰子蟹，供遊客觀奇，據當地人私下透露，

也可能會有人順道來一客保育特餐。機車造成的空氣汙染、噪音，劃破綠島寧靜夜晚，當地居民已快忍受不住了。

綠島曾被設定為生態旅遊示範區，遊客總量管制的構想也不斷被提出，但部分旅遊業者為了生存，對於這些規劃方向，還是持保留態度。當地文史團體力推雙贏願景，主管機關卻礙於地方和諧，缺乏持續有效的管理措施，導致違法亂紀事件頻生、影響旅遊品質。綠島的遊客人次若持續增加，生態環境的負擔將愈來愈沉重。

1

2

3

圖1：2017年綠島海洋志工清除水下油汙
圖2：2013年綠島工程
圖3：2000年綠島地質公園旁就是綠島的
　　　垃圾場，垃圾極易飄落海洋

索討未來

綠島的最大危機在於過度開發，以及沒有遊客總量承載概念與失序的觀光消費行為。當島嶼環境被破壞，海洋被汙染，自然生態環境等觀光資源逐漸破敗，綠島可還有未來？

1
2

圖1：1993年自然溫泉潮池
圖2：2003年人工水泥溫泉池

凝固的溫泉

綠島的朝日海底溫泉，一直是觀光部門對外宣傳的大賣點，也是遊客前往綠島必遊的熱門景點之一。

1992年，觀光局為了吸引遊客並容納更多人前來泡溫泉，斥資大興土木，在潮間帶的珊瑚礁岩平臺上，開鑿了三座溫泉池以及一座海水游泳池。或許觀光單位原本是一片好意，但是在生機盎然、自然樸質的海岸上，這些像天外飛來的偌大水泥圓環，其突兀程度，幾把自然景觀徹底破壞。

更嚴重的是，在開挖過程中，由於機器所產生的巨大震動，導致海底溫泉露頭的礁盤受到影響，水量一度明顯減少，泉水溫度也改變；而自然的溫泉池經過水泥化，加上坐檯蓋得過高，溫泉水無法順著礁岩潮溝與縫隙隨著海水潮汐自然更換，溫泉水質已不復往日。

蘭嶼

颱風島啟示錄

拼板舟、飛魚、氣候濕熱、深具海洋文化內涵的達悟族人,以及被放置了將近十萬桶核廢料,
這是大家對於蘭嶼的共同印象。

2012年8月底,天秤颱風挾帶強風巨浪重創蘭嶼。自此中西太平洋上的「颱風之島」,再次
深化了世人對於蘭嶼的印象。

2012年飛魚

根據氣象局統計資料顯示，1961年至2000年間，臺灣每年平均會受到4.75個颱風威脅；近十年來，每年更增加至七個左右。蘭嶼位於「東南亞海洋低氣壓與東北亞大陸氣流交會點上」，颱風侵襲臺灣之路徑將近三成會直接影響蘭嶼。颱風對於蘭嶼的傷害，不斷增加。

蘭嶼達悟族人在面對暴風雨的挑戰時，早有一套因應對策，譬如主屋採半穴式，加上豎壁式的工作屋、杆欄式涼臺，建構出因應不同季節、氣候的居住生活空間。

對於自然資源的利用，達悟族人謹守輪迴、動態平衡的原則，尤其海岸潮間帶的環境更是不得隨意破壞。老人說：「大海會生氣。」

這些八百年來世代傳承的自然科學智慧以及生活經驗，在其後的異族統治下，逐漸受到衝擊。近幾十年來，漢人政府更以島嶼經濟發展的思維，在蘭嶼島上開發農場、造林、整建河川、興建國民住宅、開闢公路與部落港口、設置核廢料儲存場，以及各項公共設施等硬體建設。2000年以來，「離島建設基金」與台電「回饋金」的運用，嚴重衝擊了蘭嶼的環境與族群主體價值。

2012年天秤颱風肆虐之後，初估造成三十四個災害點，復建經費約需四億元，相關公部門立即投入救災工作與重建資源。

10月底，當我走在蘭嶼的海岸公路上，看到的是崩毀的路基、淹沒在土砂石底層的芋頭田，許多營建廢棄物就直接棄置在海岸礁岩區，水泥消波塊與堤防持續增加與擴大。以椰油村海岸重災區的損壞型態來看，強浪襲擊農會超市、加油站、機車店的石塊，很大一部分正是用來填築海岸的水泥塊，大海把人類抵抗自然的工具，連本帶利的加倍送還給人類。

颱風帶來的災害，提醒人類謙卑面對與大海的相處之道，並真切思考現今之建設是否會帶來日後肇災惡果。

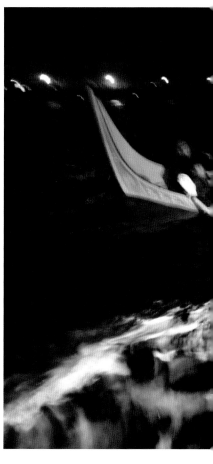

傳統火把獵飛魚

2015年4月1日下午，蘭嶼紅頭部落特地召集老中青三代族人，重新啟用已停用了將近二十年的飛魚傳統捕撈技術，我很幸運地全程完整記錄。

首先是由紅頭部落耆老帶領，把曬乾的五節芒刨成二片、綑綁成火把，接著再以輕火烤乾。

當日落天黑之後，族人把部落族人共有的十人大舟堆到海灘上，等待適合下海的潮水。

十人大舟在海上夜間划行時，除了要注意潮浪變化以及飛魚聚集的方位以外，還要培養分工協力的默契，才能讓拼板舟安全作業。飛魚有趨光的特性，因此當大舟到達預定海域，先點燃火把，再以竹竿加高，讓火炬亮光擴散，吸引飛魚。當飛魚靠近，族人即以手撈網，把飛

2012年蘭嶼紅頭部落十人大舟夜間捕獵飛魚

魚撈上拼板舟的魚艙。達悟族人以火把捕撈飛魚的要領，雖然與臺灣漁民使用的夜間焚寄網漁法有些共同之處，但達悟族人捕撈的漁獲量是以當天足夠食用為原則，海洋生態不至於失衡。

以傳統火把聚魚、撈魚，經過幾次的循環，在午夜之前，族人帶著捕獲的飛魚回航，並且把漁獲暫時存放在船艙內。隔天早晨，族人在海灘上刮除飛魚的鱗片，接著進行細部清理，並依照人數，把漁獲分成二類，一部分先水煮、分享，共同品嚐最新鮮的海味；另一部分則抹鹽、曬乾、儲存。這是蘭嶼達悟族人捕獵飛魚的傳統生活與文化，充分展露出他們的生活智慧以及海洋資源永續利用的思維。

危機

蘭嶼最大的危機是外來文化入侵。從基礎建設、經濟發展模式、資源利用型態、文化保存、教育內涵等等,都受到強勢文化與行政作為的介入。其次,是一些大型廢棄物的汙染,例如廢棄汽機車、家電、生活器具等等。隨意堆置在海岸、山坡空地的廢棄物,將會形成未來的災難。

圖1：1990年自然海灣
圖2：2005年興建漁港
圖3：2005年興建漁港

2015年8月龜山島海底熱噴泉

龜山島

活火山

龜山島屬於火山熔岩地形，是由兩個火山體組合而成，其岩層主要是由安山岩質之熔岩流和火山碎屑岩互層所構成。龜山島東方約五十到一百公里的海域內，最少分布有六、七十座海底火山，座落於一千三百公尺至二千公尺的深海海床上。龜山島是唯一出露在海面以上的一座火山，火成岩年齡有七千年，以地質上的定義來說是活火山。

因此，龜山島周邊海域的海床上，仍可觀察到持續噴發著熱泉的出口。1999年間，學術界進行熱泉採樣實測，水溫達102度，而在如此高溫的周邊環境，還有數量龐大的硫化菌、怪方蟹等生物。2003年間，我第一次進行熱泉區的田野調查，剛潛入水中時，能見度很低、噴泉聲音卻很大，當靠近噴口的時候，身體可以感受到海水溫度升高，看到氣泡從硫磺礦的裂縫不斷噴出，怪方蟹似乎不受外來者干擾仍競相覓食，有點像地球生命演化初期的蠻荒錯覺，而這些生態現象，近十幾年來，已成為海洋科學研究的熱門題材。

1	2
3	4

圖1：2006年彭佳嶼
圖2：2006年棉花嶼
圖3：2006年花瓶嶼
圖4：2006年基隆嶼

北方島嶼

四島

依據地質資料顯示，臺灣東北方海域的基隆嶼、花瓶嶼、棉花嶼和彭佳嶼是在地球第四紀更新世時期，火山活動之後逐漸形成的火山島嶼。如果再往更遠古的地質史來看，太平洋板塊與歐亞板塊，經過一億多年的碰撞與擠壓，因為擡升作用與火山噴發堆積，在兩大板塊間形成地球上綿延最長的串列火山島弧，俗稱花彩列島。大約六百萬年前，臺灣在花彩列島的中段慢慢浮現，剛好就位於琉球島弧與呂宋島弧的交會點，而臺灣島的北方四島，也就屬於琉球火山島弧延長線上的火山島。因為島上的特殊地質與地形，已被讚譽為臺灣的「火山地質公園」。

臺灣海峽與西南海域 ｜ 澎湖

東西吉嶼海洋生物廊道

2014年，澎湖南方四島之東嶼坪、西嶼坪、東吉嶼、西吉嶼以及周邊九個島礁，成立國家
公園，進行海洋資源與人文景觀保護。陸域與海域總面積約三萬五千八百多公頃，其中約
七十多公頃為海域生態保護區。

據海洋生態學者新近完成的研究成果發現，東、西吉嶼之間的海洋廊道，面積約一千二百公

2014年東西吉嶼海洋生物廊道

頃，因潮流受到地形影響，形成一個湧升流區，帶來豐沛的營養鹽與大量有機質，成為魚類聚集、棲息、繁衍的廊道，海洋魚類相豐富、生物多樣性高、生態環境系統狀況極佳，是臺灣海峽當中，相當難得的生物種原庫。海洋保育團體因此提出建言，為了環境的永續，這一小塊海洋廊道應該儘速劃設為禁漁區，扮演物種與魚類資源復育的功能。此一倡議，並未受到地方政府與主管機關的完全認同。在澎湖近百座群島中，如果有一處高度保育的種原庫，就可產生資源外溢的效應，漁民可在保育區外，捕撈外溢的魚類資源，達到環境保育與經濟利用的雙重效益。

擺動的沙嘴——吉貝

流動的海水與風沙，造就吉貝美麗的沙嘴景緻，成為澎湖獨特的觀光資源。

環境干擾與過度消費，沙嘴可能失去動態平衡。

菊島

每一座島嶼，都是世界的中心，充滿無限的想像與可能性。

島嶼的命運，掌握在人們的思維當中；美麗海灣的未來面貌，將映照出現代人的價值觀。

2005年馬公港搶救沉船文物

水下考古

2004年12月，澎湖馬公港開始進行清淤工程，但當地人士卻在淤泥堆中，發現疑似古老的陶瓷碎片。經歷史學術界鑑定，確認此批文物最早的年代可追溯到南宋時期，因此引起外界高度重視，並掀起搶救水下文物的行動，港務局被迫暫停敏感區域的疏濬工作。

我在2005年4月，等待水溫與能見度適宜之下，跟隨潛水教練，潛入混濁的港口，當下有如海底摸針般地四處搜尋，因為港區中的危險物品如廢魚網、碎玻璃、鐵器非常多，要特別小心。經過一番摸索，終於看到平躺在海床淤泥上的安平壺以及青花瓷碎片。由於擔心把水攪混了，有一些疑似被淤泥覆蓋的物件，我不敢去擾動，但相信古文物應該還有很多。雖然被打撈上岸文物，已有些破損、殘缺，但這已經是學術界緊急跟港務局與縣政府協調，才能從清淤挖土機的大鐵鏟下，搶救回來的珍貴古物，益顯珍貴。

臺灣對於水下古文物的文化與歷史價值，進行瞭解與研究者極少，至於水下文化資產的保護，更是付之闕如。臺灣若要重新尋回海洋歷史文化的主體性，水下的文化遺跡絕對需要我們投注更多心力。

小琉球

與珊瑚礁共存

小琉球嶼夙享海上樂園盛名，近年來，旅遊業不斷推陳出新各種遊憩活動，掀起觀光熱潮。部分鄉民為了謀生營利，不惜大興土木興建民宿、飯店，此一開發行為已嚴重威脅到小琉球的自然資源與整體環境。

位於高屏溪口南方的小琉球嶼，離臺灣島約十四公里，全島面積雖然還不到七平方公里，卻是所有離島之中最大、最珍貴的珊瑚礁島。珊瑚的生長速度相當緩慢，每年從幾毫米到數公分不等，珊瑚礁生態系構築了多樣豐富的生物棲息環境，猶如陸地上的熱帶雨林，更讓小琉球嶼有如海上的一塊塊寶。

小琉球擁有得天獨厚的海洋資源，因此能夠供給上萬人的生活所需，在1970年代，設籍在小琉球的人數，就超過一萬六千人；目前人數雖略有下降，但人口密度依然高居屏東縣第二位，僅次於屏東市。小琉球的島民在地狹人稠限制下，充分發揮靠海營生的絕佳本領，從沿近海漁業、順著洋流往全球遠洋漁業拓展；小琉球籍的鮪釣船長，更在漁業界享有盛名。當海洋漁業資源逐漸匱乏，小琉球轉型發展觀光，從歷年來主要景點的購票人數統計來看，1996年是十五萬人，到了2015年已高達四十四萬人次；提供遊客住宿的民宿也從六家，一路攀升到2015年的三百多家。小琉球旅遊的遊客，實際上以自由行居多。再以交通部航港局2012年的統計來看，從東港到小琉球之船運總乘客量有一九六萬人次，當地旅遊業者初估，近年到小琉球旅遊的人數每年皆有百萬人次，足見小琉球的觀光行銷相當成功，甚至已超過環境承載的限度。許多人開始擔心，若海洋遊憩活動沒有兼顧生態保護，將導致海中的珊瑚礁環境以及魚類生態受到影響，也會危及小琉球觀光資源。

小琉球的發展，緊緊依賴著珊瑚生態的健康與否，保住珊瑚礁生態系，才保得住小琉球的未來。

外傘頂洲

漂移的國土

外傘頂洲是臺灣沿海最大的濱外沙洲，存在百年以上。因周邊陸地各種不當的人為使用，例如河砂開採、填海造陸（台塑麥寮六輕廠區、濁水溪流域）、流域治理與海岸工程，使得河砂補充大量減少，改變了堆積與侵蝕作用；加上外在自然營力的影響，沙洲每年愈往南偏移，甚至變短、變瘦、面積縮小。大潮期間，幾乎被淹沒。因此，始建於1914年的燈塔，也因為沙洲變遷，至今已歷經七次的重建修繕。

根據成功大學水工試驗所的觀測資料，外傘頂洲從1983年到2014年，面積由二千四百公頃縮小為一千公頃，高度從十公尺降到二公尺以下。海洋環工專家甚至預估，外傘頂洲可能到2028年就會低於海平面。

外傘頂洲與雲嘉海岸之間形成的內海潟湖，一直是牡蠣與文蛤的優質養殖場域，更是海岸的天然屏障；如果沙洲持續縮小，海岸土地將直接受到強浪侵蝕，嘉義東石、布袋的海岸堤防也可能會被掏空。如此，受到嚴重影響的將是潟湖內的養殖漁民以及觀光業者的生計。

外傘頂洲的後續變遷值得關注，更是各種工程作為的前置評估參考案例。

1　圖1：2003年
2　圖2：2005年
3　圖3：2010年

軍管離島 | 東沙島

南中國海的皇冠

1994年，臺大海洋所戴昌鳳教授至東沙島海域進行珊瑚相調查。當時他印象最為深刻的是，水很乾淨，珊瑚礁就像森林一樣，軸孔珊瑚有二、三公尺高，桌型珊瑚層層疊疊，數量非常的多。而目前已記錄到的珊瑚種類有將近四百種，魚類超過六百種，鳥類也有二百九十餘種。

2017年

生物多樣性相當豐富的東沙環礁，可說是大洋中的一顆寶石。因為東沙環礁在大洋中具魚類群聚效應，而成為周邊國家漁民競相爭逐的漁場。

1990年代之後，中國與香港漁船大量進入東沙海域捕魚。據1996年駐軍統計資料來看，當年度外籍漁船有一千多艘，其中大陸漁船約六百多艘，香港漁船約三百艘，臺灣漁船僅十七艘。近年來，海巡署光是取締毒魚、炸魚的次數，每年就超過二千多次，外國漁船除了違法進入環礁作業，還使用非常惡質的捕魚方法，例如毒魚。漁民將氰酸鉀噴到珊瑚礁洞裡，把珊瑚礁魚類毒出來；大隻石斑魚、熱帶魚、龍蝦出現後，漁民會用網子去抓，當網子被珊瑚礁掛住，漁民就改用炸藥，把一整群一整群大大小小的魚群炸死，同時也把珊瑚礁炸壞。

東沙環礁在長期人為破壞、奄奄一息之際，不幸遭逢1998年一次非常嚴重的聖嬰現象。這一波溫暖的水溫，猶如壓死駱駝的最後一根稻草，造成東沙環礁內70%以上的珊瑚白化與死亡。

戴昌鳳教授在2001年再度回到東沙進行調查研究時，發現有些區域的珊瑚群聚覆蓋率大概只剩2%左右，到處都是死掉的珊瑚，顏色非常黯淡；連依賴珊瑚礁區生活的魚種，也改變為草食性的魚類為主。此刻，東沙海域彷如一座大型珊瑚墳場，令人感到無盡的傷心、難過。

要挽救東沙，應確實攔阻並管制非法漁船，嚴禁毒、電、炸魚；也可透過APEC亞洲經濟合作會議，邀請各國共同商討有關東沙環礁海洋保育與漁業合作問題。東沙的自然資源保育，已不再是臺灣單方面的意願，亞太國家要有共識，才能奏效。

1 |
2 |

圖1：2007年東沙海巡簡易碼頭
圖2：2015年東沙地標之一

碼頭建設

東沙島的物資運補主要依賴船運，從1970年代的歷史照片，可看出當時的補給主力是海軍兩棲登陸艦，這是依循海域與海灘環境最為安全的選擇。1990年代之後，東沙海岸的水泥結構物開始增多，從簡易碼頭、水泥消波塊，再到目前的巡防艇碼頭，讓這座由珊瑚碎屑逐漸堆積而成的小島，產生了微妙的變貌。1993至1996年間，消波塊陸續堆放之後，東沙島東南側俗稱「龍擺尾」的沙帶地形，逐漸消失了；而部分碉堡的地基與流失的沙灘，也沒有保護住；早期的簡易碼頭，更早已崩塌。東沙島是否再次複製臺灣海岸工程失敗的案例，就交由大自然來檢驗。

1 ｜　圖1：2007年東沙潟湖出口處
2 ｜　圖2：2015年東沙外環礁盤

再次閃耀

現今，在國家公園與海洋保護區的架構之下，應建立全盤整合性的規畫。近程來看，建立生態環境基礎調查、管理公共空間改造不宜擴建太多；中期規畫，應重視資源培育與適度性的利用，透過經營管理、制度規範，讓東沙生態有喘息再生的機會；有了健康生態，結合生態旅遊，或能讓這個南海生態系中最璀璨的皇冠，繼續發光發亮。

生態變遷

東沙環礁內有七種海草,分布面積約一千一百多公頃,因海草的地下莖盤根交錯,形成綿延廣域的叢生型態,成為環礁內最重要且珍貴的海草床生態系。

東沙海草床是魚蝦蟹貝重要的孵育場,也是幼兒園,常常見到三歲以下的檸檬鯊幼鯊出沒,在漲潮期間,還有成群魟魚前來覓食;而枯落死亡的海草碎屑,被潮浪沖刷上岸之後,豐富有機質成為潮間帶生物的養分,也間接供給鳥類的食物來源,小小的海草造就了東沙精采多樣的生態世界。

1990年後,東沙環礁陸續遭受周邊國家漁民以非常手段大肆榨取各種海洋資源。1997至1998年間,全球發生超級聖嬰現象,環礁內的珊瑚群大量白化、死亡。經臺大海洋所調查,環礁內的生態環境先後受到人類與氣候暖化雙重摧殘,海域珊瑚覆蓋率約僅剩5%左右。近二十年來,珊瑚礁生態系雖已逐漸復原,但還需要多久時間才能回復到1990年代之前的水準?

1	2	3
	4	

圖1：2007年東沙海草床生機
圖2：2015年環礁內珊瑚死亡
圖3：2015年環礁內聯合微孔珊瑚
圖4：2007年外環礁軟珊瑚生機

太平島

穿心的機場

2005年底，國防部以緊急救援任務與補給之需要，在南沙太平島祕密進行簡易機場與碼頭
建設工程。因為相關資訊過於封閉，軍方拒絕外界應先進行環境影響評估與工程監督的建
議。生態學界擔心，臺灣為了有效掌控島嶼主權，貿然大興土木，可能毀了島嶼未來多元發
展的價值。

太平島是南沙群島中面積最大、駐軍歷史最久、主權最沒有爭議、唯一具有天然淡水資源、
珊瑚礁生態系相當豐富的一座美麗島嶼。島上三百多棵大椰子樹；高達一、二十公尺的棋盤
腳、欖仁樹；以及濱海灌叢林投樹、白水木、草海桐等交織而成的熱帶海岸林，更是珍貴。

1960年間，蔣介石總統就想在太平島蓋軍事機場，據海洋學者轉述，當時負責環境調查評
估的相關專家，在報告中提出島上的熱帶海岸植被與四周生態環境相當重要與脆弱，如果要

蓋機場，勢必破壞島嶼的自然環境。後來，蔣介石接受學者的意見，取消機場計畫。

1993年，政府再度擬具機場建設計畫，但因受到越南政府的抗議，計畫因而作罷。直到2005年底，國防部以祕密方式執行「太平專案」，除了機場以外，還包括碼頭與海巡署營區復建等相關工程。

太平島的東西長度約一三六〇公尺，南北寬約三五〇公尺，面積約〇‧四九平方公里。長達一千一百公尺的機場跑道將太平島橫切為二，貫穿全島。目前島嶼中央地帶的海岸林，已全數遭到砍除，舖上厚重水泥。海洋環境學者一致認為太平島機場嚴重破壞島嶼精華地帶與敏感環境。軍方黑箱作業，未能接受可行替代方案建議，最後得到的，可能只是一座環境崩毀之島。

1 | 2
3

圖 1：太平島 2005 年之前
圖 2：太平島 2006 年之後
圖 3：太平島 2016 年機場與碼頭完工之後
引用網路 google 地圖

因占有而失去

從相對自然的環境，經過人為高度干擾、工程建設，導致水泥化，因而地下水補注減少。港口突堤影響了沙岸穩定，加上地下水減少，因此，必須增加海水淡化設施，提高海岸補強工程，增加電力設施。為了占有，卻失去更多。為了安全，卻更加不平靜。

1 2 圖1：2003年太平島椰林大道
圖2：2013年太平島機場

從綠洲到水泥

從臺灣高雄搭乘軍艦到太平島，需要在海上航行三天三夜。進入太平島海域，遠遠看到海平面上出現一條墨綠色線條的時候，心中的悸動難以形容。

眼前這座長滿高聳海岸林的小島，就是傳說中的「南海綠洲太平島」。

跟著阿兵哥的腳步踏上小島時，有些不敢置信。幾座低矮水泥營房錯落在叢叢二十公尺高、具有百年歷史的熱帶海岸林中。

軍方為了兼顧防守動線與食物需求，特意在島的中間，闢出一條約五米寬的筆直水泥道，並在兩旁種上椰子樹；經過幾十年的維護，椰林大道成為太平島主要戰備道路與迷人地景。

2006年，軍方為了規避環評與民意監督，降低區域緊張關係，以拓寬椰林大道的名義蓋起軍用飛機跑道。雖然達成工程任務，卻破壞了美麗的自然景觀。

海洋保護區

太平島是南沙群島中唯一有淡水且生物多樣性最豐富的島嶼，由於地理位置關係，牽動著南海國際情勢。豐富的海洋資源和美麗的海底景觀，應以設定為海洋保護區為國際共識。

烏坵嶼

孤立的前線

烏坵嶼因緊鄰中國福建湄洲灣，中國漁民經常侵入捕魚。早期中國漁民如果進入離岸較近的禁、限制水域，當地守備部隊就會採取驅離行動。近年來，臺灣為了降低軍事對峙，烏坵嶼的海岸與海域管理，就從戰地政務轉由海巡署依相關海防條文管理。

由於烏坵嶼漲落潮差很大，沒有良好的碼頭及補給設施，因此，根本無法提供海洋巡防艦艇長期停靠駐防；因而導致中國漁民持續囂張挑釁，我方卻無力可管的窘境。

中國漁民竭澤而漁的毒炸方式，不僅造成海洋資源枯竭，更讓烏坵居民因為失去謀生資源而紛紛遷離。面對這樣的惡行，臺灣為了表達善意，僅以柔性方式先蒐證、再透過海基會行文給中國海協會，請求給予協助，並適度約束中國漁民不再侵入。但是中國始終緊閉協商大門，

1｜2｜3｜　圖1：2007年中國漁船與海巡艦艇
圖2：2003年大坵與小坵村
圖3：2007年中國漁船靠近

導致臺灣顏面盡失，還將海域資源拱手讓人。

中國漁民打蛇隨棍，更加肆無忌憚地在烏坵嶼四周海域炸魚，甚至把漁船就近停泊在烏坵嶼岸邊，形同全天候對台監控船。當每十天一個航次的海軍運補船到達烏坵準備進行運補作業時，中國漁船還會故意擋住航道，干擾運補作業，嚴重影響船艦及官兵安全。

國防部面對外界詢問，皆表示「海巡署會處理」。海巡署的主要任務是將罪犯攔截於海上，阻絕於岸際，不僅維護國家海岸線安全，更承擔海洋資源的保護責任。但是，執行海上巡弋的主管單位表示，當得到通報趕到現場將中國漁船驅離以後，巡防艇一回防，中國漁民又回來了，趕不勝趕。

從國家安全以及維護主權責任來看，烏坵前線，將是臺灣借鏡。

第 九 章

生滅

萬物共生的多元價值

不同的物種,在同一個時空相處,感受彼此的善意、默契、信任,
這是人與其他生物共存的至高境界。

● ——導言

由萬物譜寫出的奏鳴曲

原生緣滅

如果宇宙時光機能夠真實問世，我好想帶著影像紀錄工具穿越時空，回到三百多年前，記錄先民渡船涉險歷經黑水、小海（裨海就是小海之意），到達臺灣島的初始情境。或者，沿著郁永河在《裨海紀遊》採硫的歷程，一一記錄他所記述的見聞。如果，一百五十幾年前，英國博物學家史溫侯，在臺灣各地採集標本的當下，我就能夠同步把當時的採集過程以及自然風貌影像，都保留下來，將會何等美好地拼湊出臺灣早期精彩的風土人文故事。

每隔幾年，學術界或保育團體，就會提出物種絕滅以及瀕危的名單，因此觸動了我的想像神經線。若能回到數百年前，在臺灣西部沖積平原的草原疏林地帶，就可以拍到梅花鹿、水鹿、山羌等在林間或草澤區的生活史；以及各種草食獸在甜根子草、芒草、蘆葦等高莖植物區，低頭吃草的景象；說不定，還可以拍到巨蟒正在吞食梅花鹿的獵食秀。而在山麓地帶，也可能遇到黑熊、獼猴、雲豹、石虎在闊葉林間覓食、竄逃、追逐的騷動。或者，跟著「平埔」族人，過著游耕、獵獸的生活，帶著竹製弓箭，張羅每日的肉類蛋白質；或者，從淡水划著雙人獨木舟，經過甘答門（關渡古地名）進入群山環伺的臺北湖，拍攝「平埔」族人的射魚絕技。也可以騎著黃牛尋訪郁永河在《裨海紀遊》中描述的：「民富土沃……稻米有粒大如豆者……有種必穫」等絕妙農耕生活環境。

但回到現實，臺灣島歷經四百多年的全面拓墾，不同世代掌權者大肆掠奪自然資源，無節無度地耗用土地水源環境，導致自然反撲、災害頻頻、環境崩壞、部分物種絕滅。2014年，臺灣的物種調查紀錄，已命名的物種超過五萬八千多種；再以國家別的地域面積換算物種豐富度來看，臺灣的生物多樣性比起其他國家要高出百倍。但是，有一半以上的物種，從早期的常見種，到現在已成為偶見、稀有種或者已絕跡。就像臺灣最後一隻野生梅花鹿，已在

1968年被獵殺了；臺灣雲豹在1862年由史溫侯發表問世，一百五十年後的2013年，經動物學者證實可能在臺灣絕滅；櫻花鉤吻鮭、臺灣石虎、臺灣黑熊、臺灣帝雉等，也都紛紛成為瀕臨絕種的生物。

萬物相生相容

當人們仍自我感覺良好，以誇耀心態說出臺灣生物有幾萬種、各式各樣的保護區有多大，或者主政者對於生物多樣性的保育已付出多少心力等等之餘，當下的心裡除了一堆問號以外，也有點哀傷。物種消失的原因，大部分是受到人類的影響；就因為我們對於共同生活在這座島嶼上的生物，只有數字的增減或浮誇的描述，才導致生命多元價值無法深化人心！從腳下土壤的微生物，地上生長的數千種植物，再到蟲魚鳥獸，生物各司其職、各有所用，並環環相扣。棲地、基因、物種，一個也不能少，才能成就生存資源的永續以及相對穩定的環境，這是生物多樣性的核心概念。臺灣島的環境與大陸型國家相比，相對脆弱，保護生物多樣性的豐富度並非只是口號，祂是真正的保命符。

近年來，也有人不斷拿「先來後到」的歷史，為自己定位，深怕自己當家作主的權益被忽略了。其實，在臺灣島上，屬於靈長目的哺乳動物，除了「人」以外，還有「臺灣獼猴」。1864年史溫侯將臺灣獼猴推上國際舞臺，奠定了臺灣島特有種靈長目動物的桂冠。2001年，美國芝加哥菲爾德自然史博物館動物學者，再以臺南左鎮菜寮溪所發現的獼猴與金絲猴臼齒化石，經過三年的研究比對，認為這兩種獼猴科的動物，可能早在三十萬年前，就來到臺灣，這也讓臺灣獼猴的「原生住民」身分無可撼動。但臺灣獼猴通過幾十萬年的環境考驗，代代繁衍成為臺灣島上唯一僅存的特有種靈長目動物，雖然是最早到達又是倖存者，並不一定就占有絕對的生存優勢，從七、八千年前，或者近四百年來，人類步步進逼牠們的棲息地，加上獵捕利用，最後致使族群量急遽減少。

全世界的靈長目野生動物，大多被各國列入瀕臨絕種或珍貴稀有的野生動物加以保護，但2008年，臺灣獼猴因數量不少，在保育類野生動物名錄中，從「珍貴稀有」的野生動物被降為應予保育的野生動物之一，顯示臺灣獼猴的生存權，將愈來愈艱困。如果牠們在人類生活區出沒，又不小心與人類發生摩擦，人類可因自保或安全的必要性，做出適當處置，就算牠

們還擁有最低等級的保育資格，但隨時還是可能招來殺身之禍，那其他未在保護名冊上的生物，牠們的生存現況又是如何？臺灣許多保護區是紙上畫畫而已！為了深入理解野生動物的保護規範問題，我特別在長期紀錄樣區中，增列一些指標性物種，想由物種族群的生存樣態，對照當地環境的變遷。其中，臺灣獼猴就成為我追蹤的陸域指標性生物。不論在自然環境與開發區域，都進行了深度的觀察紀錄。到底，臺灣島上人與獼猴這兩種靈長目生物，為了滿足棲地與生存權的需求，是繼續纏鬥，還是和平相處？

山林與海濤召喚下，選定指標物種

在海域環境指標生物的部分，觀察記錄難度特別高。還記得第一次以浮潛的方式，徒手潛入海中的那種驚嘆，觸發了進一步瞭解海洋的動力，就這樣，一路跟著海洋研究保育專家，經常到臺灣各珊瑚礁海域潛水觀察。珊瑚是相當原始、生長緩慢的生物，由不同種類群聚所形成的珊瑚礁，雖然只占海洋水域面積的千分之三，但生產力豐富，生物多樣性高，四分之一海洋生物仰賴珊瑚礁環境棲息、覓食、繁衍，因此被比擬為海洋中的熱帶雨林。而在珊瑚礁區裡的魚類，就像是陸地花園森林中的蝴蝶、鳥類，沒有魚類的珊瑚礁區，宛如一片死寂的花園、了無生氣的森林。不過顯眼的外表，討喜的模樣，也往往讓牠們惹禍上身，常被捕捉做為水族缸內的寵物，或者因為棲息地被嚴重破壞，因而族群逐漸消失。

根據中研院生物多樣性中心研究員邵廣昭老師的調查資料，臺灣潮間帶的魚類種數，在1966-1985年間，約有三百多種，1999-2001年約為一百五十種，但是到了2010-2011年的調查，臺灣北部就只剩下五十種以下。再根據研究團隊的另一份研究資料，北海岸的魚種數量大約每十五年會減少一半，譬如三十年前約有一百二十種，但是到2015年就只剩下約二十到三十種。由學術調查研究證實了，臺灣近二、三十年來，魚類族群數量與種類已大幅度減少。

紀錄工作往往趕不上物種消失的速度。為了不要落入拍攝物種遺照的怨懟，我挑出各地海洋環境指標性的物種，包含東臺灣的鯨鯊、鯨豚，南臺灣的陸蟹、珊瑚礁生態系，北臺灣的頭足類生物，以及金門的鱟、小琉球的海龜等等。鯨鯊是海洋中最大型的魚類，牠神祕、巨大又溫馴，顛覆一般人對於鯊魚的駭人印象。不同地區的人們，對鯨鯊各有不同的利用方式，因此，造成鯨鯊在長達數千公里的洄游路徑上，必須面對許許多多的不確定性與危機。早期

臺灣人大量食用牠與加工利用，因過度捕撈而逐漸減少，1998年國際社會已開始進行保育，而臺灣在2008年之後，也不再進行食用，轉換為觀賞、研究教育。這是一種進步，也是目前臺灣保育成效最好的海洋物種之一。長期來的觀察，鯨鯊保育工作能否成功，需要先充分瞭解牠的洄游路線與生活史，並讓保育策略擴及海洋環境與生物多樣性，且需取得周邊國家的共識與合作，才能成功。

猶如海中精靈的鯨豚，每一次的跳躍、水面翻轉、潛泳行為，總是緊緊揪住每一個人的目光。賞鯨是人與生物和平共處的一種模式，早期的漁民會捕捉鯨豚，但從1996年之後，部分地區的少數漁民已可以從觀光賞鯨的活動中，取得生存資源，鯨豚也可以在自然環境中安全存活。與海豚在自然海域共游，能夠近距離觀察牠們在淺海域覓食、嬉戲、悠游的行為，是許多人的夢想。如果真能獲得鯨豚的接納，兩種不同的物種，在同一個時空相處，感受彼此的善意、默契、信任，這是人與其他生物共存的至高境界。

臺灣中西部近海的白海豚，牠們是臺灣特有亞種、極度瀕危的海洋哺乳動物，目前的族群數量，約僅存七十至八十隻。但是人類不當漁法，造成過漁現象，使牠們的食物大量減少。尤其填海造陸的工業區、港口建設，以及從潮埔地一路延展到近岸海域的風力發電機，也嚴重壓縮牠們的生存空間，這是海洋住民的食物與棲息地，被人類搶奪的典型案例。長期來，白海豚被海洋生態學者，視為海岸河口生態環境的指標性生物，如果臺灣西部海岸的白海豚族群消失，代表海洋環境已全面頹敗。

頭足類是大海裡最聰明的生物之一，牠有非常發達的腦神經系統及感官系統，牠可以控制體表每一個色素細胞的變化，產生不同的花紋以及不同的身體姿勢，這也是牠們互相溝通的語言表徵，尤其在產卵期間的行為更加豐富，牠們是神經醫學的研究模型，也是深受老饕喜愛的海鮮美食，更是漁民們競相掠捕的高經濟性魚種。

臺灣島上的生物依照目前已知物種名錄推估大約有十五萬種，仍有四分之三尚未命名或被發現。但其生死與去留，或者價值認定，幾乎皆由人類單一種靈長目動物來操控。各地的指標性生物，除反映當地環境健康與否，也凸顯當地人們的價值觀。我依照季節時序，追逐不同生物的足跡，透過牠們的生活樣貌，我想我看見了人類始終曖昧的困窘或富足的未來。

臺灣獼猴

兩種靈長類的衝突

1994年4月，美國啟動貿易制裁法案，逼使臺灣修改《野生動物保育法》，禁止民間繁殖野生動物。臺灣各地保育類野生動物養殖業者集體到立法院請願。

因採訪關係，我瞭解到臺灣各地有許多人工飼養的保育類動物，從毒蛇、果子狸、山羌、鳥

2016年臺東東河

類到昆蟲；從食用的、純欣賞的到做為寵物飼養，真的是無奇不有。業者請願的主要目的，是請保育主管部門重視存在已久的現象，並輔導他們解決問題；除了保護動物以外，也給他們一條生路。

有關臺灣獼猴的飼養問題，特別引起我的注意。

臺灣獼猴是臺灣島上除了人類以外，唯一的靈長類動物。當時在野外的臺灣獼猴相當怕人，不太容易看得到。1970、80年代，狩獵情形相當普遍，根據研究資料顯示，當時臺灣獼猴每年被獵捕的數量在二、三千隻以上；以前在鄉下路邊，偶而還可看到中藥商在燉煮猴膠。醫療環境落後之時，以動物製成的民間藥方相當普遍。

1990年代，原本很常見到的臺灣獼猴好像變少了，成為需要被保護的動物。於是，我開始一路追蹤臺灣獼猴的足跡。

我的報導焦點，是臺灣島上兩種靈長類動物的衝突問題。早期人類大量開發山林，與獼猴爭奪棲地、破壞獼猴的覓食環境；之後，獼猴為了生存，在森林邊緣地帶，偷襲農民的農作物，甚至抓傷民眾。再到近十幾年來，因為保育法的實施，人們刻意去接近獼猴、餵食獼猴，干擾了獼猴的生態習性與身體健康；直到現在，獼猴與人類彼此的誤解日漸加深，獼猴會主動搶奪人類手中的食物，甚至出現抓傷人的偶發事件。

採訪過程中，看到兩種靈長類動物各自在山林邊緣奮力討生活，感覺有些無奈與淒涼。

臺灣為了拚經濟，犧牲了山林自然環境，造成各種野生動物失去生存空間，甚至部分物種瀕臨滅絕消失，例如雲豹、石虎、黑熊等。臺灣獼猴智慧高，適應能力強，整個族群才得以繁衍下來，但仍面臨棲地與食物日愈縮減的危機。

簡單來說，臺灣獼猴只是重新回到牠們原來的棲地，無奈這些農業區，已經成為較弱勢農民最後賴以維生的土地。兩種弱勢的靈長類動物，就在森林與農業區的交接地帶，弱弱相殘、相互對峙，糾紛不斷。

與獼猴和平共存

臺灣經過三、四百年的開發以後，獼猴的棲地與食物不斷縮減，獼猴為了活命，只好在森林與人類活動區的接壤邊陲地帶覓食，導致人猴紛爭頻傳。

近十幾年來，經常看到獼猴惹起事端的新聞，從臺灣頭到尾，有偷吃農作物、危害家畜、咬傷人，甚至造成圍捕人員受傷等等事件。可確定的是，獼猴已令農民痛恨、保育官員頭痛，是部分人們害怕的野生動物。

根據實地田野觀察，目前人與獼猴的主要衝突區是在森林邊緣的農業區。彰化二水、高雄旗山，或是柴山與臺東東河等地區，每到荔枝、龍眼、柳橙成熟時，獼猴每天就會從附近的棲地來到果園飽食一頓，再躲回林地；苗栗泰安與臺中和平地區的甜柿成熟時，也有相同情形。農民為了減少農作物的危害，紛紛陳情反映；各地方政府雖然每年都會特地編列驅趕獼猴的經費，然其效果實在有限。部分農民於是想出各種千奇百怪的招數自力救濟，捍衛果園。驅趕猴子最原始的招式就是敲鐵桶並大聲喊叫；省力一點的，是在果樹下養幾隻狗來嚇牠；或使用定點自動式的鞭炮；或對準猴群施放沖天炮；也有人乾脆就用獵槍射殺；或在獼猴經過的路徑，設置陷阱和放置獸鋏；甚至毒農藥也有人使用。因為獼猴的學習能力強，各家武器

|1|2|3| 圖1：2016年臺東東河獼猴與人類衝突熱點
圖2：1998年澎湖四角嶼獼猴野放
圖3：2007年高雄柴山

很容易失靈，目前已有人裝設高壓電網，來防範獼猴越過林區界線。

分析人與獼猴的衝突，遠因來自自然環境惡化、獼猴食物貧乏與棲地不斷遭到剝奪所致；近因則是人類對獼猴的無知與誤解，以及保育政策長期偏好明星物種而忽視棲地破壞。

許多必須造林的林地，種滿高經濟水果，因此主管保育的官員認為民眾自己也有責任。動物生態專家認為癥結點是兩種靈長類動物在爭奪生存地盤。

雙方爭端的解方，可能要朝和平共存的方向思考。接鄰獼猴棲地的農業區，可考慮改變農作物種類與型態，或者種植隔離作物。而最佳的解決策略，絕對是保護豐富多樣的天然林，不要過度干擾與接觸獼猴棲地，讓雙方彼此保持距離，才得平安。

臺灣獼猴有著扁平圓臉和特長的尾巴，是由恆河猴演化成的臺灣特有種。母系社會群居生活，領域觀念及社會階級意識強烈。會相互理毛增進情感，遇危險則搖樹枝警告同伴。

獼猴在自然環境中，扮演了協助森林演替的吃重角色。獼猴的食性屬雜食，昆蟲、嫩葉、樹皮與果實都是取食對象，但因覓食時總會把漿果暫存在頰囊裡，因此，許多種子就隨著獼猴的遷徙而得以傳播。

1994年保育類動物繁養殖業者請願

近代保育年表

| 1864年 | 英國博物學家史溫侯在高雄壽山發現台灣獼猴，送了一對回英國倫敦，比對後確認是臺灣特有種，臺灣獼猴因此登上國際舞臺。 |

1864年　英國博物學家史溫侯在高雄壽山發現台灣獼猴，送了一對回英國倫敦，比對後確認是臺灣特有種，臺灣獼猴因此登上國際舞臺。

1994年4月　保育類動物繁養殖業者走上街頭抗議

1995年1月　臺灣獼猴棲地與生態調查

1998年5月　屏科大保育類野生動物收容中心獼猴野放四角嶼實驗

2001年3月　農委會公布，臺灣獼猴約有一萬群，約二十五萬隻。

2001年　　野放四角嶼的臺灣獼猴，因為與當地漁民發生衝突，引發抗議聲浪，獼猴全部撤回收容中心。

2004年2月　《野生動物保育法》第21條文修正，臺灣獼猴可經地方主管機關核准之後獵殺。

2008年　　臺灣獼猴從第二級「珍貴稀有」野生動物，被降為第三級的「其他應予保育」之野生動物。

國際自然保育聯盟（The World Conservation Union, IUCN）的保育紅色名錄仍將臺灣獼猴列為易危（VU, Vulnerable）的等級。

1 2
3

圖 1、圖 2：1997 年擄鴿勒贖
圖 3：2014 年擄鴿勒贖集團砍樹架繩

鳥類

綁架鴿子勒贖，鳥類與森林成祭品

長期以來，中海拔山區被賽鴿人士當做飛行訓練場域，因此經常成為非法集團進行捕捉賽鴿，藉以恐嚇取財的作案地點。1997 年，跟著警方的查緝行動，順著雪山山脈東側一條防火線爬上海拔二千公尺的稜線，發現歹徒架設捕鴿鳥網的長度達四百公尺以上。

當警員準備開始拆除鳥網之際，剛好有近百隻鴿子飛過稜線，部分賽鴿因飛行高度較低陷入網中，於是大家急忙先拯救鴿子。據瞭解，歹徒網獲賽鴿之後，會先用電話向鴿主勒索數千元至數萬元不等的贖金；等鴿主將贖金匯入歹徒指定帳戶後，才會將鴿子放飛。由於部分賽鴿活動涉及賭博行為，因此鴿主往往不會聲張，多半付了贖金自認倒楣了事，這也使得惡質勒贖共生關係很難被根除。

許多鳥類雖然不是歹徒的目標，卻受到殘殺；甚至歹徒為了架設鳥網，還會砍伐珍貴林木，嚴重破壞森林生態。如果擄鴿勒贖無法制止，將有更多生靈一起陪葬。

珊瑚

戀戀海洋

1980年，世界首次發現珊瑚產卵的生態行為。當夜暮低垂，珊瑚釋出大量精卵束，無數芝麻大的卵子，在海洋中猶如滿天星斗，吸引眾多的珊瑚礁魚類、線蟲等不同生物前來覓食，猶如年度最熱鬧豐盛的派對。

2013年屏東恆春

我們對於珊瑚世界的奧祕所知不多，但是每年農曆三月，許多關心海洋生態環境的人，都會參與南臺灣的珊瑚集體繁衍盛會。在稍帶寒意的深邃海水中，觀看到這奇特的生態，情緒也沸騰了起來。

每年到了珊瑚產卵季節，心裡總會隨著產卵狀況，跟著緊張、驚喜，或感傷。

當海洋、人、珊瑚的情緒交融了，距離拉近了，珊瑚礁的存續，就不再只是嚴肅的選擇題。就像蘭嶼老人經常告誡年輕人的警語：如果把珊瑚礁拆了，大海會生氣，可能會引起海嘯大浪，沖毀家屋、水芋田；而且，以後海裡就再也捕不到魚了。

在綠島的記憶中，有一塊獨自聳立在海床上，可能是全世界最老的、活的珊瑚。與擁有近千年生命、被稱為大香菇的團塊微孔珊瑚在一起，人們顯得那麼的渺小與短暫。

阿美族和達悟族人，以浮潛抓魚的傳統方式捕魚，就像是與海中生物處在同一個空間搏鬥；而澎湖隨處可見的、已走過百年歷史的「硓𥑮厝」，更是由珊瑚礁石所堆砌而成。

二十幾年來，透過海洋環境觀察，證諸許多現象：從陸地到海岸，愈容易到達的海岸潮間帶，珊瑚生長的環境就愈惡劣。小琉球、綠島、澎湖、東臺灣，猶如罹患暫時海洋失憶症，海洋環境已遭受嚴重衝擊。再以南臺灣海域的珊瑚覆蓋率為例，從十幾年前平均大概50%以上，有些地方還有50%到75%；如今卻已降到20%左右。遭受嚴重破壞的地區要盡快進行棲地保育措施，否則，再過十年或二十年，當珊瑚礁區消失，以珊瑚礁區為主體的生態系，也會跟著崩潰。

人跟大海的關係，究竟要如何書寫，也許必須仰賴臺灣原住民傳說中的海洋智慧。2017年，我再度蒐尋了珊瑚礁的記憶，在海洋中期待每一段生命的奇遇。人在深邃湛藍的水晶宮中遨游，就像受到母胎溫柔的呵護，輕輕地、只需相互感受、疼惜對待，人與海，不再需要言語。

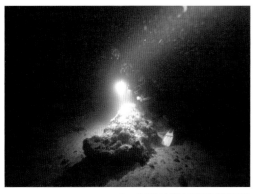

2011年4月恆春夜間水下記錄珊瑚產卵

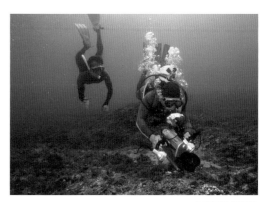

2002年珊瑚生態記錄

珊瑚釋卵記錄

民眾如果坐在家裡，就可以看到遠在幾百公里以外的海底，有一種動物正在釋放精卵自然繁殖，那是多麼奇特的經驗。2000年我與學術界合作，嘗試將海底珊瑚產卵實況轉播，這是臺灣電視傳播史的一個新挑戰，以前從未有過這樣的技術與勇氣。公視新聞部做到了，在海邊為觀眾轉播一年一度的海底生態奇景。

2011年珊瑚產卵

珊瑚礁

海洋中的綠洲

五億年前，地球陸地的建造者——小珊瑚會分泌碳酸鈣，形成鈣質骨骼，不斷累積才成為珊瑚礁。生之時，是海洋中的綠洲，成為守護萬千生物的自然堡壘；死之後，是新生珊瑚，生命延續的基座，宛如沈靜的巍石，是不老永恆的象徵。

1 | 2
圖1：1998年屏東恆春海域珊瑚白化死亡
圖2：2014年澎湖西吉嶼

2017年2月最新報導指出，過去三十年間，因全球暖化、汙染、過度開發，地球上有一半的珊瑚已消失。科學家更預估全球約有90%的珊瑚礁，會在三十五年內滅絕，2050年後，僅剩下10%的珊瑚能夠存活。

注：引用報導 http://www.abc.net.au/news/2017-02-24/50-reefs-first-global-plan-says-only-10-pc-reefs-can-be-saved/8293514

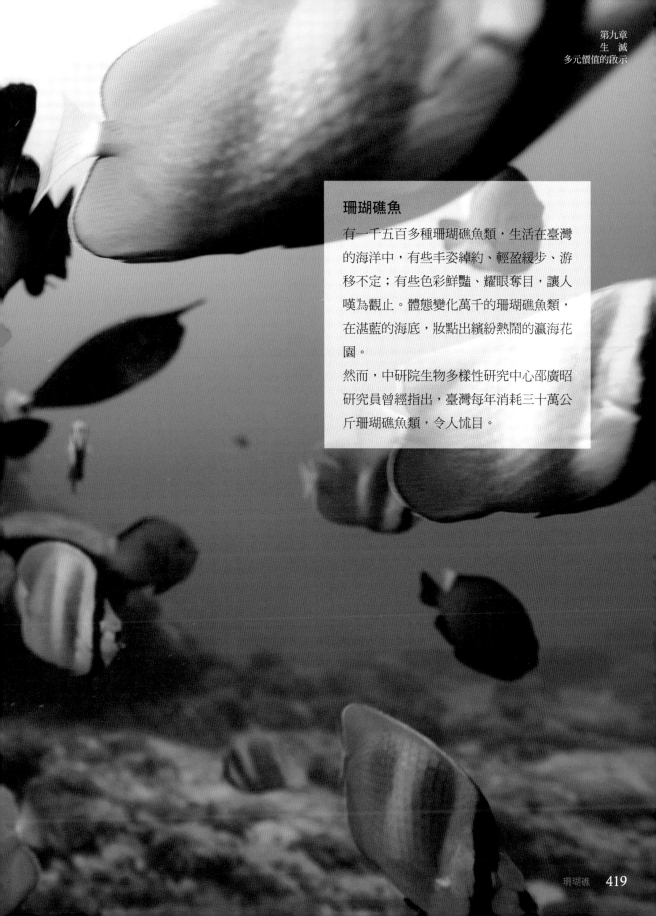

珊瑚礁魚

有一千五百多種珊瑚礁魚類，生活在臺灣的海洋中，有些丰姿綽約、輕盈緩步、游移不定；有些色彩鮮豔、耀眼奪目，讓人嘆為觀止。體態變化萬千的珊瑚礁魚類，在湛藍的海底，妝點出繽紛熱鬧的瀛海花園。

然而，中研院生物多樣性研究中心邵廣昭研究員曾經指出，臺灣每年消耗三十萬公斤珊瑚礁魚類，令人怵目。

馬尾藻林

一如森林

我經常在思考，大海裡是一個怎樣的世界？大海與人的關係又是什麼？還記得第一次鼓起勇氣，深深吸了一口氣憋著把頭埋入海中，徒手下潛，想看看能不能摸得到熱帶魚的那種期待。沒想到，就這樣誤闖入南灣有名的馬尾藻林。海底的藻類，竟能像陸地上的森林，長到二、三公尺高。在馬尾藻林裡穿梭，和天竺鯛嬉戲追逐，那種感覺直到現在還無法或忘。當氣候暖化、海水溫度跟著升高之際，馬尾藻的生長環境也愈來愈惡劣了。

2010年屏東恆春

2011年屏東恆春

臺灣恆春萬里桐海域的珊瑚礁

引用匯整研究資料：

中研院組成的海洋專家研究團隊，以臺灣恆春半島、墾丁國家公園西邊萬里桐海域的珊瑚礁
為對象，分析1985年至2012年之間，珊瑚礁群聚之變動，以及這段期間當地的生態擾動。

結果發現，此海域的活珊瑚覆蓋率，從1985年的47.5%，驟減到2010年17.7%，二十六年之
間活珊瑚覆蓋率減少63%。

過去二十六年間的六次劇烈颱風以及二次珊瑚白化事件之大型擾動，已經使得原本以枝狀
「軸孔珊瑚」為主的珊瑚群聚，逐漸成為以山狀的「微孔珊瑚」和「藍珊瑚」為主的珊瑚群聚。
臺灣珊瑚礁生態從原本的多樣生態組合狀態，逐漸走向單調群聚的現象，令學界憂心。

根據2003年的估計，全球珊瑚礁每年淨收益（net benefit per year）高達新臺幣一兆元（約
二九八億元美金）。全球約有五億人口（約占全人類7%）居住於珊瑚礁一百公里之內，他們
依賴著健康的珊瑚礁過活。

綠蠵龜

優游海洋的古老生物

大型洄游性海龜，背甲黃綠色至黑色，性
情溫和，成長緩慢，往往需十多年才成
熟。母龜一年可產數窩卵，產卵季約五至
十月，卵形如球、渾圓可愛，約需五十天
孵化。目前海龜產卵的棲地，大部分已被
嚴重破壞；而幼龜時期在覓食區尋找食物
時，也可能誤食塑膠、保麗龍碎片。雖然
海龜是屬於保育類物種，但並沒有受到很
好的對待。

黑鮪魚

太平洋黑鮪魚捕獲量

黑鮪魚的肚腹生魚片,是日本老饕口中的海鮮極品。自從在國內被政治人物與媒體炒熱之後,由出口轉內銷,魚價節節攀升。1998年每公斤208元;2017年4月在政治人物助勢的東港第一鮪拍賣價,竟高達每公斤6800元;而市場平均批發價每公斤也在500元至1000元。因為黑鮪魚價格不斷飆升,漁民更加賣力競捕,導致漁獲量與魚價成反比。為了降低野外族群量的捕撈壓力,學術界極力研究圈養繁殖的可能性,目前尚未成功。

2003年屏東東港

太平洋黑鮪魚捕獲量

1998年東港區捕獲6,905尾黑鮪魚

1999年東港區創紀錄，捕獲11,311尾

2010年東港區只抓到998尾

2011年東港區剩下784尾

2012年東港區只剩下493尾減少了95％（全國共707尾）

2013年全國共捕獲1,141尾

2014年全國共捕獲1,671尾（7月15日止）

鮪魚每公斤平均價格與捕獲數量呈反比，

1998年從每公斤208元，因為推廣促銷，逐年上漲到每公斤800多元。

2012年最高可達1500元，5月17日的平均價是1220元。

鯊 魚

拒絕再讓魚翅上桌

2011年6月，臺灣動物社會研究會公布調
查指出，國內超過九成飯店，婚宴都會供
應魚翅，包括圓山、六福、喜來登跟晶華
等，導致全臺每年恐怕有三六八萬隻鯊魚
遭到扼殺。

香港調查發現，十個魚翅有八個都遭受水
銀等重金屬污染，因為華人社會「無翅不
成宴」的迷思，導致全球四百種鯊魚，已
經有一百一十一種生存出現危機。

殘殺

鯊魚是臺灣漁民長期以來重要的經濟性漁獲之一，1990年鯊魚年漁獲量達75,731公噸，刷新歷史高峰。當年度，國際保育組織IUCN開始關注鯊魚保育的議題。

臺灣漁船捕鯊作業飽受批評，為了瞭解臺灣漁民的漁撈作業過程，2003年我們跟隨魚類生態研究專家，搭船前往中西太平洋，在公海記錄漁民的延繩釣漁法以及釣獲鯊魚之後的處理方式。

漁民會先把鯊魚的頭部、內臟取出丟棄海中，減少冷藏空間與運儲成本；接著把魚身與魚鰭分切冷藏，以方便進港之後的拍賣作業，因為魚鰭與魚身是分別拍賣的。

經過半個月的海上觀察，並沒有記錄到如國際保育組織所指涉的「割鰭棄屍」現象。漁業署為了減少爭議，2012年1月公告「鯊魚鰭不離身」的管理辦法。

2003年5月鯊魚魚翅之海上調查

鯨鯊

溫馴下的悲歌

「鯨鯊」是海洋中最大型的魚類，俗名豆腐鯊，最長可達二十公尺。牠個性溫馴，顛覆一般人對於鯊魚的駭人印象。「鯨鯊」是濾食性的魚類，經常在淺水域緩緩游動，很容易捕捉，因此漁民稱牠為「大憨鯊」。在漁市拍賣場，因為肉質雪白細緻，而得「豆腐鯊」之名。經過煙燻料理被端上餐桌之後，就是老饕們最喜愛的「鯊魚煙」。也因為過度利用，致使族群量日漸減少。

根據漁獲量統計，1995 年捕獲量約二百五十尾；到了 1999 年，只剩下不到一百尾，而且漁民所捕獲的魚體也愈來愈小。目前所發現的個體大多是四到五公尺、一到二公噸之間，顯示

2013年屏東

鯨鯊族群已面臨生存繁衍危機。國際自然保育聯盟（IUCN）以及華盛頓公約組織（CITES），在 2000 年 9 月與 2002 年 11 月，先後將鯨鯊列為「易危」保育物種，而臺灣也從 2004 年起，開始實施限制性漁撈，並逐年降低捕獲量限額。2008 年起，全面實施禁捕政策。目前，在臺灣東部與南部海面，偶而可以發現浮出水面覓食的個體。

鯨鯊的壽命可達七十到一百年，生命尺度遠遠超過人類。早期臺灣人把牠視為鯊魚煙中的極品；日本人認為牠在海中巡游的時候，會成為魚群的庇護者，所以能為漁民帶來豐收；菲律賓人把牠當作觀光金雞母，每年為牠舉辦慶典；中國人看上牠的背鰭，是製作「天九翅」的高檔材料。根據保育組織 WildLifeRisk（野生動物危機）的調查，中國浙江一家魚翅加工廠，每年宰殺鯨鯊的數量超過六百隻，導致一尾鯨鯊在長達數千公里的洄游路徑上，必須面對許許多多不確定性與危機。

鯨鯊野放爭議

人類對於鯨鯊的利用，不斷在改變，從食用、展示、海洋共游到生態研究。

2000年，澎湖海洋生物研究中心從漁民手中救下鯨鯊，並進行衛星標示野放，成為臺灣第一個活體標示野放成功的案例。但是一個多月之後，衛星訊號卻出現在中國陸地，顯示鯨鯊凶多吉少。截至目前為止，人類還是無法完全瞭解鯨鯊的生活史。

為此，我們想從人與鯨鯊的相遇出發，試著追尋鯨鯊在中西太平洋洄游遷徙的故事，以及各種可行的共存模式。我們長期跟拍記錄海洋大學鯊魚永續研究中心的研究工作。先請漁民協助在臺灣近岸海域找到鯨鯊之後，在背鰭裝置國際衛星標識，再依據衛星回傳資料，分別前往洄游路線中的國家如日本沖繩以及菲律賓的幾座小島，探訪目擊記錄，並觀察當地人跟鯨鯊的互動經驗。這觸發了我們的許多想像。除了吃牠、圈養牠，還是有共存、共利的其他可能性。

1	2	3	4
5	6		

圖1：2005年定置網捕獲鯨鯊
圖2：2011年海生館圈養二號鯨鯊展示
圖3、4：2013年海生館二號鯨鯊尾鰭受傷
圖5：2013年7月10日海生館二號鯨鯊野放後受困礫石海岸
圖6：2013年7月10日海生館二號鯨鯊野放後兩度擱淺造成重傷

當屏東海洋生物博物館於 2005 年 6 月 27 日跟宜蘭南方澳新生漁場購買一尾長二·三公尺、重約二百公斤的鯨鯊做為鎮館之寶，圈養在大洋池展示之後，我們便長期觀察牠。鯨鯊日漸長大，體長超過七公尺、體重約三千六百公斤，牠在游動與覓食時，大尾鰭經常磨擦到大水族箱的缸壁，因此形成傷口與結痂。在保育團體努力下，被海生館監禁八年多的鯨鯊，終於在 2013 年 7 月 10 日，獲得經營業者的同意進行野放。但因為野放作業，未顧及鯨鯊重返大海的適應問題，鯨鯊兩度擱淺，眾人雖努力搶救，不過鯨鯊在礫石灘上，曝曬太陽近三小時後，獸醫初步判定已死亡，最後還是被拖行到離岸約四海浬處「野放」。

當我們看著牠慢慢沉入海底，那一幕實在令人心痛不已。

大翅鯨

躍身擊浪

以活躍又豐富的動作而聞名,是全球賞鯨
人的最愛。

擅長用前肢鰭拍打擊浪,下潛時有鯨尾揚
升的表現。每隻尾鰭的黑白斑紋都不相
同,就像人類獨特的指紋。已證實會洄游
於蘭嶼海域。

大翅鯨美麗的歌聲,是動物界最複雜的難
解之謎。

瓶鼻海豚

436

瓶鼻海豚

海洋中的精靈

聰明的海洋哺乳動物，兩三年才生一胎，
繁殖緩慢具群體生活行為。

臺灣海域至少有二十七種海豚，喜愛隨船
隻乘浪而行，靠特殊聲納溝通及辨識方
向。背鰭浮沉閃爍海面，偶爾躬身飛躍的
身影，宛如海洋中的精靈。

1
2 3
4

圖1:2011年花蓮
圖2:2015年花蓮
圖3:2015年花蓮
圖4:2008年澎湖低溫魚
　　類大量死亡

鯨豚觀光與危機

臺灣賞鯨事業自1997年開始發展。近十年來的遊客人數，每年約有二十幾萬人次；2015年更超過四十二萬人，賞鯨船隻數量最高峰也曾達二十七艘。但是，臺灣大學生態學與演化生物學研究所周蓮香教授於2004到2006年的研究估計，關於鯨豚誤捕量，每年僅石梯漁港與成功漁港，誤捕量就有近三千隻。而海洋環境惡化、氣候變遷、魚類資源減少及人為廢棄物增加，都讓鯨豚的生存面臨挑戰。

白海豚

雲林六輕海域酸化之後　白海豚的未來

2011 年，臺大生態演化所周蓮香教授提出中華白海豚調查報告，指出白海豚族群中49%身上有皮膚病。

再根據2016年鯨豚協會的研究，在可辨識的七十六隻中華白海豚中，約六成的個體身上帶有人類傷害傷疤，例如纏繞傷與船槳傷。有此類傷疤的海豚個體多棲息於苗栗到臺中以及臺

中到北彰化一帶，與漁業、船隻作業繁忙地區重疊，白海豚受到衝擊的機率最高。此外，六輕多座汽電共生廠、發電廠，其冷卻、脫硫廢水直接海排，每日廢水量超過十八萬噸，加上石化業排放之工業廢水中，均含有微量重金屬及有機汙染物，也有可能造成雲林沿海海水酸化、影響海域生態，這都是白海豚生存環境的重大威脅。

此為海底標本魚

龍王鯛

射魚

2016年5月21日下午，臉書幾乎被綠島射殺「龍王鯛」事件給洗版。當地民宿業者把休閒潛水觀光的明星「龍王鯛」給打上岸。

消息傳開之後，立即引起公憤，根據其中一個臉書版主統計，四十八小時的累計觸及人數就

本圖取材自網路

高達三百多萬人次。在民意沸騰、輿論效應的雙重壓力之下，相關單位很快找到陳姓嫌疑人，並依違反野生動物保育法偵辦起訴。

龍王鯛早在2014年7月就由農委會公告為珍貴稀有的保育類動物。

2017年3月，射魚案件一審判決，違法者被處有期徒刑六個月併科罰金三十萬元，不得緩刑。

射殺觀光明星魚類，在綠島時有所聞。1996年的大斑裸胸鯙「安安」、2007年鋼鐵礁「燕魚群」，都是相當討喜的水中嬌客，牠們為綠島創造了許多的觀光效益，但還是有人為了蠅頭小利，不惜冒犯眾怒，殺了觀光金雞母。

2015年恆春後壁湖

牛港鰺

告別阿牛

恆春後壁湖生態保護區是在 2004 年由當地居民自主性發起、學者輔導，再經墾丁國家公園正式劃定公告的海洋保育示範區。這顯示了從事海域休閒的業者已充分理解，海洋環境就是觀光資源，意義非凡。

保護區經過幾年的守護與經營，造就許多明星物種與潛水熱區，「阿牛」就是知名度最高的一條牛港鰺，又名浪人鰺。

2015年恆春後壁湖

2015年，「阿牛」開始出現在保育區內，前往參觀的人次超過一萬人；「阿牛」已成為潛水遊客必定拜訪的明星。如果以觀光產值來推估，「阿牛」這二年已創造了大約二千五百萬元的效益，還不包括間接貢獻當地五十幾家潛水店以及一百五十多名潛水教練的營收與就業機會。但是在2017年3月底，「阿牛」可能因為迷路或追逐獵物，游進了後壁湖漁港，剛好被違規在港區垂釣的釣客給釣了起來。釣客順勢賣給當地的海產店，整條魚約三十四公斤，每公斤七十元，共賣得2,380元。其實，「阿牛」族群們剛現身的時候有四隻，因為與人類互動愈來愈頻繁，就被休閒觀光業者奉為吸睛的金雞母。另一方面也因為人見人愛，遂成為釣客老饕們的新鮮海味。最知名、也是最後一隻的「阿牛」，終究無法倖免。當地居民除了不捨與憤慨之外，也只能期待國家公園能夠發揮實質的功能，不要再讓海中瑰寶被廉價出賣。

2007年綠島馬蹄橋鋼鐵礁區

人工魚礁

海洋資源復育

臺灣的海洋資源因為汙染與過度利用，導致環境逐漸惡化；因此，政府自1973年開始推動「人工魚礁」的保育政策，在沿岸海域大量投放人工魚礁。目前已公告之人工魚礁區計有八十八處，投放礁體包括水泥礁、電桿礁、船礁、軍艦礁和鋼鐵礁，投放總數超過二十幾萬座，總經費前後花費了新臺幣二、三十億元。

部分人工魚礁的確具有改造漁場、聚集魚群之功能；但也因此成為捕魚陷阱，造成漁業資源加速崩盤。尤其大部分的人工魚礁投放工程，因為缺乏詳細評估與後續管理，反成為破壞海洋環境的兇手之一。

鋼鐵破壞

部分大型鋼鐵人工魚礁，投放地點選在重要珊瑚礁區域；事後經過海洋學者的口誅筆伐之後，才在2005年11月間再度花費鉅資調離。浪費了公帑，更破壞珊瑚礁生態環境。

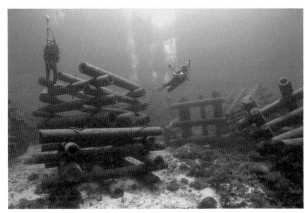
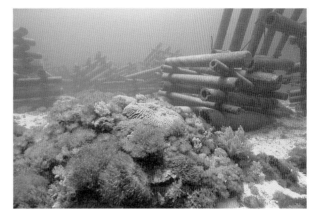

電線桿礁

電線桿礁壓迫珊瑚，目前已超過三千五百座。

昨日是漁政單位的政績，今日成為環境的負擔。

軟絲產房護育

一年一會的海洋故事

1990年代，部分地區的海洋志工，參考了其他國家海洋生物復育方式之後，根據臺灣環境以及可用資材，進行初步實驗。

海洋環境保育的水下勞動很吃重，需要許多保育志工的參與，而軟絲志工團隊的召集人是國際級的潛水教練郭道仁，大家都尊稱他為教頭。郭道仁只要一有時間，就投入軟絲的復育工作，經常一個人潛入海底，布置竹子浮魚礁，為軟絲建造安全的產房。所以，我們都稱呼他為軟絲爸爸。

已從事潛水教學三十幾年的郭道仁，於1990年代就注意到屬於頭足類的軟絲仔每到繁殖季節會到處找產卵場所。

軟絲仔的主要產卵環境是在海扇或枝狀珊瑚礁區，現在卻好像連垃圾、廢魚網都成為卵串黏附的介質。這可能影響軟絲仔幼生孵化率，導致魚群數量逐年下降。東北角海岸的漁民，就

經常埋怨高經濟性的軟絲仔產量愈來愈少。

郭教練在1998年間突發奇想，是否能在海中為軟絲仔設計一個人工產房。於是他帶著一群海洋志工，開始研究軟絲仔喜好的產卵環境。從材料選擇、架設的形式、時機點，一點一滴慢慢摸索；最後找到山坡上的細桂竹當主結構，模擬馬尾藻的生長樣態，頂端散開枝狀，像海中屏障，沒有水泥般硬梆梆的感覺。要做一個人工產房，並不容易，光是到山上砍竹子、編竹子、把竹子拖出海，就要費很大的勁；更別說要把它拖放到海底，以沙包固定。尤其在無重力的狀態之下要「打地基」，可不是用蠻力就辦得到的。

看到軟絲仔光臨為牠們打造的產房，軟絲幼生也陸續成功孵化的時候，所有的辛勞都忘卻，心裡既激動又震撼，沒想到軟絲仔真的能夠信任人們為牠們打造的環境。

就在海洋志工們眼前，距離不到六十公分，一伸手就可觸摸到牠們腹部。

志工們在水中，只是安靜地感受牠們浪漫求偶舞姿，有時柔美、有時粗暴；當牠們在竹叢間釋放精卵之後，就會以輕盈曼妙的身影，慢慢消失在海洋深處。這是人與軟絲仔每年的約定，在一年一會的海床婚禮盛會中，軟絲們完成子代的繁衍。

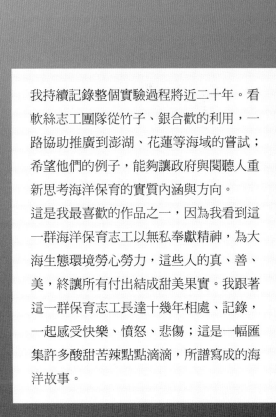

我持續記錄整個實驗過程將近二十年。看
軟絲志工團隊從竹子、銀合歡的利用，一
路協助推廣到澎湖、花蓮等海域的嘗試；
希望他們的例子，能夠讓政府與閱聽人重
新思考海洋保育的實質內涵與方向。

這是我最喜歡的作品之一，因為我看到這
一群海洋保育志工以無私奉獻精神，為大
海生態環境勞心勞力，這些人的真、善、
美，終讓所有付出結成甜美果實。我跟著
這一群保育志工長達十幾年相處、記錄，
一起感受快樂、憤怒、悲傷；這是一幅匯
集許多酸甜苦辣點點滴滴，所譜寫成的海
洋故事。

捍衛鄉土

聖戰 羅東鎮

以環境為優先的理念，在各類公民運動中，

成為旗幟鮮明、超越族群、彰顯普世價值的倡議。

我們是否願意在經濟疲弱的時候，依然以環境為優先？

是否願意降低能源需求，減少環境的負擔？

這是一場為維護環境必須不斷前進的未竟之戰。

空想

第 十 章 · 戰

未　　竟　　之

◉—導言

一場為維護環境必須不斷前進的
未竟之戰

從陳情抗爭到倡議環境優先——解嚴前後環境運動變遷

臺灣早期的政府與媒體，為了安內攘外，把臺灣描繪為蓬萊仙島，四季如春、物產豐饒、人民富足安康。當我們實際踏足山川海濱、走讀社會風貌之後，發現臺灣是一個高山島嶼型國家，地狹人稠、資源有限、環境敏感脆弱，颱風與地震更是頻繁。各種環境公害，亦導致弱勢族群生活困苦。

1980 年代，桃園地區先後爆發重金屬汙染農地之後，臺灣農地汙染問題就逐漸浮現，農民們對於灌溉水源的水質以及農地保護的概念，愈來愈清楚，看到蓋在農地間的工廠，警覺性也提高了。「溪底排水」是流經我家門前面的灌溉水圳，長期來擔負灌溉與排水的雙重功能，許多農民都高度倚賴這一條重要的水脈。我記得小時候，村子裡的人，曾為了多分一點灌溉水，而大打出手。到了 1990 年代，當時有一家新設的電鍍工廠，就位於農業區內、二條水圳的匯流處，還跟彰化環保局申請廢水排放到水圳內。附近的農民群情激憤，頭綁白布條，站在工廠的門口抗議；但電鍍工廠還是持續營運很長一段時間之後才遷移。我家門前水圳的保衛戰，並未成功。目前的挑戰，除了畜牧廢水與生活廢水汙染以外，我最擔心的是水圳底泥的沉積物。每次想到叔伯長輩們，對著汙染者嘶聲吶喊，卻未能獲得掌權者的重視；而社會的冷漠以對，也讓這群辛勤勞動的身影黯然老去，心中總有一股淒涼的傷感。再看到墨黑、發臭的水圳，怒意總難以削減。如果，悲憤真能轉化為摧毀邪惡共生者的力量，那我想讓這力量極大化。

我家門前水圳的汙染現況，只是工業時代中的小小縮影。回顧臺灣公害汙染史，真是不忍卒睹。1950 年代開始，政府積極利用自然資源，鼓勵大量生產；1960 年代，啟動農業扶持工

業的發展策略；1970年代，國家投入龐大資源發展基礎建設、石化、鋼鐵與造船等重工業。1980年代，開始出現環境汙染。1984年10月，臺灣省環境保護局在三十六條主要河川中，發現超過七成以上的河流已受到工業生產廢水的嚴重汙染，農漁業生產環境因此遭到破壞；當年養殖漁業損失高達三十四億元，農地汙染面積更高達四千三百多公頃。一輩子從事稻穀種植水產養殖的農漁民，苦不堪言。因此，臺灣各地的反公害行動，像星星之火般逐漸燎原。

臺中大里三晃農藥廠，長期嚴重汙染周邊的水源與空氣，當地居民不斷向官方陳情，始終沒有獲得改善。1982年，居民再也無法忍受，只好走向抗爭之路，揭開了臺灣反公害自力救濟的序幕。

1970年代設廠的新竹市李長榮化工廠，長期排放廢水與空氣汙染，逼使清華與交大的教授連署上書行政院陳情，當地居民更組織公害防治協會聯手圍廠。受害居民歷經四百五十天的努力，汙染大廠在1987年被迫停工。

依據環保署統計，1988至1992年的公害糾紛事件，共有二七七件，其中九十三件跟水汙染有關。當時這些汙染資訊，並未受到社會廣泛重視。當我看到《人間》雜誌的許多相關報導之後，才受到諸多啟發。社會上的確需要多元聲音，而這也是促成我轉變記錄視角的動力之一。

為了探究臺灣環境與社會、經濟、政治間的相互影響，我們特別拜訪了中研院特聘研究員蕭新煌，蕭老師指出：「1980年代的反公害自力救濟，基本上是因為受汙染者的身體、財產受害，不得已才透過一己私力進行自力救濟行動。受害者的訴求很簡單，就是不要在我家後院汙染，汙染源走了，抗爭就結束了。這讓大家注意到，其實公害汙染，是社會不公平的表現，因為受害者都是農工低所得、老人小孩等弱勢族群。環境汙染問題，等於是社會不公平、不正義的現象。」

由於愈來愈多的化學工廠，戕害周邊居民健康，導致高汙染型產業不再受到信任與歡迎。

1985年底，美國杜邦公司決定在彰濱工業區設廠生產二氧化鈦，消息曝光後，鹿港居民開始擔心工安與環境汙染問題。當地縣議員李棟樑在1986年3月發動公民連署，短短幾天獲得

一萬六千多人響應；加上當地居民、學生、大學教授的串連，當年12月13日，三百多位鹿港居民冒著風險衝撞威權體制，出現在臺北總統府前廣場，這是戒嚴時期第一次大規模的陳情行動。杜邦公司最終在1987年3月宣布取消設廠計畫，鹿港反杜邦運動的案例成為臺灣環境保護運動的典範。其他各地長期遭受汙染危害的居民紛紛開始組織、集結，對抗各種公害，尤其戒嚴逐漸鬆動之後，受害的弱勢民眾更積極發聲。

在進行環境運動歷史訪談紀錄的時候，李棟樑老鎮長回憶帶領鎮民走向總統府的情境與心情：「當時，大家走到總統府前，把預先準備好的紙牌『怨』字，全部拿在手上，而憲兵已經排成一排，步槍也舉起來、做好準備開槍的動作。當時就想，如果杜邦到鹿港設廠，鎮民也很難安居樂業，到總統府陳情，還處於戒嚴時期，也可能很危險，雖然左右為難、可能都是死路一條，但還是要拚一下，才有機會找到活路。」

活路真的是拚出來的。1987年，台塑集團計畫在宜蘭利澤工業區投資建置第六輕油裂解廠。當時的縣長陳定南瞭解到這將對宜蘭的環境造成衝擊，因此極力反對。這是台塑集團自1950年代以來遭遇最大的建廠阻力。王永慶為了消弭外界對於石化業的汙染疑慮，一再公開保證，六輕不會造成汙染；但宜蘭人最終還是選擇發展綠色無煙囪產業。政府為了持續發展石化產業，協助台塑集團以優惠價格取得雲林麥寮海岸的土地，保證無缺的水源供應，放寬海岸私有化。雖然當地也有部分居民反對，但實力無法達成對話條件。六輕從1998年試營運至今，經過近二十幾年的時間，雲林人從歡迎的態度，轉為嚴正要求台塑六輕必須降低環境危害。這顯示了企業的承諾，或者政府的公權力，已無法獲得人民的信任。

台塑六輕爭議持續延燒三十年，成為公民監督與討伐的對象，反映出臺灣環境運動歷程的縮影。蕭新煌老師認為，「在戒嚴期間的二十幾種社會運動類型當中，環境運動跟土地關係最直接、最密切，也對臺灣民主有最大貢獻。扎根、在地，因為受害，進而開始質疑產業、地方政府跟中央政府。民主，就是從質疑開始的。」鹿港反杜邦、宜蘭反六輕，是人民反威權、爭民主的具體行動展現。戒嚴令在1987年7月15日解除之後，臺灣得以重新形塑生命多元價值。

解嚴之前的環境運動，大多是地方型反公害為主的陳情與抗爭行動；解嚴之後，鄰避設施或預防型態的動員，逐漸盛行。此外，以環境為優先的理念，在各類公民運動中，成為旗幟鮮

明、超越族群、彰顯普世價值的倡議。

1990年代後公民參與、公民倡議的案例

以核能發電議題為例，它的本質原是科學與風險的辯論；1980年代，張國龍、施信民、林俊義等教授，不斷撰寫文章提出質疑與評論，但在威權政體統治之下，公民的聲音受到忽視與壓迫，逼使核能議題朝向政治性的對決，也減損了客觀討論與理性選擇的可能性。1987年以來，核能不斷成為政治對抗角力的籌碼。近三十年的衝撞，政黨三次輪替，加上日本311核災事故的震撼，反核運動由年輕世代賴偉傑、崔愫欣接力，政府與社會重新聚焦於風險與能源選擇。如今，非核家園成為大多數公民的共同願望，在環境運動的高度上，也從政治對決蛻變為公民參與決策的指標。

臺灣人經歷了犧牲環境以換取經濟成長的惡果之後，人們的價值觀逐漸多元，加上受到西方先進國家之環保思潮影響，倡議型的環保運動逐漸被凸顯。近十年來，當工業、商業等大型開發案，相中了海岸地帶，在地居民與民間團體，往往會先凝聚起來，倡議串聯，讓開發案未成形前，就搬上檯面，成為公民討論的議題。

1990年代初期，濱南工業區與美濃水庫興建案，再次反映了臺灣政府與民間對產業發展的不同思維，政府依然仰賴重工業、石化業的發展來帶動其他產業動能。為了取得大片土地與水資源，並吸引財團進駐，政府提供財團便宜能源的取得、租稅減免以及投資獎勵優惠等。此刻，基層民眾將開發提升為生存權與族群文化的保衛戰，環境運動組織也把地方保育議題，推向全球生物多樣性保育與地球暖化、氣候變遷的高度。

濱南案與美濃水庫爭議，凸顯了環境優先的價值觀，參與運動者，不一定是直接受害，或受到具體立即的影響；而是不願承擔健康風險與環境外部成本，以及尊重各物種的生命多元價值；這樣的思考方向，逐漸成為環境運動的主流。就像森林保育運動的先驅——林俊義、賴春標、陳玉峯等人，在1990年代前後，開始推動森林保育運動時，必須先跟政府官僚打一仗，接著再繼續推動社會教育，一點一滴，匯聚成強大保育思潮。我在當時的觀察，政府與部分林業學界，就像一部與保育團體對撞的戰車，砲火四射、棍棒與蘿蔔齊下，逼使得保育人士走上街頭，訴諸社會民意。再經中生代保育工作者如李根政等人，歷經十幾年的努力，森林

保育運動的成果才慢慢顯現。

政黨輪替與環境運動

在環境運動中，抗爭群眾往往是站在政府的對立面。當群眾走上街頭，匯流為一股草根反對力量，往往會與在野勢力產生某種合作關係。一方面是因為立場較為接近，一方面是為了將民主政治能量擴大。

2000年，在野黨首次取得政權之後，吸納了許多反對運動工作者，帶著進步理念加入新政府的體制。但是，經過實證之後，諸多改革作為並無法令外界滿意，也因此相對消耗了許多環境運動的能量。各種社會運動紛紛轉型，重整旗鼓轉型社區扎根工作。

2008年，執政黨再度輪替，環境運動團體對於與政黨結盟也轉趨謹慎。代議政治運作型態逐漸受到質疑；召喚公民自主力量，成為社會運動最大公約數。

2010年代，執政者仍將石化業列入國家重要發展項目。國光石化公司在彰化海岸設廠的計畫，經過公民團體歷經三年努力，終於取得環境選擇權。公民意識與集體力量，在國光石化投資案充分展現，成為環境運動史上最傲人的成就。但是，在公民力量崛起之後，為何環境保護團體仍然疲於奔命呢？

環境問題是不公平的社會、經濟、政策所造成。蕭新煌老師曾為環境問題下了一個注解：「政策造成的環境問題，不是單純的汙染問題、生態問題、或是能源發展問題，它背後有政經掛勾的弊端。」這股根深柢固、盤根錯節的勢力，能夠藉由民主程序，在政黨輪替過程中，以及公民監督力量之下，將其連根刨除嗎？

2016年，臺灣執政黨再次更迭。環境轉型正義的落實、國家產業政策與方針對於環境優先的擬定與作為，如今看來，令人質疑。我在1998年間，借助航空警察隊進行空中巡邏之便，拍攝到桃園觀音藻礁的壯闊地景，同時也拍到了大園與觀音工業區，大量排放廢水汙染海域的畫面。當時，我們立即跟環保單位提報，並提供影像，但是近二十年來，汙染現象依然時有所聞。

眼見珍貴的藻礁生態環境逐漸遭到破壞，學術界與保育團體疾聲呼籲，必須確保目前僅存的海岸生態環境零損失。回想二十年前，主政者以經濟發展為由，破壞在先；二十年後，又以能源轉型必要的犧牲代價，執意而為。如果，要我形容目前的心情，我只能說「欲哭無目屎」；如果要給主政者一句話，「裝睡的人永遠叫不醒」。但我認為，目前，我們沒有悲觀的權利。

三十幾年來，臺灣公民以無畏的勇氣，進行各種環境自力救濟與抗爭行動，讓環境崩毀的速度得以紓緩；未來仍然有許多關口，等待突破。我們是否願意在經濟疲弱的時候，依然以環境為優先？是否願意降低能源需求，減少環境的負擔？這是一場為維護環境必須不斷前進的未竟之戰。

1990年陳定南帶領宜蘭人做選擇

六輕環境運動

宜蘭反六輕

1990年12月1日，陳定南率兩千餘宜蘭同鄉
到經濟部及台塑大樓抗議六輕興建案。當時，
行政院長郝柏村以一貫強硬的語氣發表興建六
輕的決心。總統李登輝到宜蘭視察並談到，只
要符合國家利益、環保標準，就不應有人反對
任何經濟建設。政府對於王永慶的支持與示好
之心意，昭然若揭。

拒絕汙染性工業、堅決保護蘭陽地區的環境，
是陳定南一貫的主張；他在縣長任內聲望極
高，轉換跑道進入立法院後，問政認真嚴謹，
頗受朝野政黨敬重。當時，政府為了幫台塑集
團投資案排除障礙，運用王永慶的萬言書，並
配合某些媒體口誅筆伐，營造任何意圖「反經
濟建設」的行為就是「阻礙發展的罪人」的社
會氛圍。陳定南與宜蘭人的意志，讓李登輝嚐
到苦頭。經過二十幾年時間檢驗，當年無畏的
抉擇，讓台塑主動放棄利澤工業區，宜蘭人才
能繼續保有優質的家園，朝著綠色產業發展。
這場環境與產業的選擇戰，著實艱辛；當年，
陳定南面臨從政以來最嚴酷的考驗；如今，成
為許多宜蘭人津津樂道、懷念的老縣長。

雲林今昔之別

1991年7月15日，由雲林縣縣長廖泉裕主導發起了「慶祝離島工業區編定萬人遊行」。據側面瞭解，遊行活動是透過鄉鎮公所發給補助金，動員各地陣頭和藝閣搭乘遊覽車和改裝卡車前往台西鄉共襄盛舉。大會現場一片旗海，襯托著鞭炮、鑼鼓和陣陣喧鬧的歡呼聲。

場外由臺灣環保聯盟雲林分會發起的抗議群眾約僅三十餘人，悲壯式地舉著「為了五百元犧牲咱健康」的布條，形成螳臂擋車的淒涼對比。

廖泉裕在遊行大會以及「歡迎六輕在麥寮設廠」的盛會中致辭；並且在台塑集團發言人任兆權面前向鄉民保證，台塑六輕不會帶來汙染。然而就在同一天，媒體以頭條新聞報導了高醫教授葛應欽的研究結果，顯示高雄五輕廠附近居民和廠內員工罹患癌症比率偏高，引起喧然大波。次日，沈寂多時的反五輕抗議行動再度復甦，憤怒的民眾將五輕煉解廠改名為「煉癌廠」。

二十年後，六輕工業區的工安事故頻傳，當年環保團體指責廖泉裕為雲林請來了「煉癌廠」，一語成讖。而這位前縣長遭通緝多年之後，於2007年2月因重病回臺，隔年2月病逝，留下了不甚光采的評價。

1　圖1：1991年7月15日雲林萬人歡迎設廠盛會
2　圖2：2010年數千人抗議工安事件

無法挽回的夢魘

以二十年時間檢驗一個大企業的承諾，很沉重，很真實。部分雲林人當年以既期待又怕受傷害的心情，歡迎台塑興建六輕石化工業區；二十年後，擔心害怕的夢魘，已然成真。

新公民環境運動 | 代代相傳的護生力量

臺灣環境運動的訴求，從1980年代反公害開始，近四十年來，歷經衝撞、轉型、議題分化，運動場域也從街頭、議會、再回到社區。看到民間草根力量崛起，這一股良知良善的集結能，形塑了公民意識的展現，終有推倒巨大的惡之可能。而這一脈護生的香火，必將代代相傳。

1	2
3	4
5	

圖1：1992年反核
圖2：1996年反七輕
圖3：2005年環境保護運動「我要活下去爭取環境權」
圖4：2012年反空汙
圖5：2010年反國光石化保護白海豚

空中攝影集錦

飛行臺灣之巔

在想飛的季節
獨自展翼滑翔
以大冠鷲的身段
隨著氣流
讓風　帶我穿過雲霧
在一萬呎的高度
轉身俯瞰生養大地

轟
雷擊般驚醒
山巔、河流、水路交界、海洋
傷痕累累
心痛的感覺
你可能體會？

2005年臺中梨山地區

1 | 2　　圖1：1998年桃園海岸
　　　　圖2：1999年南投九九峰

變色的山海

山川海洋自有其本來的面貌，好山好水更是人們心所嚮往。

逐漸變色的山與海，

是否來自人心的顯像？

崩壞

地動是臺灣島的天性，水的侵蝕與土的崩解考驗人類智慧。

改變海岸的各種作為，將挑戰潮浪的反撲力道。

1 | 2 |　圖1：2010年高雄楠梓仙溪流域
　　　　圖2：2010年彰化伸港濕地

汙染

2007年11月，國際著名科學期刊《自然》(*Nature*)針對全球火力發電廠的二氧化碳排放量，進行統計分析比較。全世界單一電廠二氧化碳排放量的前十名，臺灣就占了二個名次——臺中電廠與雲林麥寮電廠，分居世界第一與第六名。目前，中部居民正積極為了呼吸一口乾淨的空氣而努力。

<u>1</u>|<u>2</u>|　圖1：2010年臺中火力發電廠
　　　　圖2：2010年雲林麥寮台塑六輕

島之南北

臺灣島的極端角落，往往被擺置了各種地標，燈塔是識別之一。

島之東西

同樣的緯度，西面因為灘地與沙洲寬廣，填海造地開發為工業區，經過十幾年的保護運動，部分自然環境被留存下來。

鏡頭拉到東面，自然環境絕美，是觀光休閒用地首選。

美感與價值，該由一時人心欲望或是永續的生物多樣性決定？

1 ｜　圖1：島之西 曾文溪口
2 ｜　圖2：島之東 三仙台

臺灣之巔

因為板塊運動擠壓，玉山北峰山塊的位移與滑動現象，從未停止。

屏東佳冬地區從地下水湧動到匱乏，地層嚴重下陷超過三公尺。

將近四千公尺的海拔落差高度之間，我們是命運共同體，無人能自外。

1│2│　圖1：島之巔 玉山主峰與北峰。海拔高度3,952公尺
　　　　圖2：島之沉 屏東佳冬。1972年到1983年海岸灘
　　　　　　線後退80公尺；1972年到2001年累積下陷
　　　　　　量3.02公尺；2013年累積下陷量3.4公尺。

◉——後記

見證臺灣的美麗與哀愁

不同時代的視野與心境

從1980年代，開始以相機記錄臺灣的自然環境，以及風土人情。1987年間，因為受到《人間》雜誌報導攝影視野的影響，我認為要善加利用影像紀錄工具，以及媒介平臺的影響力，加入了平面媒體報導記者的行列。

而1985至1995年期間，是臺灣政治、經濟與社會激烈轉型的年代，從政治解嚴、股市激烈震盪、環境意識崛起、本土文化思考到社會運動發展，能量充溢。我跟著這波浪潮，用力進行各種紀錄與思考，想填補自身對土地文史知識的不足。以田野調查方式、一步一腳印走遍臺灣偏遠角落，並記錄各類型公民社會運動，是我給自己的功課。另一方面，看到產業轉型與外移，貧富差距逐漸拉大，政治與經濟政策向財團傾斜，弱勢族群的困境與環境崩壞的底部看不到盡頭！因此，我毅然辭去媒體機構的專職工作，在1993年，選擇獨立報導的空間，在商業媒體之外「提供真實環境目擊資訊」，並自我設定為「生命實踐」的核心目標。

在臺灣從事獨立媒體工作的各種挑戰，初期超乎我的想像，從公部門的政策說明、會議，各種環境場域的採訪申請，困難重重，加上涉及公害、公共危險，以及不法行為的調查拍攝，每個環節關關卡卡。縱使，某些環境公害的受害者樂以協助，但又擔心他們站在第一線，反而會受到二度傷害。譬如早期的彰化烏溪旁的砂石盜採與廢棄物汙染案、森林盜伐，或近年的苗栗、高雄旗山農地汙染案，受訪者都先後遭到黑道暴力傷害。每次想到這些受害者，就很想大喊「政府在哪裡？」。

1998年7月，公共電視正式開播，為了擴大環境資訊傳播的效益，我將長期以多元媒材累積的田野調查資料，轉換成紀錄型態的電視節目。公視《我們的島》是臺灣第一個環境新聞雜誌節目，首季推出「再見海洋」系列報導。

與此同時，約於1999年，臺灣媒體環境與資訊平臺趨向多元，網路資訊應用發達與成熟，整體媒體市場競爭更是激烈和扭曲。我們的紀錄重點聚焦在價值觀的形塑，試圖養成環境教育與公民意識，例如山林與海洋環境生態教育、公害議題、公民參與等公共利益的議題等等。「我們的島：再見海洋」系列播出之後，2000年9月，推出第一部電視紀錄片《來自斷層的消息》，以及2002年之後，持續每年大約二部紀錄片的產出。

艱難與希望

我的記錄與創作重心，是先從海洋出發，再依序延展到山川與環境變遷。我想呈現人與海洋互動依存關係之種種可能，也想引領觀眾再一次看到海洋、海岸、泥灘地、庶民文化與基層的心聲，尤其是尊重他們的選擇，看見生物多樣的生命尊嚴。

三十幾年的記錄工作之路，崎嶇起伏。在所有的挑戰中，除了製作經費不足與高階器材取得困難之外，重大的難關包括天氣多變、環境基礎研究不足，以及人為干擾。我們可以坦然面對資源不足或自然環境的挑戰，卻必須耗費許多成本與時間，與「人」溝通、化解「人」的阻力。經常有人問我，耗費這麼大的心力，長期提供環境資訊，真的有用嗎？我想，如果大家手中握滿了鈔票，卻必須再拿來買健康的環境、乾淨的空氣與水，那所為而來？如果出不起錢買健康的弱勢者，他們該怎麼辦？如果，階級不會流動、財富不會流動，那空氣、水、陽光這生命三大要素，也會分貴賤、族群嗎？我認為，只要真實記錄、傳播，人心與環境就有改變的可能性，只要持續地去做，先不要問成敗！

當然，這麼多年來，整個媒體環境、資訊平臺、國際情勢，以及社會價值觀都有很大的轉變，三十年前的思維與做法更必須調整、因應新局勢。譬如「中國因素」是臺灣長期來的外部壓力，但也漸趨成為內部的問題，除了國際關係、經濟發展以外，環境公害、生態保育，都與之息息相關。而國內政黨間的競合亂象，也讓產業與環境議題無法被理性的討論。2010年之後，我已深悟，臺灣未來的前途，唯賴島上住民的自覺，而不是寄望於某個國家或某個政黨！

相機跑天下：柯金源的三十年

訪問：莊瑞琳　　記錄：李映昕

莊瑞琳：你常常提到高中買第一部相機，《南風》作者許震唐也是，我就在想你們五十歲以上這一代，高中時候買一部相機應該是有點奢侈的事情，尤其在彰化鄉下地方。你還記得那時候為什麼想要買相機？是怎樣的過程？

柯金源：我們是傳統務農的家庭，收入也是小康以下水平。我在小學、國中時期，只買得起文具、簡單三餐溫飽而已，家庭只夠這樣的能力。後來高中半工半讀，就是去工廠，一般的彰化家庭工廠那種黑手，做沖床。

莊瑞琳：你那時候有技術嗎？

柯金源：就是學徒嘛，因為國中才剛畢業，就只能去工廠當學徒。到了高二，薪水增加了，除了學費以及貼補一點家用，還有點零用錢，那時候就很想要有一部相機。因為國中時期，對於山水或水彩畫、美術科方面一直很有興趣，所以存夠錢，就買了第一部相機。早期拍攝的主題是以景觀為主，像是我家附近的環境，中部山區風景區、八卦山、草嶺十景、溪頭。那是 1977、1978 年摸索時期。真正意識到攝影創作、美學構圖，是高中畢業，想要考美術系，到臺北找補習班，因為美術相關科系有術科，才想要加強美術。1979 年之後，攝影美學的基礎也逐漸完成。這本書有放 1980 年代拍攝的五股濕地。那時候五股濕地，因為海水倒灌，還有一部分是地勢低窪的農田，因水災之後長期積水不退，就變成濕地。其實兩、三百年前，那附近本來就是濕地，是後來漳泉居民進行開墾才變成農地。我當時是沒有相關環境資料，只是覺得，在臺北都會區的近郊有一大片水域，就像是淺淺的大湖泊，有空就去那邊拍照。我現在回頭找當時拍攝的資料，可以看到 1977 年間的紀錄影像，包括家鄉附近、中部山區景觀，現在剛好成為環境對比的圖像。我當時買的第一部相機，是 Nikon 的，好像是一萬多塊，每個月存幾千塊，也存了大半年。

莊瑞琳：你們家族有這樣的人嗎？想要走美術、美學的？

柯金源：我爸爸那一代的家族是滿大，有八個兄弟姊妹，四男四女。跟我同輩的這一代，我的堂兄弟姊妹，是沒有人從事相關美術領域工作，唯一比較接近的就是我大哥，他從事男裝西服設計手工訂製，他一直做得很不錯。

莊瑞琳：你有遇到什麼反對嗎？家裡根本不懂……

柯金源：有啊，1984 年剛退伍，開始工作的時候，我就直接到商業攝影公司當助理，那時候，祖母是不太支

持，覺得好像不是一個很扎實的工作。當時臺灣的就業環境跟景氣，或者對小孩子的期待，如果你書讀得很好，一直升學，就去當老師或公務人員，如果沒有往教職發展，就去學個一技之長，學成之後就開一家小工廠。在鄉下大家都有房子，不然就是有農地，可以蓋個小工廠，先從代工做起，有能力再繼續擴大。長輩們希望我們這一代循這樣的模式發展，好好把技術學好，未來可以當一個小老闆。但我覺得那不是我的興趣，我還是鍾情於國中時期的夢想，所以就留在臺北，開始找機會上課、補習，用各種方法磨練自己的專業技術，後來，因為各種機緣才逐漸轉變。

莊瑞琳：那時有去考美術系嗎？

柯金源：沒有。後來發現，我對於要每天交老師規定的作業，不是很認同，也有點叛逆，雖然已經高中畢業，當兵回來，但還是叛逆。我是先到學校修相關學分，聽老師照本宣科的內容，一、兩個學期下來修了一些學分，那種體制內的教育，沒有辦法讓我誠心信服，所以我覺得應該要走自己的路。當兵對男生來說是一個重要的斷代，當兵之前我已經選了美術、攝影影像這條路，當兵三年期間，還是繼續從事創作，一直在做基礎技術磨練，退伍就直接跳進專業領域。縱然家庭反對，我還是持續做。只是後來還是必須要去掛單一個正式的媒體機構，他們才覺得這是一個工作，有在上班。所以我是1987年才在機構裡面上班，不然之前都有點像是現在講的獨立工作者。

莊瑞琳：有點像是接案。

柯金源：對，就是接案，當時是各種題材都接，商業攝影、人文民俗，也接過婚攝。

莊瑞琳：我知道，許震唐也是這樣，拍很多婚紗攝影。

柯金源：最多還是商業攝影。這是賺錢，平常就是去拍紀實攝影。我把以前的東西全部挖出來，發現還有當時拍國際選美的照片，還留著（笑），其他大概比較多就是人文風貌、景觀生態，這是從早期一直延續下來的興趣。

莊瑞琳：為什麼國中就對視覺、美學的東西有啟蒙呢？

柯金源：可能是受美術老師鼓勵，我國中的美術成績，在各科裡面算是比較好的。

莊瑞琳：你在攝影這件事幾乎有點是自學，哪些東西影響你？你怎麼摸索攝影美學？或者你為何想要繼續探索紀實攝影？

柯金源：早期美學的基礎，因為學校上課，畫畫要看很多相關的美學書籍，就是臨摹為主，也會看很多藝術家的傳記，就受到一些影響。但我不記得到底哪一本影響比較大，那時候看得很雜，文學、美學都看，因為鄉下真的很窮，買不起其他課外書，到了高中之後才能大量閱讀，就看得更雜了。但在服兵役期間，有一本很舊的翻譯書《相機跑天下》（*My Way with a Camera*，是攝影家 Victor Blackman 的作品，1980年徐氏文教出版），可說是我在紀實報導攝影領域的啟蒙書。這本書講獨立記者的經歷，如何用影像去做紀實報導，自由投稿。是一本翻譯書，我記得是水藍色的書皮，很久以前想要找，找不到了，不知道被我塞到哪裡去，網路也找不

到資訊。想說再買回來回味一下，經過了快四十年，看看有沒有新的體驗。為什麼我會特別記得這本書，因為它開啟了我另外一條路，就是紀實報導。它有一個概念是，你可以當一個獨立的自由工作者，用報導作品傳達一些想法，也可以讓你活下來，這很吸引我。所以，我當完兵後，還是念念不忘這樣的想法，才會在商業攝影的工作之外，再去涉獵紀實攝影，經常到處跑，覺得那比較符合我自己的個性，可以用影像當作表達工具，傳達想說的任何資訊。

莊瑞琳：那時候有人跟你討論嗎？感覺你是一個人在想這件事，有沒有一群朋友跟你討論？

柯金源：當完兵之後，我還是到處亂看、亂學，臺北有幾家專門做影像訓練或報導攝影的教育中心，早期像大群攝影訓練中心，掛名的是郎靜山。中後期是視丘，主持人叫作吳嘉寶。這些攝影教育中心，有點類似日本的寫真專門學校，臺灣那時候教基礎攝影的師資，或實務型的攝影師，許多人是從這一類學校出來的。從美國或歐洲回來的學院派就是在學校教書。那時候實務跟學術有分不同的系統。我在視丘上課的時候，認識幾位老師與一些志同道合的朋友，但真正開始有分領域的概念，是跟這個拍環境生態相關的朋友，像張永仁，拍昆蟲很厲害，可以說著作等身，擺起來嚇人一樣。另外一個是林文智，是拍植物跟登山，兩方面都很強。那是在1986年之後，我們幾個人經常一起跑野外，當時沒有特別專注哪個領域，後來慢慢聊出一個共識，覺得應該要有自己的專長，稍微來分工一下，我們就說好，兄弟上山各自努力，各自把時間精力耗進去喜歡的領域。之後，張永仁就潛心修練昆蟲生態方面的領域，林文智一直在登山跟高山植物，我就在環境領域。1987年剛好也受到《人間》雜誌的影響，還參加了他們的工作坊，那也是我比較喜歡的形式與題材，而且這樣，我會覺得這個相機是比較有用的相機，我希望它是有用的，而不是只是生產影像。所以那時候就有點定型，從1987年定下來到現在，四十年了，我們三個都沒有離開四十年前的想法。

莊瑞琳：你在1977、1978年，高中時代就從家鄉開始記錄，可以稍微講一下當時記錄的伸港是什麼樣子？

柯金源：我們家是一般俗稱的風頭水尾，在定興村，但我們家在七嘉村跟定興村交界，沒有直接靠海。跟海的直線距離還不到三公里，但以前，我們家有一部分田地在烏溪的溪床上，屬於出海口地帶，所以，家跟田，或生活的環境，還是在海的附近。我媽媽的娘家是曾家村，就更靠海了，所以我的外祖父、舅舅還是養牡蠣，抓魚維生。小時候家裡常常收到我媽娘家親戚送來的海產。但1980、1990年開始，因為彰濱工業區陸續開發，就沒辦法再靠海維生了，不再像以前，可以在不同季節抓到不同的魚蝦貝類。
所以我們家的環境，就是風頭水尾。每一年東北季風，風直接往村子吹，現在也還是。每年冬天我們家，桌子早上擦過，到下午就一層灰塵，因為北邊就是烏溪出海口，冬天一定會揚塵，空氣沒有看到沙子，但風裡的沙子很多，不用一天桌上就是一層沙。所以懸浮微粒一直都是這個村落的季節性的自然產物。冬天都要休耕，要承接第一道的東北季風，晚上咻咻咻，風很大，強到你人要抗風走。這是我們村子在氣候上的表徵。
另外一個是水尾，一般的農田灌溉用水，都是從上游河川引進水圳，流到下游，再到出海口。以水利會統計，水流到我家那邊，已經被用了四次或五次，因為每一條灌溉水圳，會依次分流，再進入各區農田，那灌溉尾水會再流入水圳、區域排水溝，繼續往下流，再被下游使用，這樣一道一道的，所以灌溉水圳的水，從上游到下游最少都會被用三次，最後才排到海裡面，但我們家的農田，是水圳的尾巴，所以灌溉用水被用了幾次之外，中間還會有不同村落的生活廢水排進來。我小時候是在我們家前面那條小河學會游泳，我們都利用游泳的時候摸一些蜆，夏天能抓到很多蜆，晚上就可以煮湯。冬季的時候，因為雨量少，水圳通常會限水，甚至水門也會關，小河就會乾枯，每一段形成小水窪，都是濕泥地，那時候就可以去挖，很多的泥鰍跟鱔魚。一條河縮小成小水窪，沒有跑走的魚就在那邊，很容易抓到，所以冬天就可以抓沒有跑走的魚，到泥裡面去

挖泥鰍跟鱔魚。等到春天水來了，河流生氣重新恢復一遍，每年都會有一個循環。但現在沒有了，從1970年代，水質愈來愈差，所以我開始會去記錄。以前每一年會有乾濕季，現在不是，現在生活廢水、畜牧廢水一直排下來，隨時都會有水，只是有沒有味道的差別。

莊瑞琳：所以你小時候有跟著爸爸去種田？

柯金源：有，一直種到國中啊。國中之前我都在家裡，幫忙務農。記得小時候，六、七歲時，會跟著爸爸坐牛車去烏溪旁邊的農地挖蘆筍，從家裡要走很遠，夏天河床的沙很燙，而且蘆筍都要在天還沒亮前挖，比較不會苦掉，所以都是天還沒有亮就被抱起來坐牛車，到了溪埔農地，大人們已經工作一段時間，才睡醒，再開始幫點小忙，因為小孩子有特權。我想，鄉村裡的小孩大多是這樣，除了到學校上課，其他時間就是在田裡面。

莊瑞琳：現在你們家的田是誰在弄？

柯金源：現在就是我三哥，每一年種一季水稻，是透過代耕，請人家幫忙犁田、插秧、收割，但噴農藥或施肥還是自己來。

莊瑞琳：你們家的田是幾代了？

柯金源：一部分是阿公傳下來的，大概五分之一，其他是我父親與哥哥陸續買的，就是努力工作存錢，有了錢再買農地耕種。所以，到我們這一代兄弟算是第三代，就是祖父有傳了一點給我爸爸，再給我們兄弟。我們對農地還是很重視、很依賴，我從鄉村到都會工作，心裡是比較沒有恐懼，為什麼，因為家裡還有農地，景氣再怎麼差，或職場不如意，回到家還有一塊農地可以自給自足，不會餓著。所以我從來不擔心被資遣，主要就是有家人，還有一塊農地。所以在拍攝《退潮》紀錄片時，就把這樣的生活經驗轉換出來。因為住在海邊或鄉村的人，只要當地的環境不被破壞，它就是社會穩定的基礎，外出工作的人如果因為景氣循環差而回鄉的時候，他可以依賴傳統的生活方式繼續維持生活所需。如果環境被破壞了，會形成新的社會問題。《退潮》就記錄了幾位失業的中壯年，他們應該跟我一樣國中畢業就離家，中年失業了，只好回家，但海岸的資源還在，所以還可以回到以海維生的方式，養活一家人，這就是我說的無所懼，不用擔心未來。前提就是整個基礎環境要保護著。雖然目前沒有在種田，但很感謝我們家三哥幫忙看著，沒有荒廢掉，當我們想要回去的時候，家跟田都還在。

嚴格來說，我只有兩次在體制內工作，第一次就是到《財訊》當攝影編輯，有一部分是因為家庭因素，我需要一份穩定工作，讓家人安心。那時候老闆掛名是邱永漢，而且他還經營永漢日語跟書店，在媒體市場已有一定的知名度，所以只要說我是《財訊》記者，受訪者往往會說「喔，邱永漢！」後來我還是沒有忘情我的獨立紀實報導，所以在《財訊》待了四年就離開。當時總編輯是梁永煌，他給我很多幫助，我待到第二、第三年就跟他說，我還是想多拍環境相關的東西，可不可以用換假的方法，每個月我把假日累積起來，他答應讓我長期出去工作，一次大概一週，我就用這樣的形式拍了很多東西，去了很多地方。後來發現一週不夠，要半個月、一個月，有點超出他們的想法，所以還是離職，但他也同意協助我開闢一個專欄，我才會從1993年開始寫〈臺灣檔案〉。他們也擔心我這樣出去會不會餓死，因此《財訊》給我的稿費一篇是三千，解嚴後大學剛畢業的記者薪水一個月是兩萬五左右。當時《財訊》的攝影組長蕭榕是我當兵的同袍，他說底片很貴，也幫我爭取到一個月二十卷彩色正片，有時候也會領十卷黑白負片，社長也同意了。每一個月，我有二十卷底片，

最少兩篇專欄，六千元以上的稿費，很不錯了。

莊瑞琳：二十卷拍什麼都是你自己決定？

柯金源：對，拍完以後可以在那邊登。本來還說要幫我出沖洗費，我說沒關係啦，不用。那時候就是獨立媒體工作者，但有《財訊》支持我寫專欄，有比較好的稿費，也支援我底片，再給我一張特約記者工作證與名片，因為跟公部門採訪要有機構證件。我們一起合作了十幾年。

莊瑞琳：你一開始做攝影，但攝影跟記者不一定有絕對關係。

柯金源：我那時候在《人間》就看到這個現象，攝影跟文字其實分工很細，如果純粹以影像表現，空間比較小。但還是有啦，比如解嚴後，自立報系出了《臺北人》，好幾個刊物還是以影像為主，或者像綠色小組。那時我發現，當一個記者如果只會一個工具，在工作或呈現想要表達的議題時會受限，會有一些問題。所以就要求自己開始寫，當然一開始沒辦法寫得很好，有資深的文字編輯幫忙，像以前的同事楊森就幫了很多忙，我自己也慢慢磨練，多寫多看。目前為止還是覺得沒有寫得很好，只是能夠把一些事情交代出來。所以才會一邊寫一邊拍，同時做。攝影是很專業的東西。不同時代也有很多轉變。從1987年解嚴，再來報禁開放，電子媒體開放，到1990年，我們幾個比較好的同事，就討論未來趨勢會怎麼走，那時候看到已經有境外衛星電視超視要進來，就在想，未來的媒體呈現一定會有轉換的可能性，所以1990年就開始在準備跨領域。那時候就亂學，包括記錄、攝影、剪接。文字撰述是更早一點，電子攝影video是1990年開始，真正去嘗試是1991年，用十六釐米電影機拍。1993年離開《財訊》回到獨立媒體工作者角色，一部分拍照跟寫稿，一部分跟朋友合作。那時公共電視正在籌備期間，委託我朋友李進興（五色鳥傳播）製作了二十幾集的生態節目，我就去幫忙。早期是用電影攝影機拍，後來用電子攝影機video拍，大概幫他拍了一年，我同時也一直在寫稿。1995年吧，中視《大陸尋奇》製作單位長樂傳播也找我幫忙。所以很多工作都是雙軌或三軌在進行。

莊瑞琳：第一次意識到你在報導環境事件，是怎樣的新聞？

柯金源：真正讓我覺得，會想要砍掉其他類型的（報導）……

莊瑞琳：因為你也跑社會運動跟國會，為什麼後來會想專注在環境新聞。

柯金源：讓我覺得要定下來，是1990年東石網寮村因楊希颱風淹水三十九天。看到那種慘況，有一點回到自己的成長經驗，因為我們家每年也都會淹水。每年颱風豪雨，我們的農田就會積水，因為地勢低窪，又是水尾，上游的雨水會往下游跑，一定會宣洩不及，會回堵或內澇，所以每一年，田裡面都會有風災或水災的損害。每年夏天的時候，剛好又是西瓜或香瓜的盛產期，颱風一來下大雨就很慘，所以每年颱風，不管白天還是半夜都要去顧田埂，不要讓它崩掉，雨水很多就拿抽水機抽水。沒有抽水機的時候，只能用手，妳可以想像一下，大人小孩在田埂邊，下著大雨，用水瓢桶子不斷來回把田裡面的水往排水溝倒，那情境到現在想起來還有點悲傷。我很能體會鄉下或偏遠地區在適應氣象災害時，能力是很薄弱的，但這種事情沒有人會去談，被當作習以為常。冬天就是颱風吃沙，夏天就是下雨水災。但到1990年，我發現好像不是這樣。我在臺北看到嘉義地方記者的新聞，說東石海堤潰決，整個村子泡在水裡，我就先去看。從臺北搭很久的國光號，下車再走進去，看了一次、兩次，想說怎麼會泡那麼久，村民把褲管撩起來，因為泡太久了，腳上的傷口已經有點潰爛，

很多人都有一點皮膚病，讓我覺得偏遠地區跟環境問題真的要寫，不寫不行。另一方面，讓我氣憤的是，當時記者在臺北還是每天吃香喝辣，我是跑財經跟政治新聞，經常跟著部會首長的行程，或跟一些大老闆在五星級飯店訪談、吃飯。當時，在南京西路的新光百貨，有個媒體辦了一個企業形象展覽，我看了，心裡就想，怎麼跟我看的都不一樣。我對主流媒體的表現愈來愈不耐，媒體的報導跟我看的事實差太遠了。我那時候雖然也還在算是主流的媒體，但跑的東西已經自動分線了。可能因為《財訊》是會去挖檯面下的東西，所以我們看事情的角度不太一樣，不會只看表象，會去挖背後的深層結構。那是民智大開的時代，不然我以前算是黨國教育很成功的一代，但後來完全崩潰了，所以才會一路轉變，從主流媒體再回到自己獨立媒體的工作。

莊瑞琳：東石網寮村的新聞有在《財訊》報導嗎？

柯金源：有。所以這個事件是觸發我，讓我很確認，要做環境領域的部分。

莊瑞琳：那時候就已經有意識地要追蹤一些地方嗎？

柯金源：一開始還沒有時間軸的概念，只是想用田野調查方式全面記錄下來，好好地跑，跑遍一次。雖然在高中時，我就環島過，當兵時也騎腳踏車環島，所以對臺灣，不管海邊、平原到高山……而且爬百岳，已經爬了八十幾座，我對環境並不陌生，但我覺得我沒有好好做記錄。所以我一開始是想，全面性地把每個點都記錄下來。幾年之後發現變遷很快，隔兩年再去，就會發現不見了，才想說要做變遷的對照。觸發這個想法是看到八里的碉堡，變化太快了，我就開始想說，要一個個記錄下來。我以前是點狀撒出去，任何議題、任何地區都可以記錄，後來想說應該要選擇，很多地方要常常去拍，設定樣區，慢慢地點就出來。一開始並沒有這樣的設定。

莊瑞琳：你開始決定要做環境相關報導或新聞之前，有前輩在做這個嗎？

柯金源：前面……沒有……公害比較多。媒體有《民生報》楊憲宏，他跑了比較多關於環境跟公害的東西。綠色小組還是著重社會運動，焦點沒全放在環境，比較還是從民主運動切入，把環境運動納為民主運動的一環。但早期確實是結合的啦，我研究過那段歷史，互相為用在那當時可能也是一種必然。其他真正專職跑環境線的媒體還不多，不然就是《人間》……環境跟弱勢公害也是《人間》的重要議題，但1988年《人間》就收了，很可惜。因為我是長期訂戶，有次雜誌社打電話來說雜誌要停刊了，你還有幾期的錢，想要換什麼，我就說那就換其他書囉。

莊瑞琳：所以你在做這件事的時候，並沒有什麼典範可以效法，你是從自己發現的問題，從那些問題開始做。那時候國外的資訊也很少。

柯金源：對，不多，也沒特別印象。反正我就是到處去抓，有什麼研討會，有什麼老師，有什麼資料就去鑽、去學、去看，所以很多環境變遷跟背景資料、專業知識，都是這樣一點一滴累積出來的。

莊瑞琳：那你還記得最早投入，一直在蒐集資料、看報告的是什麼？

柯金源：最多的是海洋跟海岸。營建署當時執行了一個行政院計畫，在1984年提出《臺灣沿海地區自然環境

保護計畫》，那是比較全面性的、有系統的……我想這個東西對我太有用了，因為它已經把背景環境資料，人文、地景、變遷跟可能產生的危機都寫出來了。那是第一波的部分，有點像是點的擴散，每一次要去臺南、高雄，就不會只去一個地方，就會順道去其他地方。經常我喜歡排一週的行程，就一站站去。原來跑過的地方就會重複，就會回去，一直在那邊跑，就延續小時候喜歡玩的，從海邊到高山。反而現在因為有出稿的壓力，就沒辦法像以前一年大概有三分之一的時間到處跑……那是我第一份的基礎資料。

莊瑞琳：哪裡是你追蹤最久的？

柯金源：彰化海岸是最久的，從時間軸來看的話，次數也是最密集的，也最有感覺的。我到現在都還會鼓吹我媽媽，要不要帶妳去看小時候撿牡蠣的地方，她就說沒有什麼好看的啦，現在都是工廠了。

莊瑞琳：你們家那邊什麼時候開始有愈來愈多的工廠？

柯金源：1980年之後工廠就慢慢增多，1990年代就更密集，包括我家前面，都蓋了量體很大、很可怕的工廠，要不然以前那邊都是田。

莊瑞琳：那些工廠老闆都是跟你年紀差不多的人？

柯金源：對，也有資本雄厚的，就是外資。我們家的環境就是這樣慢慢改變的。

莊瑞琳：1984年你拿到政府那份報告後，攝影拍照跟影片就同步進行了嗎？

柯金源：影片要到1990年之後，那時候攝影機很貴，都還只能用租的。直到1993年幫朋友拍生態影片，才有長期能夠用的攝影機，不然沒有。但現在留下來可以用的不多，都是用他們的攝影機拍的，有幾筆我會特別去要。像廬山溫泉，1994年道格颱風的時候水災，我是用我朋友的攝影機拍的，要用的時候就跟他們要，拷貝出來。像鯨鯊，是我的長期合作拍檔蘇志宗在1992年拍的。早期的影片都在朋友那邊，但我有借出來，在紀錄片裡頭都有用過。

莊瑞琳：因為你的田野做得非常仔細，去過很多地方，什麼樣的狀況下你會覺得那是你的題材？

柯金源：有些東西並沒有意識到它會成為我要寫的對象，只是覺得這個地方有受到擾動，有破壞初期的徵兆，覺得應該要記錄下來。我們三個朋友分開之後，我已經慢慢降低我的美學攝影，純粹變成工具，那時候很多想法是先把這些東西留下來，而且一開始我沒有想到可以產生時間軸對照，只是先記錄下來。後期有資料以後，可以做比對，才發現應該要持續記錄下去，才會有效果，早期根本不曉得。到後來更意識到，應該要同角度，比對才會清楚。因為如果視覺語言要獨立，必須要讓人家一看就清楚，不需要再用文字輔助，不然無法獨立存在。是1994、1995年之後，才知道同角度的拍法要多一點，不然以前就是拍拍拍，先記錄下來而已。

莊瑞琳：1980、1990年代之後有很多公害汙染，環境事件愈來愈多，也有大的天災，有哪幾個事件對你影響很大？

柯金源：以天災的話，當然像是 1990 年歐菲莉颱風的花蓮秀林鄉銅門村，跟同一年拍過的紅葉村，因為我是海邊的小孩，沒有看過山上的土石流，第一次看到有點嚇到，想說怎麼會有這樣的現象。當時是自己去拍，我在《財訊》跟老闆爭取出去一週，是這樣來的，氣象災害並不是《財訊》的主題，但我一邊上班一邊跟老闆換假，所以拍了那些東西印象就很深刻。1990 年開始，我自己對災害的定義，每一次重大災害，會有一個新的名詞被外界提到或大家比較清楚的災害型態，我就把它留下來，譬如土石流、地滑、地震，不然同質性的太多了。公害的部分也是 1990 年代，我那時候記錄的第一筆，是 1992 年彰化和美的稻米鎘汙染。和美在我們隔壁鄉，想說農民種的米怎麼會是不能吃的，連地都不能再種了，怎麼會有這種事。汙染公害讓我覺得必須要花更多心力去看，所以就會記錄很多工廠排黑水，開始去找工業區排水溝。1992 年新莊發生垃圾抗爭，他們在瓊林里有一個河濱垃圾場，一直堆，發生悶燒，已經很滿了，當地里民抗議，我去拍的時候，他們就住在馬路邊搭，不讓垃圾車進去倒。我才發現臺灣這麼多垃圾，我們在鄉下沒什麼垃圾，都是資源。我就開始拍臺灣的垃圾，不管山區海邊，就去找垃圾拍。隔年遇到大乾旱，臺灣大概十年會有一次大乾旱，就會缺水，到處旱災，所以水資源也是問題很大，就到處去拍水庫。所以我很多的主題裡面，都是有一個出發點，可能是單一的點，但我就開始拉開，比如垃圾問題，就從 1992 年新莊，一路撒開，到全臺灣去拍有問題的違法垃圾場，垃圾場真的很多，溪邊、海邊、稻田、山區都有。水庫也是有很多問題，八、九十個水庫的問題，從臺灣拍到其他島嶼金門、澎湖。當然有一部分是覺得說，我要去瞭解，不是為了拍才去，因為 1990 年時，對主流媒體的報導已經沒有信任感，所以我覺得還是要我自己去看。

莊瑞琳：我感覺你好像看到臺灣有另外一個世界，但那個世界是你工作的媒體沒有在報導的。

柯金源：對，可能每個媒體有自己的定位。後來沒辦法繼續待在機構，我每天耗費生命、精力都拍那些政治經濟表象的東西，每天講些八卦，但跟外面社會上真正的問題，實在差太遠……

莊瑞琳：1998 年之前還沒進入公視，還沒有《我們的島》，也許《財訊》會登你的東西，但你做的這些努力，可能不會有任何刊登的機會，你怎麼想？

柯金源：以財經雜誌類發行量來講，《財訊》當時是第二位，因為許多政治人物會看，一些知識分子也會看。有一次我遇到一個老師，他說你寫的我都有看到。後來覺得說，寫這些東西雖然只是在月刊登出，但它的效益應該不會太差。後來有幾次印證，1994 年有次登了濁水溪盜採砂石的事情，法務部也找人去調查。不覺得說好像只是寫一寫……不管怎樣，雖然到處跑，每個月一定要想辦法登個兩三篇，當然也是顧及自己的生活費。

莊瑞琳：我看《黑》那部紀錄片，緣起應該是彰化和美，從 1992 年那時候到了 2013 年，累積成《黑》，片子裡提到你怎麼調查受到汙染的農地。你說你環島好幾次，做這麼多樣區，有個能力我覺得很厲害，就是田野能力到底要怎麼來？這些東西沒辦法有教科書，因為政府就是不會想讓人家知道這些事情，你要怎麼整合資料，發現問題，甚至自己做地圖，這些能力怎麼來的？

柯金源：一開始就像是餓很久，到處抓，抓到後來自己才有辦法歸納。以前用的方法比較笨，就是剪報，主要就是各地方報導，再來就是研究機構的資料，這兩個是很重要的研究基礎，我會一個個歸納之後，再去做田野的印證。最後三方資料比對後，如果當時可以寫小短篇，就會先寫，如果沒有就先放著。所以我家有很多抽屜式資料庫，一個一個歸納。為了要讓田野邏輯更清楚，就大量買地圖，只要出版社有新出的地圖我就去買，買最多的一次是花了一萬多塊，一縣市一本。我最早買的是內政部的經建圖，一張兩百五十元，但太

大張了不方便帶出門，後來出了地圖集，我就去買整本的，一直放在車子裡面。我就把很多地圖匯進我的資料，後來有電子版就更方便，我就開始標。現在也有一些GIS的資源釋放出來，就可以拿來套用。所以我的地圖裡面會有我自己標的，再來就是用官方的資料套進來。這樣做田調時就會很清楚。那些概念都是自己摸索的，因為學術界都是做小尺度的地方，例如做梨山的滑坡問題，可能做很詳細，但我是各地方都要有，就要一個地方一個地方去蒐集，最後匯整進來。會有點雜，但對自己很有用。

莊瑞琳：那你怎麼找到那些人？

柯金源：人很大部分就是先去找研究資料，因為很多資料，政府都有委託計畫，所以我花很多時間去官方圖書館，看研究計畫，知道裡面哪些人做什麼案子，抄出來，再去學校問。所以我那時候也是很大膽，很多東西都不懂，就直接打電話去研究室，早期的地質學、海洋學界的大老像王執民、張崑雄，我都是直接去中研院、學校找他們，1990年代，我才二十幾歲，小毛頭，可能就是餓太久，什麼東西都想要知道。

莊瑞琳：你小時候應該沒這麼用功。

柯金源：對啊。那時候人脈也是延續下來，張崑雄下面有很多學生，現在都是徒子徒孫了。他們可能覺得我這個小伙子滿有趣，所以有活動也找我，就軋進去他們的社交圈，就有更多資料了。我列過一個滿滿的智庫，哪個領域有哪些人。我覺得現在應該要多培養一些年輕學者，這麼多年看下來，這些大老包袱愈來愈重，當包袱重，很多事情沒辦法講或做，反而現在要鼓勵年輕學者，所以現在採訪都會比較想要支持年輕學者。

莊瑞琳：那在各地的受訪者，你怎麼去找這些人？

柯金源：如果對當地不熟，我通常都會找村里長或意見領袖。比如我去東石，我一定去找村長，因為村長是這個社區的對外代表，任何人去找他，他通常會見你，講清楚要幹嘛，他通常也會協助你。重點是要他協助我找什麼人。一次兩次之後，因為我們本身就有報導的東西，拿給他看，他可能有印象，那種信任度很快就會接上，人脈一直一直累加，所以各地都有類似選舉的樁腳。有時候到那邊去，就會順道去看他們一下，雖然已經沒有採訪關係，但偶爾去繞一下，就這樣朋友很多，全臺灣各地，從海邊到山區都有。

莊瑞琳：但這個田野會有負擔嗎？會有倫理上的壓力嗎？

柯金源：會啊，一定會有。但我們做田調跟報導，就是要協助當地人，如果他有問題來找你，本來就一定要幫忙，所以不能說負擔，是事情會愈來愈多。

莊瑞琳：它不是採訪完就結束的關係，經常是沒有辦法結束的關係。

柯金源：對，對，要幫他排除一些困難或紛爭。一直都有啊。比如中研院有個老師說看到《黑》這部紀錄片，可不可以去認識一些受訪者。我說好啊，但我很多資料來自某個研究單位，你想要更清楚，我帶你去認識研究單位好了，先不要去找農民。我就開車帶他去，讓他們認識，再讓他們自己研究下一步怎麼走。你直接去找農民，他們有自己的生計問題，你要協助他做整治，如果經費不夠，他們要怎麼生存，那你先找研究單位。

莊瑞琳：會讓你有想不開的案例嗎？

柯金源：《產房》啦，有一個朋友，他也是我拍的志工，最後因為他為了生活，去做潛水工程，出意外，因為潛水工程以前都很粗糙，沒有做好確保，就發生意外。走了之後留下兩個小孩跟媽媽跟老婆，但他們家經濟又不好。所以我拍《產房》，整個志工團隊是一直放不下的一件事情，很多年了，這件事情……覺得很意外。其他報導的東西很多都有，因為每一個案例都很特殊……

莊瑞琳：你開始做這些報導時，臺灣的環境運動才慢慢開始？很多地方已經發生問題，其實還沒有什麼環境團體可以協助。

柯金源：1990 年以前，會有環境問題的大部分是因為公害，倡議型的有反核跟山林保育。陳玉峰老師就是我在森林植物領域的啟蒙，臺灣的環境運動大約從 1980 年代後開始，像環保聯盟、綠色聯盟，跟我做記錄報導幾乎是同期，在那之前就不多。1987 年是臺灣社會巨大震盪的時候，1990 年前後最多的就是民主運動，整個社會大翻轉。1985 到 1995 年，是臺灣政治、經濟、社會運動的震盪十年，這十年也是報導攝影的黃金十年，很重要的十年。1995 年之後，慢慢被電子媒體取代，應該說有點分化，比較多元，不會像 1990 年代前後的紀實攝影，比較偏人文色彩。

莊瑞琳：那時候會出現內心的界線嗎？你為什麼不會去走真正的環境運動？或者你認為你的報導就是某一種環境運動？

柯金源：比較像你說的「或者」。一個運動應該要多元並進，不要全部偏廢在一個區塊，會讓可能性降低，所以我會設定自己是在另外一條路線或側翼，我也在做這樣的一個紙上運動。有一些朋友說，要不要站到第一線，我覺得說，這樣會讓彈性減少，反而不好，我們目標一致，但每個區塊都要有人。

莊瑞琳：你有沒有想過不做報導，而是為某一個環境運動努力？有想過嗎？

柯金源：沒有耶，我沒有想過要站到第一線，因為我的專長或特質……

莊瑞琳：因為你是一個害羞的人。

柯金源：對，其實我是一個……要對很多人演講會害羞，從小在鄉下長大，我唯一的社團經驗就是登山社，在登山社是幹部沒錯，後來在職場上才做一個中階主管。所以需要站到臺前的事情，我沒有很喜歡。

莊瑞琳：有一些人會討論媒體倫理跟社會運動之間的關係，很多人說媒體要中立，但我覺得在環境新聞裡，記者很難中立，因為權力是失衡的，環境記者最常被質疑的就是已經有立場了，你怎麼看這個事情？

柯金源：我覺得這個難免，不只環境運動，各條線都會被這樣質疑。我覺得應該要考慮個案跟時代這兩個東西。我們早期在做報導時，掌握權力的人比較掌握發言權，弱勢者通常拿不到發言權，如果在嚴重失衡的狀況下，還要求言論平衡，那是對弱勢者的不公平。如果說全部媒體都這樣，只有你一個不是這樣，其實你占的分量很小，還不足以危害到所謂的新聞倫理。我一開始是這樣自我說服，後來公開場合人家質疑，我也是這樣回答，

結果大家都很認同。假設公共電視的報導比較傾向支持弱勢者，你回頭看商業媒體。如果有二十臺都站在權力者這邊，只有一臺公共電視，難道也要求公共電視跟商業臺一樣嗎？如果台塑集團有大批金錢跟律師可以去買、要求商業臺按照它的邏輯報導，公共電視只有一臺，如果說在言論市場只有一點點小聲音，你都要它去歸順那個框架，這樣合理嗎？

莊瑞琳：而且我覺得有時候要求媒體中立是假中立。

柯金源：所以我說要看個案跟時代。我們那個時代，1980到2000年，媒體環境根本是嚴重失衡，所以《人間》雜誌或報禁時期的自立報系會受到支持，就是這樣來的，因為它一家對抗多數。從2000年之後，網路媒體開始盛行，就要跟著改變，要根據工具和平臺使用的情況做改變，再用以前那套做法，行得通嗎？不行。現在要更多的討論。1998年《我們的島》第一季的節目，是以監督跟批判執政者為主要脈絡。但後來有更多的討論平臺，有更多可能性，還經歷政黨輪替，討論應該要更廣、更多元，所以不應該再像早期一樣的言論脈絡。

莊瑞琳：這跟民主運動的發展是一樣的，早期的目標就是打倒國民黨，但後來社會的發展已經不是打倒國民黨那麼簡單了。

柯金源：所以一定要調整改變，不同的階段了。早期那樣可以，不代表現在這樣也可以。現在一直在打破以前的方式，重新檢討，重新組隊往前走。

莊瑞琳：這次為了做這本書，要重新想一遍你三十幾年做了哪些事情，我覺得幾乎是在做人生的整理。這次整理起來，你會怎麼去想臺灣這三十年環境變化的斷點，是根據環境運動嗎？還是幾個指標的環境事件，或者是環境問題在不同時代的變化？

柯金源：臺灣以整個環境來講，應該1995年之前是一個階段，當時，臺灣要發展，人民要活下來，大家都要累積財富，政府要衝高GDP，所以1995年之前，當環境跟經濟發展相衝突，環境問題連考慮都不用。但1995年開始不一樣，當經濟影響環境時，就會有更多討論跟折衝，可能跟我們的立法也有關係。那時法規開始進步，例如環評法、野保法、各種汙染防治法規開始上路。因為當時民進黨大批進入立法院，政治生態改變，所以修法進步了。所以我認為，臺灣有比較大的改變是在1995年之後，1995年之前類似蠻荒時代。1995年之後，比較大的轉折是到國光石化，國光石化決戰點是2011年4月，但2010年底時就看出它的方向了。所以我覺得1995到2010年這十五年，是臺灣很大的環境教育跟環境價值觀形塑的年代，它剛好跨了兩個政黨。國光石化之後，有點像是在打轉。那時候有一個名詞叫「後國光時代」，觀察點在於1995年之前政治剛解嚴，很多價值觀、想法觀念開始形塑，一直累積到2010年才開花結果。很多所謂的公民意識、環境價值，是到2010年的國光石化才整個顯現出來，所以醞釀期很長，大概十五年。國光石化之後就有很多折衝，有點像是要重整，有時候會看，它反而是百家爭鳴，遍地開花，但脈絡很難串連，因為軋進了太多議題在裡面攪和，有些是屬於價值觀選擇，有些是利益衝突，有些是中央級，有些是屬於地方級的，一直在辯證。現在正處於一個混沌的階段，我認為國光石化到現在，七年，還是一個混沌的狀態。

莊瑞琳：你剛剛說的臺灣環境教育開始形塑的這個階段，是你開始做《我們的島》，差不多也是2000年開始，每年你會固定推出長的環境紀錄片。從那個時候到現在，你觀察環境意識的變化，有沒有影響你做這些作品？

柯金源：有，因為一直在調整與對話，很簡單，因為我們花時間冒著生命危險做這些事情，就是要讓它改變。如果要改變，你就要跟更多人溝通，他們已經改變閱讀習慣，你要跟著調整，不管是媒介還是表現形式，也是在這樣的一個脈絡下做調整。2000年之後到現在，可以分幾個時期，早期比較多是資訊提供跟政策監督，到中期比較多是道德召喚，在片子裡會埋入環境價值的道德詮釋。現在比較像是，配合現在混沌的狀況，讓你重新思索生命真正的價值。前面走過一、二十年的過程，太多好壞的例子，如果現在價值觀已經成熟，那你要怎麼選擇，重新回看你跟環境的關係？

莊瑞琳：如果從《來自斷層的消息》一路看下來到《海》，會發現這除了是你個人記錄跟美學的成熟以外，其實我覺得社會的條件也成熟了。《來自斷層的消息》是要記錄九二一，所以現場新聞感很強，到2004年的《獼猴列傳》你已經在做很完整的獼猴研究，你有一個獼猴論述出來，非常有架構，甚至它的國際版像一本書一樣，可以分章節。到了《海》，中間還有《黑》這樣的題目。《海》基本上已經是一個美學作品，也表示社會可以看得懂這樣的作品，如果《海》放在十年前是不可能成立的。你不需要告訴他這個物種是什麼，都是在告訴他生命是什麼，不需要論述了。這除了是你個人，也是社會已經走到這個階段。那你對接下來的環境報導或社會的環境意識，是樂觀的嗎？

柯金源：我是樂觀的。經過這麼多年，看過這麼多例子，也讓你有權力選擇，所以大家應該會覺得要有更好的生活品質，而不會想要在手上握有更多的錢。因為你到中國、到香港，甚至到其他歐美地區都會面臨環境惡化的問題，倒不如好好守住這座島嶼。

莊瑞琳：所以不會因為這些環境都是不可逆的，已經消失了，還是覺得很悲觀？

柯金源：我覺得環境有復原的能力，只是時間長短。因為我們看到真實的例子，就算真的被破壞了，但你只要給它足夠時間，它就會復原，例如我在嘉義中埔鄉拍的一個檳榔園案例，地主後來就不整理了，不砍也不使用，就讓它荒廢，到第七年，很多小灌木雜草長出來以後，就開始有動物進來了，到現在二十幾年，就變成生態園區。因為不整理，檳榔自己開花結果，種子掉下來，有些也會生長，小的長出來，老的就會倒下去。植物就變成自然的演替跟競爭，變成學術界的研究樣區。海洋也是一樣，只要不再繼續破壞，二十年後，洋流是相通的，物種會隨著洋流輸送，如果棲地沒有破壞跟改變，它有可能慢慢恢復。上次問海洋學者，他說二、三十年，就可以恢復到以前的五、六成水準。所以環境只要給它足夠時間，它有復原能力。至於工業生產的部分，只要先把現行法規徹底執行，就會有很多的改善了，我們欠缺的是執行的決心而已。而且大家觀念愈來愈清楚，因為空氣汙染是大家吸的，不是誰的問題，是大家要共同面對的。未來就算政府要帶頭破壞，也會愈來愈困難，像現在這種混沌的時候，不管是全國還是地方性問題，每個議題都會遭遇很多阻力。雖然有時候也會被突圍，但它有可能會累積能量，在下一次迸發出來。假設宜蘭農地繼續開放，風機繼續設立，累積的能量最後可能會換朝執政。所以我對人還是有樂觀、有期待。

莊瑞琳：做了這麼多報導或記錄片，你覺得最痛苦跟最困難的是什麼？表面上，可能以為是去南極或北極，但可能你一直記得最辛苦與困難的不是這個，而是別的。

柯金源：還是台塑集團的《福爾摩沙對福爾摩沙》。因為要蒐集很多資料，必須要很小心資料的正確性。

莊瑞琳：那部片有被他們怎樣嗎？

柯金源：沒有，就是要費力、很小心。如果自我審查太超過的時候，又沒有報導的價值，所以要花很大的心力，反而比較難，因為它跟最多的人有關，跟大財團有關，所以很費心力。

莊瑞琳：我本來以為你會回答很危險的地方，極地啊，潛水啊，因為有可能喪失生命，但你說的還是人的問題，不是自然讓你恐懼。

柯金源：我覺得那些東西都還是可以掌握，在野外跑這麼久，我們知道危險在哪裡。

莊瑞琳：但我覺得你有時候也滿不顧一切的，你有一次跟蔡崇隆說，你有次潛水，你的配備其實很簡單，但你還是潛到水下六十米。想要追逐那個報導。

柯金源：那次是外國學者來，要潛到一百米研究深海魚類，就想說應該要多拍一點。

莊瑞琳：就為了那個多拍一點？

柯金源：我自己知道生理的反應，因為只有你知道自己的身體，所以到了一個點，我就會適可而止，不要突破紅線。所以要知道危險。有很多採訪或行動，在可控制的情況之下，要知道自己可以做到什麼程度。

莊瑞琳：那你最滿意的作品，不一定是技術最好的，而是心中最好的作品，還是《福爾摩沙對福爾摩沙》嗎？

柯金源：（沈思）最滿意的⋯⋯好像還沒有⋯⋯

莊瑞琳：因為我常常會心想說，出版了這本書，我現在可以死去，或出版社現在倒了也沒關係。

柯金源：有人會問我，如果只能看一部我的作品，要推薦哪一部，我還是會推薦《福爾摩沙對福爾摩沙》。

莊瑞琳：我也覺得《福爾摩沙對福爾摩沙》很好看，很聰明，還用了很多恐龍的插畫。

柯金源：後來播的時候，連國小的小朋友都喜歡看，都看得懂，因為它是每個章節的開頭、引言。小朋友一看就懂。

莊瑞琳：而且那部片完全講到臺灣的許多問題。因為那是臺灣之光，經營之神。

柯金源：是濃縮的問題，各種現象的問題。後來有研究生說，他看了這部片才知道台塑真實的情況，不然以前接受的都是單面的資訊，台塑多麼賺錢，企業的社會責任做得多好，看了之後才知道台塑是這樣。還有一個清華化工的學生，本來畢業後跟學長一樣去大企業上班，看了《福爾摩沙對福爾摩沙》後，去考了成大臺文所，還來《我們的島》實習，幫忙扛腳架。他現在不知道畢業了沒。以早期的價值觀，清華化工系的出路很好，高科技領域，在產業界一定是很夯的搶手人才。結果他看了以後就⋯⋯我那時候就說，對不起，一部片子讓你人生開始走入黑暗嗎⋯⋯（笑），好慘（笑）。

莊瑞琳：如果有人要像你一樣，做跟你一樣的工作，他需要具備什麼條件？應該很多人問過你這個問題。

柯金源：我覺得最重要的是要看自己的心，你的選擇，你想要什麼，因為每一個人都有選擇權，你要先問自己，你想要什麼東西？再來是看你的核心價值是什麼，每個人應該要很清楚自己要什麼，再去看下一步。我們早期有時候是被期待或被規劃的，被期待當老師或公務員，或在家開個小工廠，當個小老闆，或者剛好他們家有一個哥哥或爸爸開工廠，你就回來接事業。但現在每個人都有自己選擇的權力。

莊瑞琳：我曾經想過一個問題，臺灣環境意識也比較高了，但為什麼媒體還是沒有培養出太多環境議題的專業報導人？但後來我在想，也許環境團體裡面有更多的研究員，也有自己的自媒體，例如環資、綠盟、地球公民。所以會不會這些團體同時也在扮演報導觀察的角色？但傳統媒體裡面還是沒有太多環境新聞的空間。

柯金源：確實，我們自己也會納悶，整個環境議題的音量很大，但實際市場很小。怎麼會有這樣的落差？主流媒體覺得不重要，變成是代班的線，而且環境新聞經常被歸在生活組裡面。這東西我沒有答案，為什麼會這樣……而且大家關心，很貼近的，每一個人都有關係，但媒體不會反映在報導上，覺得好奇怪。所以我曾經寫過環境傳播的論文，也是在探討這個。

莊瑞琳：你有結論嗎？

柯金源：沒有，就是市場機制，因為新聞最後被市場決定，決定大或小，長什麼樣子。

莊瑞琳：那只有一個答案就是，環境還不是市場的價值。對企業或資本家來講，如果環境是一個價值，它一定會改變製程，它就不會覺得，它只能這樣製造或經營企業。是不是因為環境只是在某些領域成為價值？並沒有真正進入到經濟的領域裡面？

柯金源：二十年前就在吵，到底環境的成本怎麼算，怎麼量化，每一次做環評的時候，連外部成本都不被承認，除非是自然經濟才會被納入評估，國光石化來說，可能影響的自然經濟可能是五、六十億，但提供給當地的稅收只有一億。企業當然賺錢，但對人民來說當然不划算，因為失去跟得到的相差太大。這個是一直在推，但是很難推動的東西，如果可以變成經濟價值……

莊瑞琳：我們社會對資本家是很寬容的社會，環境裡面應該去注重人的價值，一個普通人的環境權被破壞，那也是重要的人權。每次看到《黑》，農民說可不可以留一點給我吃的那一幕，我就看不太下去了，我們根本不在意這個人。我們對資本家做的錯事很寬容，覺得企業再怎麼破壞環境，還是對臺灣的GDP貢獻很大。所以臺灣環境意識的 頭，還是要回到，我們社會對人的基本價值到底有沒有確立？

柯金源：（沈思許久）相對比較，有比1990年以前好，以前做都市更新區段徵收，一筆劃就過了，現在還需要公告、審議。不同階段來看，當然是有進步，但是……（沈思許久）……嗯……這個很難下定義……

莊瑞琳：我覺得人的勝利確實有，但累積得有點零星跟慢。之前跟杜文苓老師討論，當時環評委員換了一批，這些環評委員受到中科三期很大影響，他們看到老農大字不識一個，但是要跟政府打官司，而且是漫長的司法過程，所以撼動了當時他們這批四十歲以下的人。中科三期後來算是打贏了，這是一個指標，但它的意義

有多重要呢？它好像打贏了，但不是一個通則。

柯金源：它也沒有算打贏，現在還是有在設廠。

莊瑞琳：對，只是形式上而已。所以我們有些案例是進步的，或者是推倒了國光石化，但只是一些例子，沒有真的普遍成為價值觀。永遠我們還是抓著這幾個案例在說。

柯金源：所以我才說現在有點混沌，算是盤整期，但到底這個盤整期會有多長，以前發生過的事情還是存在。我週末去高雄的反空汙遊行，陳玉峯就講說，三十年前他們要的是保護整片森林，真的是大是大非，三十年後很卑微，只要一口乾淨的空氣就好。所以怎麼說，而且已經政黨輪替三次了，所以會不會還是要公民有所選擇，要靠公民力量的整合。

莊瑞琳：我們可能真的需要一個真正的綠黨，傳統政黨很難把環境議題納入，我不確定。這個混沌的 2010 年之後，你接下來要做什麼題材，來回應這個混沌的時代？

柯金源：就跟欠書稿一樣，很多人拿著刀在追。現在排隊的就是森林保育三部曲、公害與噪音汙染。已做到一半要收尾的就是環境運動。

莊瑞琳：這些聽起來比較像是在整理？在回顧過去。

柯金源：對，所以回到你剛剛那個很難回答的問題，為什麼很多東西卡在這邊就是這樣，這個，好難喔。我以前會設定每十年要做一個成績單，對自己也對關心我的人，有一些交代，所以 1990 年展的是比較是偏向美學的影像，之前就不再拿這些東西。1998、1999 年再展一次環境的東西，有比較多美學內涵在裡面。那時候想，到 2010 年應該要有一個東西出來，但是都不滿意。幾年前，有討論出書。所以從 2011 年之後，至今已經五、六年了，所以這本書醞釀了五、六年，今年才真正開始動，也是因為要回顧明年《我們的島》二十週年，所以一定要開始動。如果這本書也算是一個階段性的東西的交代，那回到你剛剛的問題，接下來怎麼辦？沒招了。

莊瑞琳：所以出這本書其實不算第三階段，比較像是邁向第三階段的準備？我覺得未來的世界確實會改變，世代在更替，以後環境這個東西要有什麼新的談法，可能確實還要一段時間。

柯金源：很多觀念一直在變，比如〈里山倡議〉。以前覺得設立國家公園最好，但後來發現有很多窒礙難行的部分，在一些開發中國家很難推行。所以〈里山倡議〉是保護區之外的保護區，允許人的生活跟環境生物共存共榮，取折衷方案，這就是保育思潮的改變。下一階段應該要有更多永續的議題、多元考慮的議題進來，所以保育的觀念在改變。如果臺灣這麼小，很多東西該講的講完、該做的做完，公民運動也實踐了，那下一階段，如果我們是扮演多元的角色，我們要怎麼做。明年我們在電視新聞雜誌上，想要盡可能告訴大家，二十年來我們做了什麼，讓環境變成這樣，下一階段怎麼做？所以是把問題丟出來大家討論，不是我們一家之言說了算。實際上的作為，我還是會延續《海》這樣的概念多一點，森林三部曲有一部也會這樣做。其實在 2011年，在做《海》的呈現之前，就先有一個前導的短的記錄片，叫《海岸群像》的實驗。那個做法是剪了很多短片，集結成紀錄片，在電視臺播。當時一起推《退潮》與《海岸群像》，有人比較喜歡《海岸群像》。有個合作的音樂家跟我說，《退潮》很難，但他看了《海岸群像》之後懂了（笑）。《退潮》是跟著當地居民一年四季跟海、

農地的關係。《海岸群像》純粹是地區，這個範圍內的人、生物跟環境的故事，沒有旁白，讓畫面自己講故事。

莊瑞琳：我自己的想像是，如果夢做得大膽一點或久一點，我覺得你們做的事情以後會變得很重要是因為，以後可能真的要回到以環境為核心來想所有事情。經濟成長會有極限，也許以後所有的政策安排是以環境為核心。我很喜歡一本書叫《大驅離》，它在講的「不平等」是指所有的資源，就是你說的一口乾淨的空氣跟水，把氣候跟生活的資源、食物這些全部計算進來，以後的不平等可能是你有錢才買得到乾淨的食物。它完全在講未來會發生的事情，而且恐怕有些地方已經發生了。以後環境不會只是有汙染或發生災害才重要，或者只存在新聞裡面的一支，好像只是一個面向，以後可能是核心，只是這段路可能會走很久。但你會發現時代一定是往前進的，不會倒退了。最後問一下，你有宗教信仰嗎？

柯金源：沒有，我們鄉下家裡是民間信仰，傳統的閩南人的信仰。

莊瑞琳：所以你拍大的題材或危險的地方你會去拜拜嗎？

柯金源：沒有。

莊瑞琳：那你對生命價值的形塑要怎麼來？如果沒有特定宗教信仰或信念？什麼人的東西對你來說很重要？或者你這一生為什麼要這麼辛苦做這些事情？

柯金源：回到最初，我花很大心力在形塑我自己的藝術美學能力，目標是希望成為一個藝術家。那時候亂看，有一本叫作《梵谷傳》，裡面有一句是，「你覺得藝術是什麼？」我就會覺得說，對，我花很大心力，那時候為了要衝美學創作，生活顛倒很瘋狂，幾乎是命都不要在衝，但完成了自我之後，又怎樣？你的藝術領域，到了藝術殿堂之後，那然後呢？我就開始思考說，難道我就是要追求那樣的東西嗎？那好，回到生命，如果不要這樣的話，那我是什麼？所以我就開始想，這輩子活下來，我要幹什麼，生命可以怎麼來用，那我就覺得我的生命應該要拿來，我對某一個事情是有實質意義的。我就覺得環境變遷應該是我可以用生命投入的，一直到現在，我愈來愈清楚，我自己的選擇，所以我不以為苦，我不覺得是辛苦的東西或危險的東西。以前在衝美學領域時，就是山上跑、海邊跑，也很危險……那時候覺得命可以不要。

莊瑞琳：你不覺得你現在做的事情也是美學嗎？只是不是傳統藝術上的那種講法，但你也在完成另外一種美學。

柯金源：是啦，對，但因為你要跟一般人溝通，有些結構還是要兼顧，所以這也是一個溝通技巧。

莊瑞琳：所以你有想過你要做到什麼時候嗎？這樣一直記錄，要記錄到什麼時候？

柯金源：如果有人可以接手的話，有其他人可以做同樣的事情的話。

莊瑞琳：那如果有人可以接手，你想做什麼？

柯金源：回家種田（笑），可以慢慢自給自足，無所懼地回去。就跟剛離開家的時候一樣。

柯金源　簡介

1980年代以打工方式購買第一部照相機，開始記錄自然生態景觀。

1985年　進入專業視覺語言學習之路。

1986年　拍攝主題以人文、社會現象為主，並進入媒體，主跑政治與經濟、社會運動。

1990年代臺灣媒體開放，閱聽大眾的資訊使用與娛樂方式產生質變。為了更貼近閱聽人以
　　　　達到環境資訊的傳播目的，開始參與電子媒體「生態類與人文紀實類節目」的拍攝
　　　　與製作，大量累積影音資料。

1998年　參與公視新聞部《我們的島》環境新聞雜誌的企劃採訪拍攝製作。並擔任深度報導
　　　　記者、社會組召集人、編採組長、採訪組副組長。

2002年　為了完整呈現環境的變遷與觀點，並結合影音創意形式，「環境類型紀錄片」成為
　　　　重要的呈現形式。

主要獲獎紀錄：

1997年起，入圍與獲得國內外超過一百個重要獎項，其中包括個人入圍七次電視金鐘獎、
獲頒攝影與非戲劇導演三座金鐘獎，以「動物救援」獲得NPO媒體報導獎【電視報導首獎】，
《獼猴的戰爭與和平》更同時獲得美國【CINE金鷹獎】、美國廣播電視博物館【永久典藏】以
及美國蒙大拿國際野生動物影展IWFF兩項大獎與九項優異獎，近年代表作為紀錄片《海》，
記錄臺灣近二十幾年來的海洋環境變遷，全片沒有旁白與配樂，以質樸的影像敘事深入海
洋。多部作品入圍加拿大、瑞典、印度、新加坡、泰國、中國、西班牙等各國相關影展。

1997年　【電視金鐘獎——電視攝影獎】行政院新聞局

1999年　【臺灣永續報導獎——攝影首獎】環境NGO組織

2005年　【紀錄片首獎】臺北電影節《獼猴列傳》

2005年　【最佳電視節目】、【最佳觀點獎】美國蒙大拿國際野生生物影展
　　　　《獼猴的戰爭與和平》

2007年　【電視節目最佳影片】美國蒙大拿影展《產房》

2010年　【電視金鐘獎——非戲劇類導演/導播獎】行政院新聞局《森之歌》

2016年　【電視金鐘獎——非戲劇類導演獎】行政院文化部《海》

2016年　【卓越新聞獎——新聞志業特殊貢獻獎】卓越新聞基金會

2017年　【最佳電視資訊紀錄片環境與生態類別——銅獎】紐約電視獎《海》

作品年表：【紀錄片】

2000年　來自斷層的消息 News from the Fault Line

2002年　烏坵 ROC

2003年　阿瑪斯 Amorgos

2004年　獼猴列傳 Biographies of the Macaques

2004年　記憶珊瑚 Corals in Memory

2005年　渡東沙 A Pratas Island Journey

2005年　天大地大 Beyond Heaven & Earth

2005年　獼猴的戰爭與和平 Monkey War and Peace（國際合製）

2006年　產房 Squid Daddy's Labor Room

2007年　天堂路 Paradise Way

2008年　前進南極 Our Antarctic Dream

2009年　夢想巔峰 Peak of Dreams

2009年　登峰造極 Extreme Ascent

2010年　擺盪 swinging

2010年　森之歌 Song of the Forest

2010年　福爾摩沙對福爾摩沙 Formosa & Formosa

2011年　退潮 Ebb and Flow

2011年　海岸群像 Faces by Intertidal

2013年　空襲警報 Take my breath away

2013年　黑 Getting Dirty// Black Tears of the Land

2014年　餘生共游 Dive With You（上、下，二部）

2015年　命水 Water Is Life

2015年　水戰 The Fight for Water

2015年　暗流 Undercurrent

2016年　海 Ocean

2017年　太平島 Itu Aba Island

2017年　前進

【攝影作品與著作】

1990年03月　「意念的表象」首次攝影個展　臺北恆昶藝廊

1998年12月　「再見海洋」攝影個展　臺北攝影藝廊

2000年04月　「海洋臺灣」攝影個展　國立海洋生物博物館

2002年12月　《山美──達娜伊谷的傳奇》，教育部兒童讀物出版資金管理委員會出版

2003年12月　《臺灣水資源脈絡》，泛亞國際文化出版

2006年03月　《我們的島》，柯金源、葉怡君合著，玉山社出版

◉──附錄

臺灣三十年環境變遷大事紀

Y	建設／保護區設立	公害／汙染	環境事件／行動
1864年			英國博物學家史溫侯在高雄壽山發現臺灣獼猴，送了一對回英國倫敦，比對後確認是臺灣特有種，臺灣獼猴因此登上國際舞臺。
1957年			亞洲水泥取得花蓮新城礦業權
1960年代	鰲鼓海埔地開發		
1964年	石門水庫完工		
1965年	臺北縣和美漁港興建南北防波堤		
	台化公司於彰化設廠		
1970年代			鰲鼓海埔地地層下陷
1979年	彰濱工業區開始施工		
1980年		彰化灌溉水圳汙染	五股濕地環境變遷
1982年		・桃園觀音爆發臺灣第一起鎘米事件 ・東北角濂洞灣重金屬汙染，臺金公司成為首家被勒令停工的國營企業	
1984年	墾丁國家公園成立		
1986年	太魯閣國家公園成立	・高屏地區發生西施舌中毒事件 ・二仁溪重金屬汙染造成綠牡蠣事件	

1987年解嚴

Y	M／D	颱風／水災／地震	建設／保護區設立	公害／汙染	環境事件／行動
1987年			翡翠水庫完工 ・行政院劃定好美寮自然保護區 ・美國杜邦取消彰化設廠計畫 ・新竹李長榮化工廠被迫停工		
1988年			臺北縣和美漁港擴建防波堤		
1990年	6月22日	歐菲莉颱風：土石流造成花蓮銅門村嚴重傷亡			
	8月18日	楊希颱風：雲林、嘉義東石水災			
	9月6日	黛特颱風：花蓮紅葉村山洪爆發			
	10月				核四廠爭議
	12月				宜蘭反台塑六輕設廠議題
			高雄南星填海造陸計畫啟動		
1991年	7月	臺北中山區淹水			台塑六輕設廠雲林
	8月				新北市新莊垃圾大戰

1993年		地層下陷議題	· 淡水新港第一期工程開工 · 臺南建造黃金海岸 · 臺11線公路拓寬工程開始進行 · 台塑雲林麥寮六輕工業區正式動工 · 台化公司彰化廠開始發展汽電共生		林相更新議題
	4月				退輔會高山農場爭議
	5月			中部農地汙染	南投中海拔山區開發議題
	6月				西南沿海地區地層下陷問題
	7月			· 基隆河上游汙染 · 核三廠溫廢水汙染海域	新北市八里海岸線侵蝕
	10月		新中橫快速道路開發計畫	淡水海岸汙染	臺灣乾旱問題
	12月		北部山區松材線蟲問題		新北市和美漁港淤沙現象
1994年			· 河口海岸鰻苗量驟減 · 林務局林相更新問題	美國RCA被舉發長期挖井傾倒毒廢料	淡水河口南岸八里頂罟村海防駐軍護岸
	3月			輻射鋼筋汙染	· 臺東綠島海底溫泉開發衝突 · 植樹節種樹，人工紅樹林
	5月		東部水泥業開發問題		貢寮鄉核四公投議題
	6月		恆春海域珊瑚礁魚類減少	桃園RCA公司汙染地下水爭議	臺南玉井綠色隧道消失
	7月	提姆颱風引發濁水溪砂石盜採問題，危及中沙大橋	彰化大肚溪口濕地開發問題	臺灣河川汙染	
	8月7日	強烈颱風道格：南投廬山溫泉區山洪爆發		臺中梧棲漁港被垃圾圍困	高雄岡山嘉興里水患
	10月		亞洲水泥開礦與國家公園保育爭議		檳榔種植問題
	12月		嘉義低窪地區開發計畫		環境影響評估法公告
1995年			· 臺11線西濱快速道路開始通車陸續分段興築至今 · 淡海新市鎮第一期工程動工		· 高山農業問題 · 紫斑蝶越冬棲地保育問題 · 苗栗大湖臺3線拓寬砍樹爭議
	6月25日	宜蘭牛鬥地震造成三峽白雞重大地質災害			
	8月		澎湖望安綠蠵龜保育	新北市濂洞灣海域陰陽海爭議	屏東知本主山開礦爭議
1996年	5月		淡海新市鎮填海造陸爭議		
	6月		嘉義山美村達娜伊谷溪保育	屏東大鵬灣水域汙染問題	阿里山區山葵種植問題
	7月29日		賀伯颱風：南投新中橫沿線因山區道路過度開發釀災		
	9月			臺中反對汙染產業拜耳投資案	桃園垃圾大戰
	11月				全民造林政策
1997年			桃園觀塘工業區由東鼎公司提出申請	核電廠進出水口對於海洋環境影響	
	4月		臺南黃金海岸開發		
	6月				山區賽鴿綁票勒贖現象
	8月18日	溫妮颱風：林肯大郡因順向坡地層滑動災變			

Y	M／D	颱風／水災／地震	建設／保護區設立	公害／汙染	環境事件／行動
1998年			・高雄旗津海岸公園完工 ・山坡地放領與開墾爭議 ・高美濕地被破壞問題	阿曼尼號汙染基隆外木山漁港	・戴昌鳳教授研究團隊首度揭開桃園觀塘工業區附近藻礁重要性 ・臺灣獼猴野放澎湖四角嶼
	9月		美濃水庫興建爭議		玉山主峰頂地標爭議
1999年			・淡水新港完工，更名為臺北港（港口北側從侵蝕轉為淤積，南側則為侵蝕） ・桃園觀塘工業區申請核准	・台塑汞污泥汙染爭議 ・中油桃園煉油廠油管破裂汙染農地	・棲蘭山檜木利用爭議 ・金門海岸開發影響鱟的生存
	7月29日	左鎮台電高壓輸電塔豪雨滑坡倒塌引發全臺大停電		農業灌溉用水受到汙染	武陵農場開發影響櫻花鉤吻鮭棲地
	9月21日	集集大地震：規模7.3級・臺灣中部百年大地震，全臺受災			
2000年				新竹香山客雅溪、三姓溪口爆發綠牡蠣事件	
	11月1日	象神颱風：大臺北區河水氾濫			
2001年	1月			阿瑪斯號貨輪汙染恆春墾丁國家公園	
	5月		桃園觀塘工業區嶼工業港動土典禮		
	7月30日	桃芝颱風：貫穿臺灣中部山區，南投與花蓮傷亡慘重。花蓮縣光復鄉大興村土石流活埋27人。	基隆八斗子海蝕平臺開發爭議		澎湖四角嶼獼猴移回臺灣收容
	9月16日	納莉風災：大臺北區水患		核廢料最終處置場遴選爭議	
	11月			農地汙染雲林鎘米再現	
	12月				・和美漁港與金沙灣沙灘消失的問題 ・山美達娜伊谷溪觀光議題
2002年			・花蓮豐濱秀姑巒溪水泥工程因部落抗爭而停工 ・蘭嶼椰油村海堤興建問題 ・花蓮秀姑巒溪口堤岸計畫爭議	・桃園大溪士香加油站汙染水源 ・新竹香山發生農地汙染 ・RCA員工展開求償訴訟行動	・海生館引進小白鯨展示爭議 ・恆春陸蟹生態保護 ・山美達娜伊谷溪的保育與社區營造 ・馬告檜木國家公園難產
2003年	3月		桃園觀音海岸因工程造成侵蝕問題	禁限用垃圾塑膠袋政策	黑鮪魚過度捕撈問題
	4月		高雄旗津海洋公園後續維護問題		海洋復育：軟絲
2004年			新北市和美漁港淤沙嚴重拆除北防波堤		
	2月		臺南七股海岸侵蝕問題		《野生動物保育法》第21條文修正，臺灣獼猴可經地方主管機關核准之後獵殺。
	7月2日	敏督利颱風：臺灣中西部山區・大甲溪流域・山洪爆發			雲林草嶺潭因嚴重淤積消失
	8月25日	艾利颱風：重創新竹苗栗。新竹五峰桃山土場部落山崩巨災。三重市區淹水。			海洋保護人工魚礁爭議
2005年				彰化線西戴奧辛毒鴨蛋事件	京都議定書生效
2006年			・經建會決議淡海新市鎮停止後續開發 ・桃園觀塘工業區內興建大潭火力電廠並開始商轉		太平島機場興建爭議

2007年			東沙環礁國家公園成立		
2008年			鰲鼓設定自然保護區		臺灣獼猴從第二級「珍貴稀有」野生動物，被降為第三級的「其他應予保育」之野生動物。
	9月14日	辛樂克颱風：廬山山崩土石流			
	11月			晨曦號貨輪擱淺石門造成海域汙染	
2009年			臺北港貨櫃儲運中心開始營運		國光石化設廠爭議
	8月8日	莫拉克颱風：百年超大豪雨，深層崩壞。			
2010年	7月			台塑雲林麥寮六輕工業區發生2次工安事故	
	10月	強烈颱風梅姬			
2011年	10月3日			巴拿馬貨輪瑞興號擱淺基隆大武崙	
2012年		泰利颱風	臺26線公路開發、臺北港第三期工程計畫		大乾旱搶水爭議
		天秤颱風	鰲鼓濕地森林園區開園		
2014年			・澎湖南方四島國家公園成立 ・因應穩健減核政策擬擴充大潭電廠機組成為天然氣接收站 ・高雄地下管線氣爆	環保團體調查野生石蚵汙染情形嚴重	
2015年					《海岸管理法》公布施行
	4月17日				臺北地院一審宣判RCA與湯姆笙公司應賠償445名員工5億6千萬
	8月6日	蘇迪勒颱風：北臺灣釀災			
2016年			・高雄旗津海岸保護工程完工 ・中油併購東鼎公司計畫興建第三液化天然氣接收站	彰化反空汙	
	2月6日	高雄美濃地震：造成臺南嚴重災害，引發土壤液化問題。			
	3月10日			德翔臺北貨輪擱淺於石門，油汙外洩海域汙染	
	12月20日				亞泥自動裁減與太魯閣國家公園重疊區採礦範圍
2017年				空氣汙染愈趨嚴重	・花蓮豐濱秀姑巒溪實施限魚 ・中研院與農委會特生中心於觀塘工業區發現一級保育類柴山多杯孔珊瑚
	3月14日				立法院經濟委員會宣布修改《礦業法》；經濟部礦物局通過亞泥礦業用地延展至2037年。
	6月2日	六二水災：梅雨鋒面造成北北基部分地區嚴重水患			
	8月15日				全臺大停電
	10月27日				高院二審宣判RCA等四家公司須連帶賠486人，金額增加到7億1840萬元。

環境系 ｜02｜

我們的島：臺灣三十年環境變遷全紀錄

作　　者——柯金源
總 編 輯——莊瑞琳
主　　編——王梵
行銷企畫——甘彩蓉
封面設計——盧卡斯工作室
美術編輯——張瑜卿

社　　長——郭重興
發行人兼出版總監——曾大福
出　　版——衛城出版／遠足文化事業股份有限公司
發　　行——遠足文化事業股份有限公司
地　　址——二三一四一　新北市新店區民權路一〇八－二號九樓
電　　話——〇二－二二一八一四一七
傳　　真——〇二－二二一八〇六五
客服專線——〇八〇〇－二二一〇二九
法律顧問——華洋國際專利商標事務所　蘇文生律師
製　　版——瑞豐電腦製版印刷股份有限公司
初　　版——二〇一八年一月
定　　價——九〇〇元

國家圖書館出版品預行編目資料

我們的島：臺灣三十年環境變遷全紀錄 / 柯金源作.
－－初版.－－新北市：衛城出版：遠足文化發行；
　　2018.1
　　面；公分.－－（環境系；02）
　　ISBN　978-986-95334-9-2（平裝）

1.紀錄片　2.環境演化　3.環境教育　4.臺灣
987.81　　　　　　　　　　　　　　　106023027

ACRO
POLIS
衛城

EMAIL　　acropolis@bookrep.com.tw
BLOG　　www.acropolis.pixnet.net/blog
FACEBOOK　http://zh-tw.facebook.com/acropolispublish

填寫本書線上回函